U0193183

袁越 著

生命八卦

在万物内部旅行

生活·讀書·新知 三联书店

图书在版编目（CIP）数据

生命八卦.在万物内部旅行／袁越著.—北京：
生活·读书·新知三联书店，2021.6
（三联生活周刊·中读文丛）
ISBN 978 – 7 – 108 – 07133 – 0

Ⅰ.①生…　Ⅱ.①袁…　Ⅲ.①生命科学－普及读物
Ⅳ.① Q1-0

中国版本图书馆 CIP 数据核字（2021）第 055937 号

责任编辑　崔　萌
装帧设计　康　健
责任印制　张雅丽
出版发行　**生活·讀書·新知** 三联书店
　　　　　（北京市东城区美术馆东街 22 号　100010）
网　　址　www.sdxjpc.com
经　　销　新华书店
印　　刷　北京隆昌伟业印刷有限公司
版　　次　2021 年 6 月北京第 1 版
　　　　　2021 年 6 月北京第 1 次印刷
开　　本　850 毫米 × 1168 毫米　1/32　印张 13.5
字　　数　257 千字
印　　数　0,001 – 5,000 册
定　　价　49.00 元
（印装查询：01064002715；邮购查询：01084010542）

目 录

I

辑 一

治病的学问

田纳西中学集体中毒事件

心理作用有没有可能引发生理疾病？答案是肯定的。

1998 年 11 月 12 日早晨，美国田纳西州华伦郡的一所中学响起了警报声，救护车和警车闻声赶到，将 100 名学生和教职员工送进了医院。这些人都认为自己中了毒，向医生描述说自己浑身乏力、头晕、恶心、呕吐，甚至喘不过气来。其中 38 人病情严重，当晚不得不留院观察。与此同时，警方迅速将学校查封，并请来有关专家对学校的空气、水和物体表面进行了采样，但化验结果均为阴性，没有发现任何可疑物质。

调查发现，事情的起因来自该校的一名女教师。她上了 15 分钟的课后突然闻到一股类似汽油的味道，并很快出现了头疼、头晕、恶心等症状。紧接着她班级里的其他几名学生也相继出现了类似症状，并迅速蔓延到整个学校，得病者甚至包括一名前来接孩子回家的家长。

五天后，那 100 名病人均恢复了健康，也没有留下明显的后遗症。于是学校决定复课。谁知复课当天又有 71 人出现了同样的症状，校方不得不再次拉响警报，将这71名病人送往急救室。田纳西州政府意识到问题严重了，决定向联邦政府求救。美国疾病控制中心（CDC）立即派专人来到田纳西，对病人进行身体检查。专家们在第一时间采集了病人的血样和尿样，逐一排查所有可能出现的有毒化合物和化学杀虫剂，尤其是多氯联苯（PCB）、百草枯和水银等常见的有毒物质，但一无所获。

与此同时，美国环境保护署（EPA）则担当起了调查学校环境的任务。他们组织各行各业的专家，仔细检查了学校周边工厂的排污情况，以及学校周围的空气质量，同时对学校本身的建筑材料、供水系统、排污系统、垃圾处理系统进行了排查，甚至通过钻孔的办法研究了学校周边的土壤和地质情况，结果也是毫无头绪。

一个月之后，几名心理学家来到学校，给学生们发放了一份调查问卷。结果显示，自述中毒的学生当中，女性占了69%，其中绝大多数人都曾经亲眼看到过旁人中毒后的样子。另一个有趣的发现是，大多数中毒患者都自述闻到了某种异常的气味，但他们一共使用了超过30个形容词来描述这种味道。

一年之后，也就是2000年1月，参与调查的科学家们在《新英格兰医学杂志》上联合发表了一篇论文，对此次事件做了总结，并提出了一个可能的解释。他们认为这是一起典型的"群体癔病"（Mass Psychogenic Illness）事件，病人并没有接触到任何有毒物质，而是受到了某种强烈的暗示，从而产生了上述那些中毒症状。

这个看似十分荒诞的解释其实是有道理的。科学家早就知道，人的心理作用会对身体机能产生显著的影响。事实上，众所周知的"安慰剂效应"的原理就是如此。安慰剂的英文 Placebo 来源于一个拉丁词汇，意思是"我会高兴"。无数事实证明，如果医生告诉病人某种药有疗效，那么即使它根本无效，也会有相当比例的病人的病情有不同程度的好转。

1961 年，有人在此基础上又提出了"反安慰剂效应"这个新概念。反安慰剂的英文 nocebo 也是来自拉丁文，意为"我会受伤"。从这两个词的拉丁文原意就可以看出，这两个概念是互补的，两者的差异在于一个会产生正面效果，另一个则会产生负面影响。

科学家们对"安慰剂效应"研究得很多，因为这是区别一种药是否真正有效的试金石。任何新药都必须经过随机对照试验才能判定是否有效，原因就在于此。相比之下，"反安慰剂效应"则研究得很少。但是这次田纳西中学集体中毒事件给人们敲响了警钟，因为这类事情也会造成很大的损失。先不说对受害者身体的伤害，就拿经济损失来说，此次事件占用了当地医院 178 个急诊室床位，出动了 8 批次救护车，仅这两项就花费了 93000 美元，后续的检测费和专家的人工费更是无法计算。如果早一点发现真正的病因，就会减少很多损失。

问题在于，因为人道主义的原因，"反安慰剂效应"很难进行研究。目前最有价值的进展来自新药的临床试验，因为临床试验必然涉及副作用。研究显示，如果医生们事先告诉志愿者可能产生的副作用，那么大约会有四分之一的对照组的志愿者报告说自己感觉到了副作用，虽然他们服用的是完全无效的安慰剂。

与此类似，大约有60%的癌症病人在接受化疗之前就会感到恶心，这也是"反安慰剂效应"在作怪。

"反安慰剂效应"往往会让医生处于两难的境地。按照规则，医生必须事先告诉病人某种药的副作用，但如果直言相告，却会增加副作用的几率和强度。要想解决这个矛盾，医生们必须掌握同病人讲话的技巧。

当然，最终的解决方案取决于对"反安慰剂效应"发生机理的研究结果，但我们还需耐心等待。

唐氏不生癌

唐氏综合征患者天生不长肿瘤，这可是
上天恩赐的一个研究癌症的绝佳机会。

唐氏综合征是一种很常见的遗传病，发病率大约为千分之一。患者面相独特，智力发育不良，多数人活不过40岁。这种病早在1886年就由英国医生约翰·唐（John Down）首先做了描述，但直到1959年科学家才搞清了发病原因。此病是由于患者体内的21号染色体多了一份拷贝造成的，这条染色体上的213个基因因为这多出来的一份拷贝而表现异常，从而对患者的发育过程产生了不良影响。

随着病例的增多，医生们发现一个有意思的现象，那就是唐氏综合征患者不容易得癌症。美国波士顿儿童医院的研究人员桑德拉·里奥姆（Sandra Ryeom）及其同事统计了17800个唐氏综合征患者的病例，发现他们患癌症的几率是同等年龄正常人群的十分之一。对于癌症研究人员来说，这可是一个天赐良机，因为在癌症研究领域，缺乏实验素材是最大的困难。

回想一下，现代科学在很多领域的进展都可以用"神速"这两个字来形容，唯独医学领域的进展十分缓慢，至今尚有很多疑难杂症无法根治。究其根源，缺乏有效的实验对象和手段是最主要的原因。研究人员不可能拿活人做实验，而动物实验总有点隔靴搔痒之嫌。如果用人体细胞来做实验，又会犯以偏概全的毛病。比如，很多药在实验室里能杀死癌细胞，但吃进人体就不管用了。

唐氏综合征是天生的，研究这一群体的抗癌秘密不存在伦理问题，因此这一领域吸引了很多科学家的注意力。那么，到底应该从哪方面入手呢？科学家们仔细分析了唐氏综合征患者得癌症的具体情况，发现虽然他们患实体肿瘤的几率很低，但非实体癌症，比如白血病的患病率却和正常人没有区别。

这个细微的差异给了科学家极大的启发。要知道，实体和非实体肿瘤最大的区别就在于前者必须长出自己的血管才能生存，非实体肿瘤则不需要。事实上，早在 1971 年就有位名叫朱达赫·福克曼（Judah Folkman）的生物学家发现了实体肿瘤的这一特性，提出可以用抑制血管生成的办法来治疗实体肿瘤。因为健康的成年人通常不需要生成新的血管，所以这种药不会对健康人有太大的危害。

这是治疗癌症惯有的思路。要想杀死癌细胞，又不伤及无辜，就必须找出癌细胞独有的特征，然后对症下药。最早的抗癌化疗采用的是抑制细胞分裂的办法，原因在于健康人体内细胞分裂最旺盛的部分就是恶性肿瘤。但是这个思路存在明显的缺点，正常细胞也会保持一定的分裂速度，因此用这个办法治疗癌症很难避免误伤，换句话说，就是副作用太大。

抑制血管生成药似乎可以避免这个问题。最早被批准上市的这类抗癌药物是美国基因泰克公司研发的 Avastin。可惜的是，进一步研究证明这种药不如想象的好，并不能显著降低结肠癌的复发率。但科学家们仍然相信这个思路是正确的，只是没有找到最合适的药物而已。唐氏综合征患者为我们提供了一个有效范例，从他们身上兴许就能找到最合适的药物。

早在 2008 年初就有人在 21 号染色体上找到了一个名为 Est2 的基因似乎能够降低癌症发病率，但科学家至今没有搞清这个基因的作用机理。2009 年 5 月 20 日出版的《自然》（*Nature*）杂志网络版报道，里奥姆博士和她领导的实验小组又发现一个新的基因，似乎与血管生成很有关系。

仔细研究一下这个基因的发现过程有助于我们了解生物学家们是如何工作的。首先，研究人员分析了人工流产得到的唐氏胚胎组织的蛋白质成分，发现一种名为 Dscr1 的蛋白质的含量是正常水平的 1.8 倍。编码这个蛋白质的基因很快被找到，并按照惯例命名为 Dscr1。之后，他们从小鼠基因组中找到一个与人类 Dscr1 基因同源的小鼠 Dscr1 基因，并采用转基因的办法向小鼠胚胎中导入一个多余的 Dscr1 基因拷贝，模仿唐氏综合征的情况。研究结果证明，这个多余的

Dscr1 基因拷贝足以抑制小鼠的血管生成过程，从而抑制了恶性肿瘤的生长。

接下来需要证明这个基因在人体中也有同样的功效，但显然不能对人类胚胎进行这类转基因操作。怎么办呢？科学家想到了人工诱导多能干细胞（iPS）。日本科学家山中伸弥于 2006 年发明出了诱导体细胞转化为多能干细胞的方法，绕过了胚胎，避免了伦理争议。于是，科学家们用这个办法，诱导唐氏综合征患者的皮肤细胞，使之转变为多能干细胞。然后，科学家从这个多能干细胞出发，使之进一步分化成各种各样的畸胎瘤，并研究这些畸胎瘤的血管生成情况，发现果然受到了很大影响。

接下来科学家们要做的事情就是进一步分析 Dscr1 蛋白质到底如何影响了畸胎瘤的血管生成过程，从而找到模仿这一过程的药物，最终实现治疗实体癌症的目的。

癌症新定义

癌症以前一直是用发生部位来定义的，
这个观念要改改了。

据统计，目前全世界死亡人数的 12.5% 是被癌症杀死的，"谈癌色变"这个说法多年来一直没有改变。

科学家针对不同的癌症发明了不同的治疗方法，但疗效一直没有很大的提高。于是，不少人开始反思现有的抗癌思路。新的证据表明，要想提高疗效，首先必须修改癌症的定义，不再用发生部位来定义癌症，而是用癌症的基因型。

举个例子。恶性黑色素瘤是一种非常难治的癌症，虽然它的发病率只占皮肤癌的第三位，但全世界死于皮肤癌的病人当中有四分之三死于该病。通常情况下，病人除了截肢以外没有任何其他办法。去年美国有位晚期黑色素瘤病人在做基因检查时发现其癌细胞内一种名为 C-Kit 的基因发生了突变，导致了癌变。这种突变通常发生在白血病人身上，巧的是，国际知名制药厂"诺华制药"（Novartis）刚好研制出一种名为 Glivec（美国商标 Gleevec）的药专门对付 C-Kit 基因突变。于是，医生们为这位病人开了这种原本用来治疗白血病的抗癌药，结果疗效很好，病人依然活着。

近年来，类似这样的成功案例越来越多，医生们不再死板地按照癌症的部位来决定治疗方案，而是根据病人癌细胞的基因特征来决定用什么药。"我们手里已经有很多种抗癌药物了，但多数情况下我们不知道如何使用它们。"美国杜克大学的癌症专家乔·内文思（Joe Nevins）博士评论说，"好比说乳腺癌，绝对不是一种病，而是 10，或者 15——我也不知道到底有多少种不同的病，每一种乳腺癌的致病机理都不一样，基因突变的位置也都不相同。"

过去的治疗方案对所有癌症都一视同仁，就是让病人服用抗细胞分裂的药物，把分裂旺盛的癌细胞杀死，这就是传统化疗的理论基础。这种方法不但副作用大，而且还会导致癌细胞发生变异，最终对化疗药物产生抗性，就像细菌和病毒经常在做的那样。

要想改变现状，就必须弄清每一种癌症的致病机理，然后对症下药。众所周知，绝大多数癌症都是基因突变造成的。原本循规蹈矩的细胞发生基因突变后变得不听指挥，开始无节制地细胞分裂，其结果就是癌症。所以说，抗癌的关键就在于搞清癌细胞的基因突变到底发生在什么地方。这个说说容易，做起来可就难了，因为目前已知的可以导致癌变的基因突变类型非常多，很难归类。

虽然困难，但科学家必须知难而上，除此以外别无他法。2008 年 4 月，来自全世界十个国家的科学家成立了一个名为"国际癌症基因组联合研究会"（International Cancer Genome Consortium，简称 ICGC）的国际组织，开始研究癌细胞的基因突变型。该组织计划用十年的时间搞清至少五十种常见癌症的所有突变型，为将来开发出具有针对性的抗癌药物做准备。

这方面最早的成功例子是乳腺癌。上世纪 90 年代中期，科学家发现了两种基因突变型 BRCA1 和 BRCA2，大约有一半的遗传性乳腺癌病人带有这两个基因之一。这两种突变损害了 DNA 的修复功能，使得有害突变得以在细胞中聚集，最终导致癌变。科学家针对这两种基因型开发出一款新的抗癌药物，叫作 PARP 拮抗剂。说来有趣，这个 PARP 基因编码正是一种 DNA 修复蛋白，它的功能和 BRCA 蛋白类似，两者相辅相成，共同负担起了修复 DNA 损伤的工作。科学家相信，对于 BRCA 蛋白已经发生变异的癌细胞，如果再用 PARP 拮抗剂把 BRCA 蛋白消灭掉，那么这些癌细胞就没有修复蛋白可用了，于是其 DNA 就会迅速积累大量损伤，导致癌细胞死亡。

目前 PARP 拮抗剂尚处于临床试验阶段，初步研究表明这种药不仅对乳腺癌有效，对卵巢癌和前列腺癌也都有很好的效果，前提是病人必须是 BRCA 突变型。PARP 拮抗剂的出现改变了抗癌药物临床试验的传统。以前的抗癌药都是针对某种特定部位的癌症，比如肺癌有肺癌的药，肝癌有肝癌的药。但是 PARP 拮抗剂针对的不是不同的患病部位，而是癌细胞不同的基因型。只要基因型相同，无论是乳腺癌还是卵巢癌，都可以使用同一种药物进行治疗。

与此对应的是，发生在同一个部位的癌症很可能是两种不同的病。举例来说，胶质母细胞瘤（Glioblastoma）是一种比较少见的脑瘤，以前这类病人都用相同的药物进行治疗，有的效果好，有的效果差。基因分析表明，这种病是由两种完全不同的基因突变造成的，其致病机理自然也就完全不同。所以，病人应该首先进行基因型分析，确诊他到底得的是哪一种胶质母细胞瘤，然后才能对症下药。

癌症的经济学

癌症的经济特征，决定了抗癌药的研发困难重重。

　　美国制药业巨头辉瑞公司前几天爆出一则丑闻。美国司法部指控其在营销过程中故意夸大药品的适用范围，犯了欺诈罪，并处以 23 亿美元的巨额罚款。这件事再一次提醒我们，制药公司的首要任务是赚钱，救死扶伤只是完成任务的一种手段。

　　如果我们试着从经济学的角度来理解制药业，很多疑问就会迎刃而解了。比如，为什么癌症直到现在仍然是一个不治之症？为什么尼克松总统早在 1971 年就宣布"以举国之力向癌症宣战"，可在这个号称科研实力最强大的美国，癌症治愈率却和三十多年前相比没有任何实质性的改善？

　　这个问题的答案与癌症的经济特征有着很大的关系。

　　别看癌症似乎是一种发病率很高的疾病，但具体到每一种癌症，患病人数都不多。美国约翰·霍普金斯大学的癌症专家伯特·沃格斯坦博士（Dr. Bert Vogelstein）认为，通常情况下一块癌组织内包含着 50～100 种基因突变，而两个看上去得了同一种癌症的病人很可能只有 5% 的基因突变是相同的。于是，大部分抗癌药物只对很少一部分病人有效，而且越是具有针对性的特效药，适用范围就越窄，这一特征注定了抗癌药的市场天生就很小。再加上癌症的死亡率高，很多病人得病后很快就去世了，自然也就不用再买药了。

反观其他常见病，尤其是高血压、糖尿病和关节炎等慢性病，其致病机理往往很相似，特效药可以是广谱的。再加上病人需要长时间服药，甚至终生服药，使得这类药物的市场天生就比抗癌药广阔得多。据统计，1998 年的世界药品销量 200 强里只有 12 种抗癌药，销售额超过 10 亿美元的 30 种药品中只有一种抗癌药，排名仅为第 21 位。

因为上述原因，抗癌药一直不是制药厂优先发展的对象。就拿辉瑞来说，该公司卖得最好的三种抗癌药全部来自另一家制药厂 Pharmacia，辉瑞于 2003 年将后者买下，拥有了这三种药的专利权。有趣的是，当时辉瑞决定并购 Pharmacia 的原因并不是这三种抗癌药，而是后者研发出来的一种抗关节炎药 Celebrex。

但是，在一个按照市场规律运行的世界里，任何一个行业都不可能永远赚大钱。在各大制药厂的共同努力下，如今市场上已经有了好几种治疗高血压和糖尿病的特效药，药效相当令人满意，提升的空间已不大。再加上很多这类药物的专利权已经或者即将到期，这就给大药厂敲响了警钟。

还是拿辉瑞做例子。该公司在圣地亚哥的生物科技园区买下一块地，成立了一个癌症研发中心，雇用了一千多名专业人才加紧攻关。他们的目标是到 2018 年时抗癌药的销售总额达到 110 亿美元，而目前这个数字为 25 亿美元，仅占辉瑞销售总额的 5%。

辉瑞如此乐观是有根据的。据统计，2008 年全世界药品销量 200 强里有 23 种抗癌药，比十年前多了一倍。更重要的是，销售额前 10 名里抗癌药就占了 3 个，总销售额超过 10 亿美元的 126 种药品当中有 20 种是抗癌药。这些数字清楚地表明，抗癌药市场在最近这十年里咸鱼翻身了。事实上，如果按照疾病的种类分别统计的话，抗癌药自 2006 年起就成为了全世界销量最大的品种，超过了原来一直领先的心血管药和神经系统药。

制药厂的老板们当然不可能看不到这一趋势。根据美国 FDA 的统计，目前申请进行临床试验的抗癌药物有 860 种，不但超过了心血管药和中风药总和的两倍，而且几乎是抗艾滋病和其他抗感染类药物总和的两倍，以及治疗阿尔茨海默病和其他神经疾病的药物总和的两倍！

如此高涨的研发热情，是否预示着癌症即将被攻克呢？现在还不能太乐观。美国 FDA 在整个 2008 年只批准了两种抗癌药，至 2009 年 9 月止也只批准了一种，成功率相当低。更令人担忧的是，近几年批准的抗癌药药效都说不上有多么好，甚至可以说是相当差劲。比如，由 ImClone Systems 制药公司研发的一种抗癌药 Erbitux 平均起来只能将癌症病人的生命延长一个半月，另一种抗胰腺癌的药 Tarceva 只能延长 12 天！但前者一个疗程下来至少需要花费 5 万美元，后者每个月的药费也高达 3500 美元，它们都为制药厂赚到了大钱。个中原因很简单，因为癌症病人往往存有侥幸心理，病急乱投医，而医疗保险公司也不可能拒绝支付这笔医药费，否则会被病人骂死。

同样，制药厂老板也不可能没有注意到这一现象，于是在抗癌药的研发领域就出现了一种怪现象，那就是只追求尽快出成果，而忽视了成果的质量。如果用经济学原理解释的话，就是说市场给出了错误的信号，导致的结果必然也是错的。

当然了，如果制药厂能够研发出一种真正有效的抗癌药，肯定能赚更多的钱，但正如前文所述，癌症的致病原因非常复杂，很难发明出一种广谱的特效药。于是，不少科学家建议，抗癌药必须改变思路，放弃追求大而全，改为少而精，也就是说，只针对某一基因型的病人研发特定的抗癌药，只有这样才能找出根治癌症的良方。为了让这种治疗思路变得有利可图，就必须同时改变癌症诊断的方法，先对癌症病人进行基因型检测，按照结果对病人进行分类，然后再对症下药。

总之，一定要想办法让制药厂赚到钱，病人才会最终得利。

癌症幸存者的烦恼

随着医疗水平的进步，越来越多的癌症
患者被治愈了，他们的健康问题终于引
起了医学界的关注。

无论用哪种文字来写，癌症都是一个可怕的疾病。中文的"癌"是个古字，如果把病字头去掉，念 yán，就是"岩"字的另一种写法。古人之所以这样写，一是描述癌组织状如岩石，二是形容癌症很难治愈。

曾经有不少人质疑说，为什么古文献里很少看到这个字？是不是说明现代社会癌症越来越多，越来越难治了？事实不是这样的。癌症是典型的老年病，也就是说，年纪越大患癌症的概率也就越大。古人平均年龄比现在低很多，大多数人还没等到生癌就已经死于其他疾病了。另一个原因在于，癌症并不是那么容易诊断的，古人不懂得癌症的发病机理，因此很多癌症都被疏忽了。直到生物学家们搞清了遗传的机理后，医生们这才终于知道了癌症的病因，并依此发明了很多诊断和治疗癌症的方法，癌症的治愈率逐年提高。

根据美国国立癌症研究所（NCI）的统计，仅在今天的美国就生活着1140万得过癌症后被治愈的人，这个数字在过去的三十年里提高了三倍。美国有 80% 的儿童癌症病人在接受治疗后至少又活了五年，其中有相当一部分人已经完全康复，结婚生子，过着正常人的生活。

但是，癌症幸存者千万不可掉以轻心。很多证据表明，得过一次癌症的人患次发性癌症（Second Primary Cancer）的可能性是普通人的两倍。所谓次发性癌症指的是初次癌症完全治愈后产生的新癌症。据统计，发达国家平均每三人就有一人会在有生之年患一次癌症，如果这些病人全都被治愈的话，那么按照这个比例，每九人当中会有一人患上次发性癌症。但实际情况是，发达国家癌症幸存者患上次发性癌症的可能性是 2/9，比理论值提高了一倍。增加的这部分人当中，一半人的病因和初次癌症相同，另一半人的病因在于导致他们患上初次癌症的原因没变，比如遗传、生活环境和生活习惯等，但还有相当一部分原因来自初次癌症的治疗过程。目前大部分癌症的治疗方法无外乎化疗和放射疗法两类，它们都是通过干扰 DNA 复制的过程来打击分裂旺盛的癌细胞，但这显然会增加健康细胞的基因突变几率，其结果不光是增加次发性癌症的发病率，还会引起很多其他病变，比如中风、骨头损伤、肥胖症、肺部组织硬化、心脏肌无力等，甚至连婴儿死亡率也会受到影响。

美国范德比尔特大学的科学家在 2010 年 7 月 22 日出版的《柳叶刀》（Lancet）杂志上发表了一篇论文，对那些接受过腹部放射性治疗的儿童癌症患者长大后生出死婴的几率进行了统计研究，结果发现女性癌症幸存者长大并怀孕后生出死婴的几率要比对照组高很多，但男性则没有区别。研究者认为这是因为卵子经过放射治疗后有相当一部分受到了损伤，但精子由于可以不断再生，对放射治疗并不敏感。

由于治疗方法的不断改进，癌症幸存者的数量越来越多，他们的健康问题也逐渐引起了医生们的重视。据统计，癌症幸存者当中有40%的人在被诊断出初次癌症之后的三十年里会再次患上某种致命疾病，但也有25%的幸存者和普通人一样健康。于是，不少人开始着手研究这里面的区别到底在哪里，希望能通过研究，改进初次癌症的治疗方法，减轻病人吃二遍苦的几率。

这一领域最新的进展来自美国加利福尼亚州"希望之城癌症研究所"（City of Hope Cancer Center）的研究人员斯密塔·芭提雅（Smita Bhatia）博士，她领导的一个研究小组分析了癌症幸存者患上充血性心脏衰竭（Congestive Heart Failure）的几率，发现其与患者治疗初次癌症时使用的蒽环类抗癌药（Anthracyclines）有关。这是一类使用广泛的化疗药物，包括阿霉素、道诺霉素、表阿霉素等，大约有一半的癌症患者使用过这种药。科学家们早就知道这种药有一个非常严重的副作用，这就是充血性心脏衰竭，患者心肌萎缩，收缩无力，死亡率非常高。

芭提雅博士分析了165名在儿童期接受过蒽环类抗癌药治疗，后来又患上充血性心脏衰竭的癌症幸存者，并与

323名同样接受过蒽环类抗癌药治疗，但没有发生心脏病的癌症幸存者进行对比，结果表明这两个群体在羰基还原酶（Carbonyl Reductase）的基因型上存在明显差别，心脏病组更多地带有CBR1和CBR3这两个突变型。

这两个基因型分别对应两种羰基还原酶亚型，这两种亚型的酶分解蒽环类抗癌药的能力比对照高。于是，蒽环类抗癌药更容易被分解成小分子量的乙醇类代谢物，并堆积在心脏细胞内，直接导致大量心脏细胞死亡，其结果就是充血性心脏衰竭。

芭提雅博士在2010年6月7日举行的美国临床肿瘤学研究年会上首次对外公布了这个结果，被认为是癌症幸存者研究领域的一个里程碑事件。与会者认为这个结果一旦被更多的研究所证实，就将改变医生使用化疗药物的方式，真正做到因人施药。

毫无先兆的癌变

研究表明，癌变有可能是突然发生的。也就是说，一个人昨天还好好的，今天就有可能得了癌症。

癌症是因为遗传物质（DNA）发生变化而导致的细胞分裂失控，遗传物质的变化究竟是如何发生的呢？

通常认为，癌变都是逐渐发生的。要么是单个DNA分子发生的所谓"点突变"，要么是染色体在单一的某处发生断裂。然后，这些单个的变化逐渐积累，最终导致癌变。这个理论截止到2011年1月6日也几乎是毫无争议的，而且已经被写进了几乎所有的教科书中。

1月7日，世界著名的科学期刊《细胞》（Cell）发表了一篇论文，对上述理论提出了强有力的挑战。来自英国桑格研究所（Sanger Institute）的血癌专家皮特·坎贝尔（Peter Campbell）博士及其团队对不同种类的人类癌细胞进行了大量而又快速的基因检测，发现有相当一部分癌细胞的癌变过程是突然发生的，也就是说，一个细胞昨天还好好的，结果晚上遇到一场大灾难，第二天就变成了癌细胞。

要想理解这个惊人的结论，必须先弄清基因突变到底是如何转变成癌症的。通常情况下，健康细胞都有一套严格的基因矫正和修复系统，一旦发现某个细胞的某个 DNA 分子发生了突变，或者某个染色体片段发生断裂，该系统就会被启动，对这一突变进行修复。这套矫正系统在细胞分裂过程中尤其活跃，因为它需要对正在复制的基因组进行实时监控。如果突变实在没办法修复，这套系统就会启动"细胞自杀"程序，将其杀死。

这套系统偶尔也有失灵的时候，此时那个基因突变就会被传给下一代。通常认为，如果这样的情况一而再再而三地发生的话，总会有某个致癌基因被意外激活，或者某个防癌基因被意外关闭，于是细胞就发生了癌变。

如果上述理论是正确的，那么在已知的癌细胞里一定会找出很多分散在不同位置的基因突变。为了验证这一点，坎贝尔博士及其团队利用最新的基因组序列快速分析方法，对几百个不同种类的癌细胞基因组序列进行了分析，结果发现不少癌细胞的基因突变发生在单个染色体的某个很短的片段上，而且一下子就是几十到几百个突变。进一步分析表明，这些突变都是由于染色体在那个很短的片段上发生了几十到几百次断裂后造成的。

按照常理来分析，如此大规模却又非常集中的基因组突变不可能是多次随机突变累积而成，而是来源于一次灾难性的大变故。科学家们发现，在已分析的这几百例癌细胞基因组当中，至少有 2%～3% 属于这种情况。而在骨癌当中，这样的病例更是占了总数的 25%！

　　同样，按照常理分析，当一个细胞经历了如此大的变故后是很难存活下来的，细胞内的检测系统会立即中止细胞分裂，并将其杀死。但在上述的病例中，这些细胞显然在努力地试图修复这些错误，其结果就是发生灾变的那一小段染色体上的基因片段发生了几十到上百个基因重组（修复），但却因为太过匆忙，错误百出，其结果就是致癌基因被激活，或者防癌基因被抑制，最终导致细胞发生癌变。

　　接下来一个很自然的问题就是：如此严重的灾难究竟是如何发生的呢？坎贝尔博士的这项研究不可能给出准确答案，只能根据一些蛛丝马迹提出几种猜想。坎贝尔认为，解答这个问题的关键在于骨癌。为什么骨癌的灾变几率会如此之大？显然与骨癌细胞的某种特殊性有关。已知骨细胞对放射性非常敏感，因此坎贝尔博士推测这很可能与该病人接触了放射性物质（比如大剂量的 X 光）有关，尤其是当细胞正在进行有丝分裂时，平时散开的染色体长链会被压缩成一个紧密的小球，如果此时恰好遭遇到放射性物质，就会出现染色体的某个片段一下子发生几十至上百个断点的情况。

　　需要指出的是，这只是初步的研究结果，而且这样的情况只占所有癌症中的极少数，大多数癌变还是由于微小的突变积累而成的。不过，这个研究结果意义重大，它第一次揭示了一种新的癌变机理，对于癌症的预防和筛查很有帮助。

　　这篇论文有两点值得我们注意：第一，这项研究的思路有点像四色定理的穷举法证明，依靠的是计算机强大的运算能力。如果没有基因测序技术的飞速发展，这项研究就没有可能完成。随着研究技术的不断进步，类似的思路正越来越多地得以实现，很多过去没有办法做的实验如今正在变成现实。

第二，这项研究再一次对传统的进化理论提出了挑战。以前人们一直认为生物进化是由微小的突变积累并相互竞争的结果，但越来越多的证据表明，进化很有可能是基因突变的结果。这个新思路不但可以解释一些进化过程中的疑难问题，而且对于传染病的防治也很有意义。比如，已经有证据表明某些毒性很强的流感病毒是因为发生了突变才变得面目全非，并因此而突破了原有的免疫系统阻挡，最终导致流感的大面积爆发。流行病学家对此已有警觉。

病毒家族的新杀手

又有一种病毒和常见病搭上了关系。

有一类病毒叫作"逆转录病毒",意思是说它们本身是RNA,但它们会利用一种特殊的"逆转录酶"把自己翻转拷贝成DNA,然后"焊接"到人类染色体中去,变成人类基因组的一部分。大名鼎鼎的艾滋病病毒(HIV)就属于这一类。

三年前,科学家们在一个偶然的机会发现了一种新病毒,因为它和小鼠白血病病毒很相似,便起名叫作"异嗜性小鼠白血病病毒相关病毒"(英文简称XMRV)。从这个啰唆的名字就可以看出,科学家们对这种病毒所知甚少,只能以它的近亲来命名,就好像章子怡的前男友,谁也记不住他到底叫什么,只能叫他"章子怡的前男友"。

但是,这位"前男友"可是个厉害的角色。2009年9月7日发表在《美国国家科学院院报》(*PNAS*)上的一篇论文揭示,它很有可能是恶性前列腺癌的罪魁祸首!做出这个发现的是美国犹他大学和哥伦比亚大学的研究人员,他们筛查了233名患有前列腺癌的病人，发现其中有27%的患者的肿瘤内带有XMRV。如果只计算那些恶性程度达到9～10级（最高10级）的前列腺癌患者，那么XMRV的携带率更是高达44%。相比之下，对照组（健康人）体内带有这个病毒的比率只有2%。

当然，这个实验只能说明前列腺癌和XMRV具有某种相关性，不能说后者导致了前者的发生。科学家们正在进一步研究两者的关系，即使最后发现这个病毒不是罪魁祸首，起码也能找出一种更加可靠的检测手段，把那些患有恶性前列腺癌的病人找出来。无数病例证明，对于那些患有轻度前列腺癌的患者，治疗比不治疗好不到哪里去。

一波未平一波又起。一个月之后，也就是2009年10月8日，著名的《科学》（Science）杂志上又发表了一篇文章，发现XMRV很可能是"慢性疲劳综合征"（CFS）的病因！全世界大约有1700万人患有这种病，病人长期疲倦无力，严重的还伴随着肌肉关节酸疼。医学界一直没有找到病因，对这种病束手无策，甚至有不少医生怀疑CFS根本就是一种心理疾病，是无聊的城市白领们臆想出来的。这个病因此还得了一个新绰号，叫作"雅痞症"。

美国怀特莫尔·皮特森学院（Whittemore Peterson Institute）的科学家朱迪·米克维茨（Judy Mikovits）及其同事们分析了101名CFS患者，发现其中有68人血液中含有XMRV病毒，比率为67%。他们又分析了218名健康人，发现只有8

人带有这个病毒，比率只有3.7%。论文被《科学》杂志接受后，科学家们又继续统计了更多的CFS病例，发现病毒的感染率高达98%！

同样，光靠这个实验还不能证明两者之间的因果关系，但米克维茨在接受采访时说："我的本能告诉我，XMRV就是慢性疲劳综合征的病因。"当然了，科学研究不能靠本能，但比起讨厌的前列腺癌来，慢性疲劳综合征要好治得多，因此也就更容易证明因果关系，只要试试用抗病毒的药物治疗CFS，看看能否奏效。

不管怎样，短短一个月的时间里接连发现两种病和XMRV有关联，这倒是一件不寻常的事情。病毒能致癌，这个不是新闻。科学家已经证明，宫颈癌、肝癌和白血病等癌症都与病毒有点关系，甚至连逆转录病毒的致癌机理也大致搞清楚了。简单来说，当病毒把自己"焊接"到染色体当中去时，如果"焊接点"正好破坏了某个控制细胞分裂的关键基因，该细胞就会失去控制，变成癌细胞。

病毒和CFS之间的关系倒确实有些出乎意料。如果科学家最终证明XMRV能导致慢性疲劳综合征的话，这将是一个革命性的发现。如果连心理疾病都能和病毒拉上关系的话，人们不禁要问：还有什么病和病毒无关？

事实上，这个领域正是当今医疗界的热点之一。自从科学家找到了快速检测病毒的方法后，已经有很多慢性病和病毒拉上了关系。就拿癌症来说，根据世界卫生组织的估计，全世界大约有 10% ～ 15% 的癌症和七种病毒有关，病毒的致癌性甚至仅次于吸烟，是人类癌症的第二大致病原因。

如果把范围再扩大一点，我们还可以问出下面这个问题：还有什么病和传染病无关？已经有充分的证据证明，除了癌症外，冠心病、多发性硬化症、红斑狼疮、胃溃疡、关节炎和帕金森病等多种看似和传染病无关的常见病其实都和细菌或者病毒有点瓜葛！

也许有一天科学家会发现，很多所谓的"现代病"，并不是饮食习惯或者生活习惯造成的，而是因为这个世界变平了，给了传染病更多的机会。医生们倒是很希望看到这个结果，因为这就意味着人类已经掌握的抗生素和抗病毒药物可以发挥更大的作用。

疫苗的帮手

光有疫苗还不够，必须给疫苗添个帮手。

甲型 H1N1 流感的大爆发，再一次证明疫苗是人类抵抗病毒感染的最佳武器。问题在于，疫苗不能直接杀死病毒，它只是动员人体自身的免疫大军投入战斗。如果某人的免疫系统本身就不够健全，疫苗对他就没用了。

就拿流感疫苗来说，大家都知道最容易被感染的是婴幼儿和老年人，但流感疫苗恰恰对这两类人的免疫效果最差，原因就在于小孩和老人的免疫系统活力本来就低，很难被动员起来。据统计，在接受常规疫苗注射的 65 岁以上的老年人当中，只有大约一半人体内产生了足够多的抗体，也就是说，有一半左右的老年人疫苗白打了。

解决这个问题的办法之一就是在疫苗中加入佐剂（Adjuvant）。

佐剂的概念早在一百多年前就有了。几乎就在科学家们发现疫苗的同时，有人就注意到如果在疫苗中混杂一些貌似"有毒"的物质，能提高疫苗的活性，这就是佐剂。为了找到更多佐剂，科学家们试验了好多奇奇怪怪的物质，比如死细菌提取液、无机盐，甚至木薯淀粉。试验发现氢氧化铝和乳液效果不错，现在这两种佐剂都是商业疫苗中最常添加的"疫苗帮手"。

佐剂是如何帮助疫苗的呢？要想理解这个问题，必须从疫苗的工作原理说起。目前疫苗大致有三种，第一种是毒力减弱的活病菌，第二种是死病菌，但表面蛋白（抗原）仍在，第三种是人工合成的抗原分子。这三种疫苗都可被看作是"骗子"，它们的作用就是模仿病菌入侵的过程，好让人体免疫系统尽快动员起来准备迎敌。

免疫系统分工严密，专门负责通风报信的是树突细胞（Dendritic Cell），它们就好像是侦察兵，一遇到可疑之人就立即上前将其抓住，并根据其特点决定如何处置，要么立即拉警报，要么等等再说。免疫学把树突细胞叫作"抗原呈现细胞"，意思是说它们不管杀敌，只负责把抗原"呈现"给正规部队，由后者负责解决。

侦察兵往往都是一些老谋深算之人，不容易被骗。同样，疫苗要想骗得它们的信任并发出警报，并不是一件容易的事情。佐剂的作用就是帮助疫苗欺骗侦察兵，要么把疫苗弄得花花绿绿，故意让侦察兵看见，要么就放几声空枪，提高防御部队的警惕性，增加侦察力量。

佐剂如果用得好，可以大大提高疫苗的效率。比如一种正在进行临床试验的流感疫苗加入佐剂 AS03（一种乳液）

后，可以把 65 岁以上老年人群的接种有效率提高到 90.5%。另一种同样处于临床试验期的 H5N1 禽流感疫苗加了 AS03后，只需要用三分之一的量就可以达到同样的效果。后一点的重要性是不言而喻的，每次大规模流感爆发时，最让政府卫生部门头疼的就是疫苗生产能力不足。

新的研究表明，树突细胞不但能够发出警告，甚至还能告诉指挥官应该做出什么样的反应，或者派遣免疫 T 细胞前去杀敌，或者调动免疫 B 细胞分泌更多的抗体。负责判断敌人类型的是一类树突细胞表面受体，叫作 TLR 受体。这种受体就像是一群分管不同部门的侦察专家，有人擅长识别病菌，有人专门对付病毒。目前已经发现了十种 TLR 受体，分别负责识别不同的敌人，并向指挥部发出相应的指令。科学家们已经搞清了它们的秘密，正在试图利用佐剂来模仿不同的敌人，指挥免疫系统做出特定的反应。

比如，葛兰素史克公司的科学家正在试验一种癌症疫苗，用来对付非小细胞肺癌（Non-Small Cell Lung Cancer）。癌细胞虽然也是敌人，但它们属于内鬼，用疫苗来对付它们的技术尚未成熟。科学家发现，如果在疫苗中加入一种混合佐剂，就能大大提高疫苗的效率。临床试验表明，有 96%的受试者体内产生了相应的抗体，有大约三分之一的病人病情得到了稳定。

这种混合佐剂中含有一种重要成分 CpG，这是从细菌中提取出来的一种化学物质，能够模仿细菌入侵，刺激树突细胞表面的 TLR-9 受体发出指令，让司令部派出更多的免疫 T 细胞准备应战。免疫 T 细胞已经被证明能够杀死癌细胞，它们的存在能够抑制癌细胞的分裂。所以说，虽然 CpG 欺骗了免疫系统，但结果是好的。

这项研究还解决了一个古老的谜题。一百多年前有位名叫威廉·科里（William Coley）的纽约医生发现有些发高烧的病人体内肿瘤会自动消失。他根据这一发现研制出一种"科里毒素"（其实就是细菌提取液）用于治疗癌症，居然有一定的效果。科学家相信，科里毒素其实就是一种免疫佐剂，能够诱发人体免疫系统做出强烈反应，"顺便"杀死了癌细胞。

艾滋疫苗的新思路

艾滋病病毒的性质决定了传统艾滋疫苗很难成功,必须另辟蹊径。

疫苗的发明是人类医学史上一项伟大的成就,但疫苗的研发近年来遭遇到了瓶颈。目前广泛使用的疫苗都是历史悠久的老疫苗,近三十年里很少有新的疫苗问世。尤其是广受世人关注的艾滋疫苗,至今仍然进展缓慢。这是为什么呢?

原来,疫苗的工作原理多年来一直未变,无法适应某些新的疾病。疫苗本身杀不死病原体,它通过模仿病原体的模样,欺骗人体自身的免疫系统,使之产生抵抗力。所以说,疫苗是否能起作用,关键在于免疫系统是否有能力做出反击。那么,科学家最初是怎么知道这个原理可行的呢?答案来自大自然。目前所有已经在使用的疫苗,都是事先被大自然检验过的。这是因为绝大部分已知的传染病都是可以自愈的,而且自愈的比例还相当高。明白了这一点,科学家就有信心了。只要想办法模拟免疫系统在遭遇到病原体时的正常反应,就肯定能达到目的。

艾滋病病毒则不一样。它本身具有三大特征，使之成为人类迄今为止遇到的最危险的敌人。首先，艾滋病病毒的行动非常迅速，一旦进入人体，病毒会在一两天内就复制出足够多的后代。还没等人体生产出相应的抗体，病毒就已经完成了最初的"原始积累"，在人体里扎下了根。相比之下，导致小儿麻痹症的脊髓灰质炎病毒在进入人体后需要好几天的时间才能复制出足够多的后代，之后才能侵入中枢神经细胞。健康的免疫系统有足够长的时间对病毒做出反应。

其次，艾滋病病毒选择 T 淋巴细胞作为自己的宿主，而 T 细胞正是免疫系统的主力部队，没有它们，抗体就没法生产出来。如果临战之前兵工厂先被摧毁，这仗就很难打赢了。

再者，假如有一部分 T 细胞逃过一劫，开始行使正常的免疫功能，艾滋病病毒就会使出最后一招撒手锏——变异。一旦出现变异，免疫系统就必须多线作战，对各种各样的艾滋病病毒同时发起进攻。可是免疫系统本来就已受损，经不起这样大规模的消耗战，所以这场战役注定将以失败告终。

由于艾滋病病毒拥有这三样致命武器，使得人类对它毫无办法。目前还没有任何一个感染者被证明能够完全自愈，也就是说，科学家一直没能从大自然中找到任何确凿的证据证明传统疫苗能够成功。于是，他们所能做的只是用旧的方法逐一试验，希望能碰巧找到一种有效疫苗。可惜的是，科学家们的运气一直不好，艾滋疫苗研发领域进展缓慢，几乎看不到任何曙光。

怎么办？摆在科学家面前的有两条路。第一条是继续从大自然中寻找线索，这条路已经初现曙光。科学家在非洲发现了不少天生不感染艾滋病病毒的人，也发现了一些感染了病毒后一辈子不发病的人。科学家正在对这些人进行研究，希望能发现他们的秘密，然后借用过来。

第二条是彻底改变旧有的思路，探索一种全新的免疫方式。美国费城大学附属儿童医院的菲利普·约翰逊（Philip Johnson）博士早在十多年前就想出了一个绝佳的办法。他想到，既然人体自身的免疫系统没办法生产出足够的抗体，为什么不干脆放弃免疫系统，试试人工补充抗体呢？他和同事们找到了几种专门针对艾滋病病毒的附着性免疫蛋白（Immunoadhesins），这些蛋白质属于抗体类似物，能够有效地中和已知的各种艾滋病病毒，防止其入侵人体细胞。

但是，蛋白质在体内不可能存留太久，每周注射一次附着性免疫蛋白显然是不可能的。所以，约翰逊博士想到了转基因。他和同事们克隆出了这些抗体类似物的基因，再把它们导入一种经过改良的腺病毒载体中。这种载体是转基因疗法最常用的工具，能够把科学家指定的任何基因导入人体细胞，并在那里扎下根来，源源不断地生产出特定的蛋白质。

约翰逊博士首先在猕猴身上试验了这个新方法。猕猴会得"猴艾滋病"，其病毒（SIV）和人的艾滋病病毒（HIV）

同源。科学家们把携带着附着性免疫蛋白基因的腺病毒载体注射进九只猕猴的肌肉中，一个月后再给它们注射 SIV 病毒，结果这九只猕猴没有一只染上猴艾滋病。一年之后九只猴子血液中的附着性免疫蛋白依然维持在很高的水平上，其中有三只猴子体内能够检测出微量 SIV，但没有发病。其余六只猴子则是连 SIV 的踪影都找不到。相比之下，六只作为对照的猕猴却都立即得了病，一年后其中的四只死亡。

约翰逊博士把实验结果写成论文，发表在 2009 年 5 月 17 日出版的《自然》杂志医学分册网络版上，立即引起了艾滋病专家们的高度重视。约翰逊博士透露，他正在和有关方面展开合作，力争在未来的几年内开始进行人体试验。

这个新方法也许最后被证明无效，但无数事实证明，艾滋疫苗研发领域必须引进全新的思路，否则很难获得成功。

沙门氏菌的秘密

沙门氏菌一直是医学研究领域的热点，很多病菌的致病机理都是通过对沙门氏菌的研究而逐步被揭示出来的。

最近美国又爆发了沙门氏菌疫情，已证实的感染人数虽然只有几百人，但据卫生部门估计，每一个确诊的感染者都对应着 30 个未经确诊的患者，因此实际感染人数很可能已达数千名。这次疫情的起因来自爱荷华州一家养鸡场生产的鸡蛋，美国政府已经下令召回，据估计此次召回的鸡蛋总数高达 3.8 亿个！

沙门氏菌属于肠道杆菌，通过粪便传染，可使被感染者肚子疼、腹泻，抵抗力弱者还会发高烧，严重时可能导致死亡。沙门氏菌的生存能力极强，耐干旱耐低温，冰箱对它不管用，只有高温才能将其杀死。美国人爱吃生菜，这就是为什么美国几乎每年夏天都会爆发一次沙门氏菌疫情，它是美国所有食物中毒事件最大的病因。中国人虽然喜欢吃热饭，但不少人的卫生习惯不好，饭前不洗手，因此沙门氏菌引起的食物中毒事件在中国也是排第一位的。

关于沙门氏菌的研究一直是医学研究领域的热点。事实上，很多致病细菌的致病机理都是通过对沙门氏菌的研究而逐步被揭示出来的。

比如，沙门氏菌似乎不怕人体自身的免疫系统，尤其不怕一氧化氮。一氧化氮很容易变成具有强氧化作用的"自由基"，能够迅速杀死外来细菌，是人体免疫系统的秘密武器。但沙门氏菌一遇到一氧化氮便会立刻分泌一种酶，将一氧化氮转化成无害物质。2005年，美国乔治亚理工学院（Georgia Institute of Technology）生物系教授斯蒂芬·斯皮罗（Stephen Spiro）以及同事们在《自然》（Nature）杂志上发表文章，揭示了沙门氏菌反应如此之快的原因。原来，沙门氏菌体内有种名叫 NorR 的蛋白质，其内部包含着一个铁原子，一氧化氮最爱铁原子，一旦遇到便会迅速与之结合。结合了铁原子的 NorR 蛋白质立刻摇身一变，成为一种基因调控因子，将 norVW 基因激活。这个基因编码的酶能够将一氧化氮转化成无害的物质，沙门氏菌便逃过一劫。

事实上，这正是细菌那么需要铁原子的原因之一。研究发现，细菌最重要的一个营养元素就是铁，如果能想办法抑制细菌获得铁元素的能力，就能抑制病菌的繁殖。事实上，母乳中的一种主要成分就是乳铁蛋白，它把婴儿肠道中的铁都"保管"了起来，不让细菌吸收。目前市场上只有一部分婴儿奶粉含有乳铁蛋白，而且大都是牛的乳铁蛋白，人体无法吸收，这就是我们要大力提倡母乳喂养的重要原因。

再比如，动物肠道中的条件恶劣，沙门氏菌必须躲进宿主的细胞内才能存活下来，并繁殖后代。但宿主细胞内的环境通常并不适合沙门氏菌，后者必须先强行注射进一些蛋白质，改变宿主细胞的环境，才能住进去，这些蛋白质就是人们常说的"毒力因子"（Virulence Factors），也是致病细菌之所以有毒的原因。

2008 年 5 月，加拿大英属哥伦比亚大学（UBC）的科学家布莱特·芬利（Brett Finlay）教授及其同事在《科学公共图书馆》（PLoS）杂志上发表文章称，他们居然在沙门氏菌体内发现了一个"反毒力因子"（Anti-virulence Factor），其作用和毒力因子正好相反。听上去很不可思议对吗？芬利教授解释说，这个因子的作用就是让沙门氏菌"悠着点"，别一上来就把宿主杀死。

怎么样？沙门氏菌很聪明吧？但它聪明不过人。科学家们正在想办法利用这一点，降低病菌的毒性。

再举一例。2010 年 4 月，英国伦敦帝国理工学院（Imperial College London）的科学家大卫·赫尔顿（David Holden）教授及其团队在《科学》（Science）杂志上发表论文，详细解释了沙门氏菌到底是怎样把"毒力因子"注入宿主细胞的。原来，沙门氏菌先是在其表面生长出一个"芽"，形状好似一根注射器。当这根注射器碰到宿主细胞后，先运送过去的并不是"毒力因子"，而是另外一组蛋白质，它们的作用是在宿主细胞表面钻一个孔，这样一来，两个细胞之间就连通了。

此时沙门氏菌并不急着把"毒力因子"送过去，这些因子是很珍贵的，不能轻易浪费。沙门氏菌体内有个蛋白质"开关"，其作用就是侦察一下宿主细胞的酸碱度，只有当宿主细胞的酸碱度处于一个合适的范围时，这个开关才会被打开，将"毒力因子"送过去，并正式向宿主细胞宣战！

事实上，很多病菌的入侵过程也是如此。

"这个过程很像飞机卸客。"赫尔顿教授解释说，"飞机停稳后，地面工作人员会通过一个通道把飞机和候机楼连接起来。此时飞机的舱门并不会马上放开，它有复杂的安全装置避免提前开门，只有当机长确定梯子和舱门完全衔接好后，安全装置才会松开，否则乘客就有可能掉下去了。"

如此聪明的沙门氏菌还是斗不过人。科学家们正在逐渐掌握这一过程的机理，并准备在不远的将来以此为据，制造出针对沙门氏菌的新药。

超越抗生素

传统的抗生素一直摆脱不了细菌抗性的困扰，是否可以换一种思路呢？

如果不考虑技术难度或者原创性，只从救命的角度来看，抗生素无疑是现代医学对提高人类健康水平所做的最伟大的贡献。在抗生素被发现之前，人类的头号杀手毫无疑问是各种细菌感染。而自从有了抗生素之后，这个位置就让给了癌症和心血管疾病，现代人似乎已经忘记了细菌感染也是能杀死人的。

就在大家放松警惕的时候，病菌们卷土重来。2011年初德国爆发了出血性大肠杆菌疫情，累计死亡人数已达42名。5月底在加拿大的安大略省又爆发了艰难梭状芽胞杆菌腹泻疫情，截止到2011年7月已造成16人死亡。这两起发生在发达国家的细菌中毒事件再次为我们敲响了警钟：细菌们开始反击了，人类急需研制出新的抗生素与之对抗。

不过，这个口号已经喊了几十年了，但因为利润有限，制药厂大都不愿意投入太多的人力物力研发新的抗生素，很多医院至今仍在使用青霉素和链霉素这些古老的抗生素，很多病菌早已进化出了对它们的抗性。另外，随着畜牧业的飞速发展，在饲料中添加抗生素的做法越来越普遍，这就进一步加快了细菌抗药性的进化速度。

举例来说，这次德国疫情的罪魁祸首是一种出血性大肠杆菌，能抵抗八种常见的抗生素，这就是为什么在疫情爆发初期医生们束手无策，不知道该如何对付它。事实上，后来的研究证明，如果抗生素使用不当，甚至有可能加重病情！原来，这种大肠杆菌之所以有害，就是因为它会分泌志贺毒素（Shiga Toxin）。每当它感到生命受到威胁的时候（比如周围环境中有抗生素，或者有免疫细胞在攻击它），便会发生应激反应（SOS），加速释放志贺毒素。

出血性大肠杆菌的这项本领给治疗带来了很大困难，医生们不但要寻找一种能够杀死病菌的抗生素，还要求这种抗生素不能诱发细菌的应激反应，否则的话，细菌倒是杀死了，人也活不成了。好在科学家们发现碳青霉烯类（Carbapenems）抗生素能够同时满足上述两项条件，这才缓解了疫情。

这次德国出血性大肠杆菌疫情充分说明，人类目前的抗生素军团急需改变，要么扩大编制，添加新式武器，要么更改作战计划，主动出击。再像这样被动地进行防御，代价太大了。

先说扩充武器库。这些年一直有人呼吁医疗界加紧研制新的抗生素，但因为细菌进化出抗性的速度太快，一种新抗生素没用几年就失效，因此制药厂兴趣不大，这就需要政府多出力，依靠财政补贴的办法刺激制药厂投入更多的人力物力。

但是，无论科学家怎样努力，这个办法都不是长久之计。只要抗生素的目的是杀死病菌，那么出现抗性是早晚的事情。更可怕的是，细菌对抗生素的抗性通常来自一些很小的环状DNA，这些被称为"质粒"（Plasmid）的小家伙可以很容易地在不同细菌之间"串联"，将抗性散播出去。

也许有人会说，为什么不事先研究清楚所有常见致病细菌的特性，然后对症下药呢？这个思路也是行不通的。自然界存在成千上万种细菌，寄生在人体肠道内的细菌也有很多种，大多数都是无害的。比如本次德国疫情的罪魁祸首原本是一种没有危害的大肠杆菌，科学家们觉得没有必要研究它，谁知它不知从哪里获得了一个编码志贺毒素的质粒，这才突然变成了病菌，让人措手不及。

还有人认为，细菌感染大都是因为吃了不洁的食品，为什么不从食品安全的角度进行严格监管呢？先不说这么做难度很大，有科学家发现不少细菌能够躲在植物的身体里，这样一来，无论你把蔬菜瓜果洗得多么干净都没有用。

难道说自称万物之灵的人类居然对付不了小小的病菌吗？其实方法是有的，关键是改变思路。有科学家提出，我们应该从致病的机理下手，在不杀死细菌的情况下防止生病，这样一来细菌就没法进化出抗性了。比如这次德国的出血性大肠杆菌事件，真正的杀手不是细菌，而是志贺毒素。这种毒素可以从肠道壁进入血液循环，并聚集在肝脏和肾脏等处，刺激人体免疫系统对其加以攻击，导致溶血性尿毒综合征（HUS）。也就是说，病人是死于 HUS，而不是大肠杆菌。因此，德国科学家尝试用一种单克隆抗体选择性地阻止人体免疫系统对志贺毒素进行攻击，效果非常不错。

还有人提出，如果想办法阻止志贺毒素从肠道进入血液循环系统，也可以避免 HUS。

第三种方法更绝。美国塔夫茨大学（Tufts University）的科学家斯蒂伍德·莱维（Stuart Levy）发明了一种小分子药物，虽然不能直接杀死病菌，但却能够选择性地将病菌体内的 MAR 基因关闭。这个基因负责指挥细菌合成毒素，一旦被关闭的话，细菌虽然活着，却不会对人体造成危害。

上述几种方法都超越了传统抗生素的治病理念，在不杀死细菌的情况下把病治好，这种看似"治标不治本"的治疗方法反而有可能是最有效的。

假戏真做

安慰剂效应的适用范围继续扩大，就连做手术也可以假冒了。

骨质疏松是一种老年人的常见病。根据国际骨质疏松发展学会的统计，全球约有 1 亿骨质疏松患者，其中大部分为绝经后的妇女。患者很容易得一种名为"骨质疏松性椎体骨折"（Osteoporotic Vertebral Fractures）的病，其脊椎骨发生一至多处骨裂，并伴有慢性疼痛，严重的甚至无法正常走路。

目前治疗"骨质疏松性椎体骨折"最常用的方法是"椎体成形术"（Vertebroplasty），就是先对病人实施局部麻醉，然后在骨裂处开一个小口，把聚甲基丙烯酸甲酯（俗称"骨水泥"）注射到脊柱内，堵住裂缝。这是一种小手术，病人当天就能回家。

"椎体成形术"从道理上讲得通，从技术上讲也很成熟，一切看似都很完美。事实上，这种手术在全世界已经做过成千上万例，效果很好。根据 2007 年发表的一份调查统计显示，有 97% 的病人自述手术后痛感明显降低，生活质量有了很大提高。

但是，2009年8月6日出版的《新英格兰医学杂志》刊登了一篇文章，给"椎体成形术"泼了一盆冷水。文章报告说，美国华盛顿大学的科学家对131名"骨质疏松性椎体骨折"患者进行了一次随机对照试验，患者被分成两组，一组实施"椎体成形手术"，另一组假戏真做，手术该进行的步骤一样不差，甚至连麻醉针也照打，但却不给病人注射"骨水泥"。出乎科学家意料的是，半年后对"手术"效果进行的调查显示，这两组病人都自述说疼痛感觉明显减轻，两种"手术"的有效比例相似，没有统计意义上的差别。

无独有偶，该期杂志还刊登了澳大利亚科学家提交的另一篇文章，文章称他们进行了一次类似的试验，虽然只招募了78名患者，规模较小，但结果和前者相似，假手术和真手术的效果完全一样，看不出任何差别。

这两个试验分别由美国国立卫生研究院（NIH）和澳大利亚政府资助，起码从资金来源上看应该是非常公正的。

那么，究竟是什么原因使得两个试验都得到了看似不可思议的结果呢？参与试验的科学家们认为，虽然有一定的可能是试验中使用的麻醉剂奴佛卡因（Novocaine）在作怪，但从以往的经验来看，更可能的原因就是所谓的"安慰剂效应"，也就是说患者在接受假手术时受到了强烈的心理暗示，其身体内部自发地发生了某种积极的变化，其效果和使用"骨水泥"完全一样。

这个"安慰剂效应"不是什么新鲜事，科学家们很早就发现了病人的心理作用对药效有着很大的影响。新药上市前之所以必须通过"随机双盲对照试验"的检验，就是为了排除"安慰剂效应"的影响，证明其药效真的来自新药独特的有效成分，而不是心理作用。所以说，上述这两个试验足以证明"椎体成形手术"是无效的，"骨水泥"对病人没有帮助。

基于上述判断，澳大利亚的科学家认为这两个试验足以宣告该手术的死刑了，但是华盛顿大学的科学家则认为，假手术虽然和真手术效果一样，但两者都比不做手术要好，所以手术还得继续做下去，不能说停就停了。

后者的说法也是很合理的，但问题在于：今后的手术还用不用"骨水泥"呢？

抛开"骨水泥"的成本不说，这种化学物质是有一定危险性的。"骨水泥"很早以前就广泛用于骨手术中，但自上世纪70年代开始，世界各地陆续见到了"骨水泥"引发病人心肺功能障碍并导致死亡的报道。曾经有人研究了1969年至1997年对29431个病人进行的38488次髋关节成形手术，发现死亡23例，所有的死亡都是由于"骨水泥"引发的不可逆转的心肺功能障碍所引起的。

那么，如果今后的手术都不用"骨水泥"是不是就可以了呢？问题也不是这么简单。不少专家认为，如果这件事为"假手术"开了口子，今后就会有越来越多的医生打着"安慰剂效应"的幌子，向病人隐瞒真相，其后果将很难预料。

必须指出的是，不管这件事最后的处理结果如何，事实上医生们已经开始这么做了。2008 年底公布的一项调查显示，有半数的美国医生经常给病人开"安慰剂"，拿一些有益无害的维生素药片或者止疼药，甚至是抗生素或者镇静剂来冒充真药。英国、丹麦、以色列、瑞典和新西兰等国进行的类似调查得出了相似的结论。

该调查的主持人警告说，这个趋势值得警惕，因为科学界对"安慰剂效应"的真正机理尚未完全搞清，其效果更是很难预测，如果现在就贸然采用这种方法对付病人，不但从道德上讲存在问题，而且从实效上说也是不妥的。

遗传病研究的新突破

通过对人类基因组全序列的分析对比，
科学家们找到了遗传病研究的突破口。

人类的很多疾病都与遗传有关，但是要想判断出究竟是哪个基因导致了某种遗传病却是一件非常困难的事情。要知道，人类基因组有 30 亿个"字母"（碱基对），编码近 2.3 万个基因，每个基因至少编码一种蛋白质，这说明人类体内最多会有 2.3 万种不同的蛋白质在工作着。不但如此，目前大多数蛋白质的功能也都没有搞清，很难把它们与某种特定的遗传病联系在一起。另外，还有很多 DNA 序列虽然不编码任何蛋白质，但却控制着蛋白质的合成速度，出了问题同样非同小可。所以，科学家们往往只能通过收集大量病例来推测可能的致病基因，其过程很像是在碰运气，成功率极低。

遗传病研究领域的第一个突破发生在 1949 年，著名的美国化学家，诺贝尔奖双料得主莱纳斯·鲍林（Linus Pauling）博士及其同事们在《科学》（*Science*）杂志上发表文章指出，镰刀型贫血症的病因在于病人血红蛋白中的一个氨基酸发生了变化。这是人类第一次在蛋白质水平上弄清了一种遗传病的分子机理，从而可以很容易地从氨基酸的顺序倒推回去，找出那个致病的基因。

自此之后，遗传病研究领域发展迅猛，但大都基于同样的思路。换句话说，如果某种遗传病的分子机理尚未搞清，科学家们就束手无策了。另外，还有很多遗传病是由不止一个基因突变所导致的，这就进一步增加了破案的难度。

人类基因组全序列的测序成功给这个领域带来了新的曙光。科学家们希望通过测量病人的全部 DNA 序列，并和正常人进行对比，从而找到致病基因。问题在于基因组测序的成本太高了，目前虽然已经降到 5 万美元左右，但一般人还是做不起。所以，截止到 2009 年底，全世界只有十几个人测出了自己的 DNA 全序列，其中大多数还都是科学界名人，为他们测序更多地具有象征意义，对遗传病的研究帮助不大。

2010 年情况终于有了转机。就在 2010 年 3 月，相继有两篇文章发表在顶尖杂志上，让人们看到了基因组全序列测序在遗传病研究领域的巨大潜力。第一篇文章发表在 3 月 10 日出版的《新英格兰医学杂志》上，该文作者詹姆斯·鲁普斯基（James Lupski）博士本人患有腓骨肌萎缩症（Charcot-Marie-Tooth Syndrome），这是一种比较常见的遗传病，患病率约为 1/2500。此前科学家们已经找到了 40 个基因可能与此有关，但始终未能确诊。詹姆斯为此工作了几十年，仍然没有结果，于是他想到了全基因组测序，希望能找到突破口。

詹姆斯的父母都是健康人，夫妇俩一共生下了八个孩子，其中四个患病，四个健康，这样的家庭为遗传病研究创造了绝好的条件。研究人员测量了詹姆斯的全部 DNA 顺序，并和那 40 个可能的基因位点一一进行对比，发现 SH3TC2 基因最有可能是罪魁祸首。詹姆斯本人和他的另外三名患病的兄弟姐妹都带有两份变异了的 SH3TC2 基因拷贝，他的父母和那四位健康的兄弟姐妹则只携带一份变异了的 SH3TC2 基因拷贝，这个模式完全符合单基因隐性遗传病的基本特征，即患者必须同时携带两份致病基因才会生病。在综合考虑了其他一些证据之后，研究人员认为腓骨肌萎缩症的病因几乎可以肯定是由于 SH3TC2 基因变异造成的。

第二篇论文发表在 3 月 11 日出版的《科学》杂志上，美国西雅图系统生物学研究所的一个研究小组找到了一个四口之家，两个孩子同时患上了米勒综合征（Miller Syndrome）和原发性纤毛运动障碍（Primary Ciliary Dyskinesia）这两种罕见的遗传病。这一次科学家们走得更远，把全家四口人的基因组序列全部测了出来。但是，由于科学界事先对这两种遗传病缺乏研究，最后只能把候选范围缩小到四个基因，再也无法进一步确诊了。

这是科学界第一次为一个家庭进行全基因组测序，从中得到了一个有趣的副产品。通过对两代人的基因顺序进行对比，科学家算出了人类基因组的突变率，即每一代人将会产生 66 个基因突变！正是这些随机的基因突变为遗传病的确诊带来了麻烦，因为绝大多数基因突变都是无害的，对人的健康没有任何影响。而科学家目前尚无能力判断到底哪些突变是有害的，哪些是无害的，所以，即使找到了基因突变，仍然没法做判断。

比如，第一篇论文的主角詹姆斯·鲁普斯基的SH3TC2基因发生了一个突变，在该基因的中间形成了一个终止符。通常情况下出现这类突变意味着该基因功能的彻底丧失，因为这就等于把蛋白质拦腰斩断了。但是通过分析詹姆斯的全部基因组序列，科学家们居然发现了120个这样的基因突变！其中大多数突变显然是中性的，否则詹姆斯恐怕早就夭折了。

从这个例子就可以看出，遗传病研究领域最大的问题还不是基因组测序，而是对基因功能的了解。如果不了解基因的工作方式，那么即使测出了基因序列也无法正确解读。解决这个问题的唯一办法就是尽可能多地积累数据，然后进行横向对比。好在科学家估计人类基因组全序列测序的成本将在不久的将来降到4000美元以下。到那时，相信很多遗传病的秘密就会迎刃而解了。

衰老是一种病

衰老确实可以增加一些疾病的发病率，但衰老本身就是一种病，有其独特的生理基础。而且，既然是病，那就可以治，这就是衰老研究领域异常火爆的原因。

如果不比智力，单纯从身体能力的角度考量，人类在很多方面都不如动物，但有一点人类比动物强很多，那就是寿命。人类的寿命位居灵长类之首，如今很多国家国民的平均寿命都已经超过了 70 岁，动物界只有鹦鹉和乌龟等少数几个物种活得比人长。

生物学家过去一直认为，人类的衰老过程比其他灵长类开始得晚，衰老速度也缓慢得多。但这个想法只是一种猜测，并没有进行过严格的科学检验。美国杜克大学的生物学家苏珊·埃尔伯茨（Susan Alberts）决定研究一下这个问题。她和同事们收集了全世界七个不同亚种的两千八百多只野生猴子和猩猩的寿命数据，并和人类做对比。结果显示，人类的衰老速度和模式其实和那些灵长类动物没有太大的区别，而所有灵长类动物的寿命都只和它们所处的环境有关，与它们在进化树上的位置没有关系。

另外一个相似之处是，几乎所有的灵长类动物都是雌性比雄性寿命长，只有巴西蛛猴（Muriqui）是个例外。雄性蛛猴是所有这七种灵长类动物当中唯一不需要为了争夺交配权而大打出手的，埃尔伯茨认为这就使得雄性蛛猴不必承受交配压力，并因此而减寿。

这篇文章发表在2011年3月11日出版的《科学》（Science）杂志上。关于衰老的研究近年来呈现井喷之势，出现了许许多多看上去很奇怪的衰老机理假说。造成这种局面的主要原因在于，过去的研究者大都认为衰老是一种无法避免的生理过程，无药可治。而衰老造成的结果只是提高了疾病的发病率，所以只要把研究重点放在具体的疾病上就可以了。但是越来越多的证据表明，事情不是这样。衰老有其独特而又具体的生理基础，可以将其看成是一种病，因此是可以治疗的，这样一来，关于衰老机理的研究立刻就有了很明显的商业价值，获得了大量资助。

这方面的一个突出案例就是老年痴呆症。过去曾经认为，老年人出现记忆力下降等心智问题的原因就在于阿尔茨海默病等疾病，只是病情有轻有重而已。但是随着技术手段的进步，尤其是当科学家发明了测量神经触突连接强度的装置后，终于发现很多得了老年痴呆症的人并没有患上阿尔茨海默病，只是随着年龄的增长，其神经系统的某些部位发生了变化，这才导致了后续一系列问题。换句话说，衰老是一种独特的神经生理过程，和阿尔茨海默病完全不同。如果搞清了这一过程背后的机理，就有可能找出对付它的办法。

最近又有一篇关于衰老机理研究的文章引起了很大轰动。美国著名的马约诊所（Mayo Clinic）的伊安·范德森（Jan van Deursen）教授及其研究小组在 2011 年 11 月 2 日出版的《自然》（Nature）杂志上刊登了一篇文章，提出"衰老细胞"（Senescent Cells）就是导致衰老的罪魁祸首。

这个发现听上去有点奇怪，必须详细解释一下。所谓"衰老细胞"指的是一类失去了分裂能力，但却没有死的细胞。几乎所有的组织内都会出现这样的变异细胞，但在正常情况下它们都会被实施"安乐死"，即通过一种名为"细胞自杀"（Apoptosis）的程序自动分解，化为其他健康细胞的养料。但随着年龄的增长，总会有个把细胞因为各种原因没有自杀，而是继续进行新陈代谢，甚至参与组织的各项功能，它们就是"衰老细胞"。

科学家们很早就知道衰老细胞的存在，并发明出了专门的染色法，可以在显微镜下分辨出它们的身影。但是它们到底有何危害？这个问题因为缺乏相应的实验手段而一直没有解答。范德森教授的研究小组通过基因工程的方法制造出了一种小鼠，其体内产生的衰老细胞能够在科学家的一声令下而立即全体自杀。

这件事听上去很神奇，原理并不复杂。衰老细胞有个共有的特征，其体内有一种名为 p16-Ink4a 的基因会被启动。范德森教授制造了一种小鼠，每当该基因被启动后，就会立即同时启动细胞自杀程序，将该细胞杀死。值得一提的是，这种自杀程序的启动还必须加入某种药物才能做到，这就等于为实验找到了一种安全有效的对照组。

研究结果显示，凡是吃了这种药物（因此杀死了所有的衰老细胞）的小鼠，其体内的衰老过程被大大延缓了，这些小鼠不再患有白内障，伴随着老龄化而出现的肌肉萎缩现象也得到了很大的缓解。更有趣的是，这些小鼠的皮下脂肪层也不会因为上了年纪而变薄，这就减少了皱纹，使得它们看起来更加年轻了。

如果这项研究能够被重复出来，并在人身上取得成功的话，必将从根本上改变衰老领域的格局，无论是从研究的角度还是商业的角度来看都是一个值得高度重视的成果。

微型杀手

纳米技术用途很广，代表着材料科学的
未来。但是这种人造颗粒实在是太小了，
是否会对人体造成伤害呢？

2007 年 1 月至 2008 年 4 月，有七名女工相继被送到首都医科大学附属朝阳医院，她们的肺部出了问题，严重的甚至伴有胸腔积液。医生们进行了紧急救治，但最终还是有两名女工相继去世。

这七名女工都在同一个小型印刷车间工作，患病前那个车间的通风系统坏了，堵住了有害气体释放的通道。那么，到底是哪种成分造成了这一悲剧呢？主治医生宋玉果认为是印刷工业采用的纳米颗粒在作怪。他把研究结果写成论文发表在 2009 年 9 月号的《欧洲呼吸杂志》(*European Respiratory Journal*) 上，据称这是全世界第一例纳米颗粒可能致命的临床毒理病例报告，在国际上引起了很大反响。

不过，也有不少专家表达了反对意见，他们认为那间工厂里还含有很多别的有害气体，在没有对照试验的情况下，不能轻易地把责任归在纳米颗粒身上。

不管怎样，这件事再一次为人类敲响了警钟。作为一种自然界没有的，完全人造的新物质，纳米颗粒究竟会对人类健康产生怎样的影响？这个问题必须引起重视了。

纳米颗粒的概念是 1959 年由著名物理学家费曼首先提出来的，但直到上世纪 80 年代，由于关键技术的进步，纳米材料这才终于进入了实用化阶段。按照定义，纳米颗粒的维度在 100 纳米以下，而目前已知的体积最小的细胞生物直径也在 200 纳米以上。如此小的体积使得纳米颗粒具有很多异乎寻常的物理和化学特性，为材料科学提供了一种新式武器。目前纳米材料已经广泛用于建筑涂料、电子器材、化妆品，甚至衣服的面料等领域，再加上汽车的普及，使得城市大气中由尾气组成的纳米级污染颗粒的含量迅速上升。但是，直到 2005 年，纳米材料的安全性才被提到议事日程上来。相继有不少实验室通过研究认为，纳米材料会对高等动物的肺脏、肝脏、肾脏和血液系统有某种程度的损伤。

最可怕的是，研究表明，纳米材料很可能会对 DNA 分子造成伤害。日本东京理科大学教授武田健和他的同事们研究了纳米颗粒对新生小鼠基因表达的影响，研究人员把二氧化钛纳米颗粒注射进怀孕母鼠体内，然后解剖并分析发育到不同阶段的新生雄性小鼠的基因表达模式，结果发现有一百多个基因与对照组小鼠存在差异。与这些基因的功能有关联的疾病范围很广，包括儿童自闭症、学习障碍、癫痫、阿尔茨海默病和帕金森病等。这篇文章发表在 2009 年 8 月份的《微粒和纤维毒理学报》（*Particle and Fibre Toxicology*）上，武田健教授强调说，这项实验只是发现了基因表达的变化，并不能说明这些小鼠出生后一定会得这些病。另外，研究人员为母鼠注射了大剂量的二氧化钛纳米颗粒，和自然情况并不相符。

武田健的实验没有说明基因表达模式究竟是如何被改变的。2009 年 11 月 16 日出版的《癌症研究》（*Cancer Research*）杂志上发表了美国加州大学洛杉矶分校（UCLA）癌症研究中心的科学家提交的论文，首次证明二氧化钛纳米颗粒能打断单链和双链 DNA 分子，造成染色体断裂，引发癌症。实验小鼠只要接触这种纳米颗粒，五天之后就能看到这种效应。

问题是，纳米颗粒是如何打断 DNA 分子的呢？二氧化钛早已被证明是一种化学惰性分子，很难与其他分子发生化学反应。二氧化钛纳米颗粒的直径通常至少在 10 纳米以上，而 DNA 分子的直径为 2 纳米，构成 DNA 分子主链的碳—碳化学键的长度则在 0.12 ~ 0.15 纳米之间，纳米颗粒不太可能"冲断" DNA 分子。

这篇论文的通讯作者，癌症研究中心的毒理学教授罗伯特·谢斯特尔（Robert Schiestl）认为，这是由于纳米颗粒能够引发炎症反应。

"它们太小了，可以随意在人体内四处游走，并在亚细胞的水平上改变人体微环境，诱发'氧化应激效应'（Oxidative Stress），导致人体产生更多的自由基。"

原来，当微粒的体积越来越小时，其相对表面积就越来越大。人体免疫系统对这种奇怪的物质很不熟悉，把它们当作敌人加以攻击。由于纳米颗粒的数量巨大，这种攻击便持续不断，引发了慢性炎症反应。正是这种炎症反应导致了细胞一直处于应激状态，其后果就是 DNA 发生断裂，直至诱发癌症。

二氧化钛是最常见的一种纳米颗粒，全球每年的产量高达 200 万吨。这种新型材料广泛用于化妆品工业，甚至牙膏和食品着色剂中，尤其是防晒霜中含量很高，因为它对紫外线有防护作用。谢斯特尔教授建议消费者尽量不用喷涂式防晒霜，以免不小心吸入纳米颗粒。这种颗粒不能通过皮肤，却能通过肺部进入血液循环系统。

需要指出的是，目前关于纳米颗粒对人体健康危害性的研究还处于初级阶段，很多结论还有待进一步验证。纳米技术如果使用得法，完全可以作为一种新的医疗手段，因此我们不能完全禁止纳米材料的研究和应用。

网球肘应该怎么治？

统计分析表明，治疗网球肘的传统疗法
是不正确的。

网球肘是一种从上到下从里到外都被误解了的疾病。

先从名字说起。网球肘这个词最早出现在1883年出版的《英国医学杂志》上，指的是网球运动员常犯的一种肘部外侧疼痛症状。后来医生们发现，"网球"这个词不准确，不仅仅是网球运动员有这病，很多体力劳动者，尤其是那些需要长时间做某种相同动作的人都会得这种病，比如厨师和花匠。另外，如果不小心突然做出某个平时不常做的动作，比如搬很重的行李，也会得这种病。

按照百度百科的说法，网球肘的学名叫作"肱骨外上髁炎"。所谓"肱骨外上髁"指的是手肘外侧的肌腱，人身体里的很多不同位置的肌腱都会发生类似的疼痛，比如篮球和羽毛球运动员的肩部肌腱，以及足球运动员的髋部和膝盖部位的肌腱等等。所以说，"肘"这个词也是不准确的。

"肱骨外上髁炎"对应的英文名称叫作 Lateral Epicondylitis，最后那个词的后缀 tis 是"炎症"的意思，因为过去的医生们都认为网球肘是肌腱使用过多导致发炎所产生的痛感，这个判断让医生们一直把可的松（Corticosteroid）作为治疗网球肘的第一选择。

可的松是 1949 年被发现的，当年曾经被誉为"神药"，其发现者还因此而被授予了诺贝尔医学和生理学奖。这是一种激素，能够抑制免疫反应，消除炎症。早年的医生们将可的松注射进网球肘患者的肘部，痛感立刻就减轻了不少，于是此法就成了治疗网球肘的常规方法。后来有人嫌可的松的副作用太大，改用另一种人工合成激素强的松龙和盐酸普鲁卡因（一种局部麻醉剂）混合起来注射，同样可以缓解疼痛。后一种方法就是大名鼎鼎的"封闭针"，所有中国体校的教练们都知道这个方法，很多运动员都打过这种针。

可是，此后的一系列研究都表明，网球肘并不是炎症反应！从此，Epicondylitis 这类后缀带 tis 的名词也逐渐让位于另一个更加准确的词——Tendinopathy，中文可以翻译为"腱病"。直到现在为止，此病的病因一直没有公认的说法，一个比较常见的解释是"肌腱过度使用导致的轻微撕裂"。

虽然病因被修正了，但打封闭针这类疗法却一直延续了下来，因为它确实能止痛。后来又有人嫌人工合成激素副作用太大，改为直接注射止痛药，或者富含血小板的血浆等等，据说效果都不错。此外，还有医生建议患者休息一段时间，让肌腱自行恢复。也有不少医生建议患者实施理疗（Physical Therapy），强化肌腱附近的肌肉，减轻肌腱所承担的压力。

那么，这些五花八门的治疗方法到底哪种更有效？哪种疗效更长久？医生们一直没能给出可靠的答案，因为这方面的研究做得很多，但因为设计方法不同，严密程度不一，结果也很不一样。澳大利亚昆士兰大学的比尔·文森奇诺（Bill Vicenzino）教授及其同事们决定研究一下这个问题，他们设计了一款软件，在8个论文数据库中自动搜寻与腱病有关的研究，一共搜出了3824个结果。然后研究者们从中筛选出41个符合一定标准的高质量研究，加起来一共涉及2672名病人。文森奇诺教授把这些研究结果混在一起，用"元分析"（Meta-analysis，又可翻译成整合分析）方法重新对结果进行了统计分析，得出了很多让人惊讶的结论。

首先，可的松注射确实可以止疼，但只在短期内有效。如果进一步考察可的松注射6个月和12个月后的疗效，就会发现它反而不如什么都不做（静养）。非可的松类注射的短期疗效也大都不错，但长期疗效则参差不齐，有好有坏，而且不同部位的腱病对注射的长期反应也很不同，说明腱病的成因非常复杂，没有一种药能够包治百病，用错了甚至可能有害。

其次，目前流行的静养方式并不是最好的。没有证据表明静养可以帮助肌腱恢复健康，静养甚至可能延误治疗时机。

第三，目前看来最好的治疗方式要算是理疗，也就是在不直接刺激患病肌腱的情况下，通过举重和拉伸训练，强化肌腱附近的肌肉。理疗的方法各异，大部分理疗师都会推荐患者做"怪姿锻炼"（Eccentric Exercises），即在医生的指导下做出一些平时不常做出的动作，以此来强化原本较弱的肌肉群。

文森奇诺教授将研究结论写成论文发表在 2010 年 11 月出版的《柳叶刀》（Lancet）杂志上。同期杂志还刊登了加拿大英属哥伦比亚大学（UBC）教授卡里姆·可汗（Karim Khan）的评论文章，对研究结果进行了解读。

这件事说明了一个道理，那就是即使一种疗法流行了很多年，也并不能证明它就一定是有效的。老百姓缺乏长期监控和数据统计的能力，一项疗法即使在民间使用了很长时间也不一定能发现其中存在的问题。

干细胞疗法大跃进

干细胞几乎是治疗脊髓损伤的唯一有可能成功的疗法，但科学家对于干细胞疗法的基本细节尚未搞清，在此之前贸然进行的人体试验以失败告终。

2011 年 11 月 14 日，位于美国硅谷的生物技术公司杰龙（Geron）宣布终止一项旨在治疗脊髓损伤的干细胞临床试验，同时撤销了整个干细胞研究团队，将精力完全转移到抗癌领域。此消息一出，引来医学界阵阵惊呼，干细胞疗法的前景一下子暗淡了下来。

提起干细胞（Stem Cell）大家肯定都不陌生。简单来说，这是一种未分化的细胞，能够再生出各种组织和器官。人体内绝大部分成年细胞都已分化，失去了修复损伤的能力。如果通过移植或者诱导的方式，把干细胞转移到受伤的部位，想办法让其分裂，也许就能再生出一个全新的健康组织。

这个思路听上去很美妙，操作起来似乎也不难，于是市面上出现了不少打着干细胞旗号的诊所，为患者提供各式各样的服务。但是，无论这些野鸡公司吹得多么天花乱坠，它们全都是不合法的，无一例外，因为美国 FDA 这个国际上最权威的医疗机构至今尚未批准任何干细胞疗法被用于临床，甚至连临床试验也只批准了两家。

杰龙公司的干细胞治疗脊柱损伤项目是 FDA 批准的第一个基于干细胞的临床试验，批准日期是 2009 年 1 月。而该公司早在十年前就开始了这方面的研究，这是因为该项目"钱途"无限。众所周知，脊髓损伤是导致瘫痪的最大原因，桑兰就是一个典型的案例。医学界对于脊髓损伤毫无办法，因为神经细胞属于高度分化的细胞，没有自我修复的能力。外科手术虽然理论上可行，但以目前的技术能力，只能做到将两根 1 毫米左右的神经丝准确地缝合在一起。可问题在于，脊髓神经细胞的直径只有 1 微米左右，神经外科医生无论技术多么高超，都不可能将成千上万根比头发丝还要细 1000 倍的神经细胞相互准确地对接，只有想办法恢复神经细胞的再生功能，或者人工加入神经干细胞，帮助患者完成这一自救工程。

换句话说，干细胞疗法几乎是瘫痪病人唯一的希望。

要想做到这一点，首先必须想办法培育出干细胞，杰龙公司早在 1999 年就完成了这一步。此后，来自全世界许多研究机构的科学家开始了竞赛，看看谁能率先在实验动物身上完成这一壮举。

大约在 2006 年，来自多伦多大学神经生物学研究中心的科学家做到了这一点，但对于损伤的时间有限制，受伤两周之后再治就不灵了。这个难题直到 2010 年才被加州大学欧文分校的研究人员解决，即使受伤很久的大鼠也可以看到效果。

但是，所有这些实验都有点碰运气的成分，没人知道干细胞是如何起作用的，对于修复过程的细节也缺乏了解。

不过，杰龙公司等不及了。2008 年 3 月，该公司向美国 FDA 提交了一份厚达 21000 页的申请报告，要求 FDA 批准在人身上做实验。十个月之后，也就是 2009 年 1 月，FDA 终于批准了杰龙的请求，允许该公司在人身上进行 I 期临床试验。可是，还没等第一个病人接受治疗，FDA 发现一些基于大鼠的干细胞疗法导致手术部位出现微观囊肿（Microscopic Cysts），于是 FDA 要求杰龙终止了临床试验，并提交补充材料。杰龙费了很大的劲儿，终于证明微观囊肿的出现几率很低，而且对患者没有不好的影响，这才重新获得了 FDA 的许可，临床试验得以恢复。

这一拖，时间已到了 2010 年 10 月。杰龙公司找到了四名病人，开始了 I 期临床试验。这四名病人都只接受了一次干细胞注射，目的是检验这种疗法是否安全。截止到 2011 年 12 月尚未发现任何异常情况，但这四名病人也没有任何好转的迹象。

没想到，一年之后杰龙就终止了这项临床试验。该公司的发言人公开表示，这项决定完全是基于财政方面的考虑，并不代表该公司对干细胞疗法失去信心，但业内人士普遍认为，这个决定说明该公司的科学家意识到干细胞疗法治疗脊髓损伤的前景不妙，信心不足。

杰龙撤出之后，就只剩下一家公司还在进行干细胞疗法的人体试验了，这就是总部位于美国马萨诸塞州的先进细胞技术公司（Advanced Cell Technology）。该公司没有选择风险很高的脊髓损伤领域，而是另辟蹊径，选择了视网膜黄斑变性疾病（Macular Degeneration）作为突破口。该公司的首席医疗官罗伯特·兰扎（Robert Lanza）博士曾经表示，他不认为杰龙公司的选择是正确的，因为人类对于神经系统的了解还是太少，杰龙公司选择了一块难啃的骨头，即使成功了也纯属侥幸。所以他们决定不搞大跃进，而是从简单的疾病入手，希望能够成为第一个被批准的干细胞疗法。

但是，杰龙的退出给了先进细胞技术公司一个很大的打击，这个领域到底能否成功？还是为时尚早？我们只有耐心等待了。

大便疗法

人身上生活着很多细菌，它们的作用不可小视。

2008 年的某一天，美国明尼苏达大学医学院消化科医生埃里克斯·克鲁茨（Alex Khoruts）接待了一位重症病人。这是一位患有严重腹泻的老年妇女，前任医生使用了多种抗生素都无济于事，半年多来她的体重下降了 50 多斤，连走路的力气都没有了，只能坐在轮椅上。

克鲁茨医生化验了这位病人的大便，发现了"艰难梭状芽胞杆菌"（Clostridium difficile，简称 C-diff）的身影。这是一种近两年刚刚冒头的肠道病菌，之所以被命名为"艰难"，一是因为它很难被检测出来，二是因为它很难对付。C-diff 对绝大部分抗生素都有抗性，只有万古霉素（Vancomycin）等极少数药效极强的抗生素才能对付得了它。万古霉素很贵，一个疗程需要 2500 美元以上，而且还不能保证绝对有效。尤其对于那些自身免疫力很低的老年患者效果更差，一旦停药很容易反复。

据统计，2008 年时仅在美国平均每天就有超过 7000

名患者因为受到 C-diff 的感染而住在医院，每年死于此病的人很可能高达 1.5 万人，其中绝大部分是体质较差的老年人。

极端的病例需要极端的手段。克鲁茨医生从病人的丈夫身上取来某样东西，把它移植到病人的身体里。一天之后，腹泻停止了，此后再也没复发。

究竟是什么东西产生了如此奇效呢？答案是：大便。

虽然听起来有点匪夷所思，但如果从技术的角度来看，这恐怕是所有移植手术里最简单的一种了，它不需要配型，不会流血，操作简单，移植材料由捐献者自取，医生所要做的只是用生理盐水将其稀释一下，再用滤纸过滤掉体积大的残渣，把过滤液用导管注入病人的大肠中去即可。换句话说，这就是一次简单的灌肠而已，只是灌肠剂用的是健康人的大便过滤液。

从上面的描述中可以猜到，克鲁茨医生真正想移植的不是大便，而是大便中的细菌，希望借助它们的力量来对付 C-diff。健康人肠道中最常见的细菌名叫"类杆菌"（Bacteroides），化验表明，那名病人大肠内根本见不到类杆菌，代之以各种各样奇形怪状的致病细菌。移植了丈夫的大便后，病人大肠内的类杆菌重新取得了统治地位，C-diff 被抑制住了。

克鲁茨医生并不是第一个想出这主意的人。最先尝试移植大便的是美国科罗拉多大学医学院的几名医生，那是在

1958 年，该医院收治了四名肠道感染病人，在抗生素医治无效后决定试验大便移植，结果四名病人全都在 48 小时内恢复了健康。

大概是因为听上去有些"恶心"，此法一直没能普及开来。但 2008 年 C-diff 大爆发，一些医生这才重新想到了这个方法。据统计，自 1958 年开始直到现在，全世界的医疗文献中一共可以检索出 170 次大便移植手术，其中有三分之一的病例发生在 2010 年，可见此法近年来引起了医学界的广泛关注。从疗效上看，大便移植的成功率很高，比如克鲁茨医生自 2008 年首次尝试成功后又先后尝试过 21 次，自报成功了 19 次。

不过，来自达拉斯的一名消化科医生劳伦斯·辛勒（Lawrence Schiller）警告说，这个方法仍然没有被严格的临床试验所验证，尚不能代替传统的抗生素疗法。好在已经有人开始了临床试验，荷兰莱顿大学（Leiden University）医学研究中心的艾德·库伊吉帕（Ed Kuijper）博士及其领导的一个研究小组正在进行一项临床试验，看看大便移植是否比传统的抗生素疗法更加有效。

不管结果如何，这件事提醒我们，细菌很可能在人体的生理过程中扮演了一个很重要的角色。众所周知，人体内含有的细菌总数是人体细胞总数的十倍，它们大都生活于消化道、呼吸道，以及皮肤表面等地方，直接或者间接地参与了很多人体生理过程，尤其是消化和免疫。2010 年 12 月 23

日发表在《科学》（*Science*）旗下的《科学快讯》（*Science Express*）杂志中的一篇文章称，正常的肠道菌群能够诱导结肠生产调节 T 细胞（一种免疫细胞），如果缺乏这种调节 T 细胞，免疫系统会对自身组织发动攻击，导致自免疫疾病。

人在刚出生时是完全无菌的，但此后便迅速地被环境中的细菌"接种"，所以说人体内的共生菌群都是后天得来的，取决于人生活的环境以及接触到的事物。正常分娩情况下，最先接触到的是母亲产道内的细菌。如果是剖腹产的话，则最先接触到的细菌主要来自大人们的皮肤表面。事实上，一项研究认为近年来发达国家哮喘等自免疫疾病的增加与剖腹产比例太高导致的肺部菌群异常有某种关联。

共生细菌是近来医学界的一个热门领域。2007 年，美国国立健康研究所（NIH）出资 1.5 亿美元启动了一个名为"人类微生物组项目"（Human Microbiome Project）的研究计划，对人体内最常见的细菌基因组进行测序，以便更好地研究细菌与人体健康的关系。

从目前的研究结果来看，人与人之间的共生细菌群落差异极大。生活在每个人手上的细菌种类平均只有 13% 是相同的，一个人左手上生活的细菌平均也只有 17% 和右手相同！由此看来，要想搞清这些细菌的作用，科学家们还有很长的路要走。

微波炉治疟疾

某些看上去匪夷所思的想法，也许恰恰
是正确的。

疟疾大家都知道，是一种通过蚊子传播的传染病。根据世界卫生组织的统计，全世界每年都有超过 2 亿人患上疟疾，其中有将近 80 万人因为治疗不及时而死亡，90% 的死亡病例来自撒哈拉沙漠以南的非洲。

微波炉大家都知道，是一种非常好用的食品加热装置。顾名思义，微波炉会发射微波，以极高的频率改变电场的方向，食品中的极性分子（比如水）随着电场方向的变化而高速旋转，温度便得以迅速升高。

那么请问，有谁会想到用微波炉来治疗疟疾呢？答案是美国宾夕法尼亚州立大学的微生物学教授何塞·斯图特（José Stoute）和他的搭档，来自巴拿马高等科学研究所的研究员卡门扎·斯巴达弗拉（Carmenza Spadafora）。两人试图寻找一种简便的方法对付疟疾，但却一筹莫展。有一天，斯巴达弗拉教授绝望地说："要是谁能发明出一种专杀疟原虫的魔力射线就好了！"斯图特教授听到后灵机一动，想起自己以前读过一篇用微波炉治疗癌症的文章，那位作者设想，可以先用某种方法把铁原子像标签一样贴到癌细胞身上，然后用微波炉烘烤病人的癌变部位。凡是不小心用微波炉烤过锡箔的人都会知道，金属物体是不能用微波炉烤的，否则会产生火花，甚至引起爆炸。

"疟原虫自身就贴着铁原子标签呢！我们为什么不试试微波炉？"斯图特教授回应道。

这可不是胡思乱想，而是有科学根据的。原来，疟原虫是一种寄生在人体血液循环系统内的单细胞寄生虫，主要以血红细胞内的血红蛋白为食。血红蛋白内含有大量的铁原子，对于疟原虫来说是有毒性的。因此疟原虫会把铁原子集中到一起，使之变为一种棕色的晶体，储存在细胞内的液泡之中。科学家把这种棕色晶体叫作疟原虫色素（Hemozoin），这其实就是疟原虫的代谢废物。

换句话说，液泡就好比是垃圾桶，里面放满了对疟原虫有害的毒垃圾。因为这垃圾具有金属的特性，斯图特教授设想微波炉应该能够使之放电，从而击穿液泡，释放里面的毒素，并在这一过程中杀死疟原虫。斯图特教授将这个想法写成一篇只有两页纸的计划书寄给了梅琳达·盖茨基金会，申请拨款。

写到这里必须停下来说说这个故事的另一个主角了。众所周知，比尔·盖茨是一个热衷于慈善事业的富翁。和其他富人不同的是，他身上一直保留着 IT 人特有的冒险精神。

他相信新技术可以帮助人类解决贫困问题，而很多看似荒唐的想法说不定就是一副灵丹妙药。2008年，盖茨基金会宣布出资1亿美元设立一个"探索大挑战"（Grand Challenge Explorations）项目，向全世界征集怪点子，只要最终目的是为了提高贫困地区的健康水平，消除发展瓶颈，那么无论看上去多么荒诞不经，都可以提出申请。一旦被采纳后基金会先资助10万美元进行可行性研究，此后还有机会获得100万美元，扩大研究范围。

事实上，当初斯图特和斯巴达弗拉教授之所以研究对付疟疾的办法，就是为了能拿到这笔研究经费。

盖茨基金会的项目审查官斯蒂芬·沃德（Stephen Ward）在拿到他俩的申请书后，第一反应果然是"匪夷所思"。但当他了解了工作原理后，便改变了看法。拿到经费后，斯巴达弗拉教授首先在培养皿里做了一系列实验，证明这个思路起码在体外是可行的。不过微波炉不能用普通家用型的，而是必须改变微波的频率，并将其功率降至普通家用型的千分之一。

首战告捷之后，盖茨基金会日前宣布，再拨100万美元给他们，将实验范围扩大到小鼠身上，如果成功的话，就可以尝试扩大到人了。微波炉造价低，治疗过程简便，如果此法被证明可行的话，肯定会对那些贫穷的非洲国家有帮助。

当然这个方法也有某些根本性的缺陷。比如，不可能把病人整个身体都放进微波炉，那样做太危险了，只能放进一只胳膊或者一条腿，把血管中流经那里的疟原虫杀死，这就要求病人必须用微波炉烘一段时间才能奏效。另外，不少疟原虫平时是躲在肝、脾和脑等脏器内的，光烘四肢是杀不死它们的。

"疟原虫总是会跑出来进入血液系统的，只要多烘几次就行了。"斯图特教授说，"微波炉还有一个用处就是在输血前对血液进行消毒，杜绝交叉感染。"

发达国家在输血时肯定会做一下疟原虫检测，自然不必用微波炉烤。不过整件事的前提都是针对极端贫穷的发展中国家，必须考虑他们的实际情况。事实上，这种务实态度是盖茨基金会大部分慈善项目的特点，也是"探索大挑战"项目最为与众不同的地方。

再生医疗的新思路

再生医疗领域热衷于研究人工诱导干细胞，但这一方法容易导致癌症。于是有人试图开发新的思路，绕过干细胞这一步。

如今市场上的小家电越来越便宜了，如果用坏了，消费者首先想到的已经不再是拿去修理，而是去买个新的。医生们早就想这么做，可惜目前还办不到，技术不过关。

提起再生医疗，大家首先想到的一定是干细胞。确实，干细胞研究近年来之所以如此火爆，就是因为大家都看中了它在再生医疗领域的巨大潜力。但是，截至目前，还没有任何一种基于干细胞的再生疗法被批准进入医疗市场，就连临床试验的批准也非常慎重，个中原因有很多，最主要的一条就是医生们很难阻止干细胞转变成癌细胞。如果因为治疗某种病而让患者得了癌症，那就得不偿失了。

干细胞为什么会让患者生癌呢？这就要从干细胞的特点说起。世界上所有生物的干细胞都具有两大共性：第一是不停地分裂，第二才是具备分裂成不同类型细胞的能力。众所周知，癌细胞的定义就是不受控制地不停分裂，两者在这一点上是完全一致的。由此可见癌细胞和干细胞之间的距离只有一张白纸那么厚，一捅就破。

事实上，干细胞的这一特征完美地解释了为什么大多数高等动物都失去了器官再生的能力。想想看，假如高等动物可以随意地再生，岂不是更能适应环境？问题在于，再生能力与生命体对细胞分裂的控制能力是互相矛盾的，高等动物采用牺牲再生能力的方式，换来了对癌细胞更好的控制，其结果就是延长了动物的寿命，这和进化论没有矛盾。

举例来说，很多生物体内都有一个名叫 Rb 的基因，这个基因非常古老，其作用就是控制细胞分裂，防止发生癌变，所以又被称为"抗癌基因"。科学家们后来发现，这个基因同时也降低了细胞再生的能力，比如说，世界公认的"器官再生之王"——蝾螈体内的 Rb 基因天生就处于失活的状态。

既然如此，能不能通过抑制这个 Rb 基因的功能，来诱导动物细胞恢复再生的能力呢？

科学家们曾经试过很多种办法来抑制 Rb 基因的功能，试图恢复细胞再生能力，结果时好时坏，非常不稳定。美国斯坦福大学医学院"干细胞和再生医学研究所"（Stanford's Institute for Stem Cell Biology and Regenerative Medicine）的科学家海伦·布劳（Helen Blau）博士通过对不同种生物的纵向对比研究，终于找到了原因。原来，高等动物进化出了一个 Rb 基因的帮手，名叫 ARF 基因。这个基因相当于双保险，如果 Rb 基因失效，它就开始发挥作用，保证细胞分裂不会失去制约。

这个 ARF 基因最初是在鸟类体内被发现的，哺乳动物从鸟类身上继承了这个基因，而比鸟低级的动物（比如爬行动物和鱼类）体内则没有发现它的踪迹。换句话说，当动物进化到鸟类这一阶段时，对控制细胞癌变的需求终于超过了对器官再生的需求，于是便进化出了 ARF 这个双保险。

还有一个例子可以说明这个 ARF 基因的重要性。人类所有器官中，只有肝脏具有某种程度的再生功能。研究显示，肝脏中的 ARF 基因活性恰好是所有人体器官和组织中最弱的。

布劳博士和她的研究小组想出一个巧妙的办法，同时抑制了小鼠肌肉细胞的 Rb 和 ARF 这两个基因的活性，结果小鼠的肌肉细胞果然重新开始生长。千万别小看这点变化，如果能让人的心肌细胞重新开始生长，就可以修复因心肌梗死而坏死的心肌细胞，一劳永逸地治好心脏病。

布劳博士将这个结果写成论文发表在 2010 年 8 月 6 日出版的《细胞》(Cell) 杂志《干细胞分册》上，很快引起了媒体的注意。这个方法改变了再生医疗领域的惯常思路，绕过了干细胞这一步，因此也就不用担心干细胞治疗的过程会诱发癌症。另外，这个方法还有一个好处，那就是可以在组织修复完成后恢复 Rb 和 ARF 这两个基因的活性，让它们继续行使"抗癌基因"的功能。

这个新方法还具有某种哲学上的意义。在布劳博士看来，这个方法等于让高等动物回到过去的状态，这是自然界本来就发生过的事情，因此也就更加轻车熟路。而人工诱导干细胞则是用人工方法引入一个新的机能，生命体从来没有经历过这种事情，难免问题多多。

互联网时代的药品管理

在这个互联网时代，美国 FDA 的权威受
到了前所未有的挑战。

2010 年 9 月 23 日，美国食品药品管理局（FDA）和欧洲药品评价署（EMEA）同时在自己的网站上宣布，治疗糖尿病的特效药文迪雅（Avandia）将被限制供应。美国为文迪雅开了一个小口子，允许医生和患者在证明自己非用此药不可的情况下继续使用，欧洲则干脆一刀切，全面禁止文迪雅在欧洲国家销售。

两家极具公信力和影响力的药品监管机构同时发文禁止某种疗效很好的畅销药物，这在世界药品管理史上还是第一次，此事标志着药品管理机制进入了一个新的时代。

文迪雅是国际制药业大鳄葛兰素史克（Glaxo Smith Kline，简称 GSK）公司旗下的明星药品，早在 1999 年就被 FDA 批准用于 II 型糖尿病的治疗。此药又名罗格列酮（Rosiglitazone），进入人体后可以与脂肪细胞表面的 PPAR 受体结合，提高患者对胰岛素的敏感度，其治疗思路和疗效都没有问题，上市后迅速成为糖尿病领域最畅销的药品。

2004年，单单凭借其在美国市场的销售，文迪雅就让GSK获得了超过15亿美元的收入。2006年的销售额更是达到了惊人的32亿美元!

也就是在这一年，GSK完成了对文迪雅副作用的评估，并将这份报告提交给了FDA。根据美国《时代》周刊透露，这份内部报告显示文迪雅会增加病人患心血管系统疾病的几率，提升幅度高达30%左右。虽说这份报告有点"马后炮"的意思，但FDA仍然可以迅速做出反应，弥补损失。不过，熟悉FDA历史的人都会知道，这样的事情很少发生。《纽约时报》评论说，虽然FDA自成立开始一直以要求严格著称于世，但这种严格仅限于新药审批环节，一旦新药上市后往往就撒手不管了。

果然，FDA接到报告后像往常那样需要"研究研究"。如果没有互联网，此事也许就会被人遗忘。

实际上，这些年来一直有医生怀疑文迪雅有可能诱发心脏病，并有多人对GSK提起过诉讼。GSK按照法律要求将此药的临床试验数据全部上传到了网上，本来这事没什么大不了的，普通人不可能看得懂那些实验报告。但是，美国著名的非营利性医院克利夫兰诊所（Cleveland Clinic）的一位名叫史蒂文·尼森（Steven Nissen）的医生看到了这些数据，决定用自己的方法重新分析一遍。

通常情况下，制药公司在数据上是不敢造假的，对数据进行的统计分析才是关键所在。果然，尼森的分析显示文迪雅确实能显著提高心血管疾病的发病率。

这篇文章刊登在 2007 年 6 月 14 日出版的《新英格兰医学杂志》上，立刻引发了公众的广泛关注，对 FDA 的质疑声此起彼伏。来自民间的呼声促使 FDA 于文章发表一个月之后召开紧急会议，但商讨的结果仍然符合 FDA 的一贯作风：委托独立机构进行调查，同时要求 GSK 在文迪雅的药盒上印一行字，警告患者此药可能引发心脏病。

没有人研究过这个新标签是否有用。但统计数据显示，2009 年文迪雅在全球的销售额依然高达 11.9 亿美元，仅在美国就有 60 万糖尿病病人继续服用此药。

公平地说，文迪雅对于 II 型糖尿病的治疗效果是没有问题的。事实上，文迪雅还是同类药物中副作用较小的一种。正是因为这一点，当年 FDA 在审批文迪雅时特意将其列入为期六个月的快速审批通道，可见当时的医疗界对文迪雅寄予了厚望。后来的数据表明文迪雅确实挽救了很多糖尿病患者的生命，否则也不会有那么多医生支持它。

值得一提的是，中国于 2000 年引进该药，并被列入了北京医保目录中。

但是，此药严重的副作用同样不可低估。更糟糕的是，目前尚无办法判断到底哪类病人更容易中招，只能依靠医生严密监视。

2010 年 7 月，FDA 顾问委员会在收集了足够多的证据后再次开会讨论文迪雅，并对此药的未来政策进行投票，结果三名专家认为维持现状就好，七人建议修改标签，用词更加严厉，十人认为不但要修改标签，还要限制其在市场上的流通，剩下的十二人则坚持此药应该立即全面退出药品市场。

投票结束后，FDA 做了一件此前从来没有做过的事：将投票结果和各方意见立即公布到自己的网站上，包括局长玛格丽特·汉堡（Margaret Hamburg）博士在内的三名 FDA 高官也立即在《新英格兰医学杂志》上撰写文章，解释 FDA 的立场。不用说，此事又引发了新一轮网民热议，支持和反对的声音都有，双方针锋相对，用词异常火爆。

最后，FDA 选择了相对较为严厉的做法，虽没绝对禁止，但严格限制其流通。

也许有人会问，在互联网时代，信息获得渠道极大丰富，为什么不把选择权完全交给民众呢？ FDA 新药部门的负责人珍妮特·伍德考克（Janet Woodcock）博士解释说："我们相信病人通常是不会去仔细阅读药品标签的。"

在这个互联网时代，这种务实的态度同样值得大家认真思考。

辑 二

神奇的人体

大龄妇女受孕难

因为工作太忙而想晚一点要孩子？请你
再好好想想。

不久前，国内外媒体相继报道了"世界最年长母亲"病
逝的消息。这位妇女在 66 岁的时候利用匿名捐赠的精子和
卵子成功地怀孕，并生下了一对双胞胎。可她在生完孩子不
到三年后就因病去世，在全世界引发了关于辅助生育治疗的
伦理争议。

所谓辅助生育治疗，就是利用荷尔蒙或者人工受精，甚
至试管婴儿等方法帮助不孕夫妇生孩子。不过，像上面这种
上升到伦理争议的情况其实是非常罕见的，绝大多数前去寻
求帮助的都是 35 ~ 45 岁之间的大龄妇女，她们从电视上看
到了太多的影视明星成功的案例，而 66 岁怀孕之类的奇迹
故事更是让她们心存侥幸，觉得既然别人能行，自己也一定
能行。为了多享受几年没孩子的自由生活，她们非常注意保
养身体，不吸烟不喝酒，饮食节制，还办了好几张健身卡。
她们从镜子里看到自己比同龄人略显年轻的身体，便更加放
松了警惕。"实在不行就去医院试试体外受精，或者试管婴

儿。"她们这么想。

可是，就在上周，英国《卫报》刊登了一篇文章，给这些大龄产妇敲响了警钟。文章作者引用生育专家的话称，即使一名妇女外表看来非常健康，也有可能已经错过了生育年龄，再也无法生出自己的小孩了。

造成大龄妇女不育的原因有很多，比如子宫壁变薄，不适合受精卵着床；月经周期不规律，不容易掌握受孕时机；阴道分泌物减少，影响精子活动；或者因为某种疾病造成生殖系统异常，等等。

但是，最重要的原因来自妇女的卵子。原来，一名妇女在她刚出生的时候，卵巢内的卵子总量便已确定，再也无法更改了。妇女性成熟之后，每个月排出一枚健康卵子等待受孕，如果没遇到精子便会自行萎缩，并随着经血排出体外，被"浪费"掉。然而，无论她多么小心，一个生活在现代都市的人一定会接受大量不良刺激，比如辐射，或者导致DNA突变的化学物质等。这些因素时时刻刻都会作用于卵子库，引发一部分卵子的DNA产生突变，成为"次品"。一旦好卵子都被用光了，她也就生不出属于自己的孩子了。

更可能的情况是，有些卵子发生了一些微小突变，但仍然被排了出来。如果此时受孕，就会生出不健康的胚胎。人体有着一定的辨别次品的能力，一旦发现胚胎有问题，便会自发流产，终止妊娠。

据统计，25岁左右的健康妇女如果有正常的性生活，每个月的怀孕可能性为20%左右，自发流产的比率不到10%。35岁妇女的生育能力则降为25岁时的一半，自发流产的比率也相应地提高到20%。40岁的妇女生育能力则比35岁再降一半，自发流产的可能性也会提高到35%左右。而到了45岁的时候，自发流产的比率便会高达50%，此时要顺利地生下一名健康的宝宝，几率是非常低的。

更要命的是，随着年龄的增大，孩子患遗传病的几率也会成倍增长。据统计，生下唐氏综合征婴儿的比例在母亲25岁时大约是1/1200，到了30岁时则为1/1000，35岁时这个比率迅速升至1/400，40岁时更是高达1/100。如果你是一名45岁的产妇，那么生下唐氏综合征婴儿的几率便会达到惊人的1/30！所以医生们都会建议30岁以上的孕妇去做基因测试，以防止出现这种不愉快的情况。

也许有人会说，现代医学是如此发达，只要去医院人工受精，然后密切监视胎儿的发育情况，高龄产妇还是有可能生出一名健康的宝宝的。确实，现代医学为高龄产妇提供了远远高于古代的可能性，但前英国生育协会会长马克·汉密尔顿（Mark Hamilton）博士警告说，根据该协会的统计，35岁以下的不孕妇女接受治疗后怀孕的可能性仅为31%，而35～41岁之间的妇女这个比例迅速下降至不到5%，也就是说，高龄产妇有很大的可能将注定生不出自己的孩子。

"目前的性教育大都是教人怎么避孕，"汉密尔顿说，"但是我们必须改变这一现状，告诉妇女哪些因素能够影响她们正常怀孕，这已成为一件非常迫切的事情了。"

英国谢菲尔德大学教授比尔·莱格（Bill Ledger）建议所有 30 岁以上仍未怀孕的妇女都去接受一种 MoT 测验，即通过验血，测出该妇女的生育潜力，并及时发现问题。

不过，现任英国生育协会会长的托尼·卢瑟福德教授则认为，类似 MoT 这样的测验并不能完全说明问题，如果一名妇女依靠这种测验的结果来决定自己的生育策略，很可能犯错误。

"如果一名妇女在 36 岁以后才决定要孩子，那她就是在冒险。"卢瑟福德说，"我们医生的职责就是适时地告诉妇女她的生育潜力，但是我们目前尚无法做到这一点。"

不是睾酮惹的祸

实验证明，睾酮也许并不是诱发暴力行
为的罪魁祸首。

顾名思义，睾酮（Testosterone）就是睾丸分泌的性激素。其实卵巢也能分泌睾酮，只是分泌量要比睾丸少很多而已。但是女人对睾酮的反应要比男人灵敏，所以同样剂量的睾酮对女性的影响反而要大于男性。

睾酮最重要的作用就是负责启动第一、第二性征的发育，这一点只要看看那些太监就明白了。除此之外，睾酮还能作用于神经系统，对行为产生影响，这一点坊间也早有定论。在各国的民间传说里，睾酮都与冲动、暴力、自私和反社会等性格或者行为方式联系在一起，甚至那些根本不知道激素为何物的农民都会指着阉牛或者阉猪对你说，要想让动物听话，把蛋蛋割掉就行了。

大概是因为睾酮往往经常与力量和性欲联系在一起，男人们大都希望自己的睾酮水平比别人高。美国佐治亚州立大学生理学教授詹姆斯·达布斯（James Dabbs）曾经研究过建筑工人群体的睾酮水平，为此他要测量每个工人的睾酮数据。按照保密原则，测量数据是不能公开的，但工人们在拿到个人测试数据后都会迫不及待地和同伴分享，并戏称这项研究是"睾酮奥运会"，最后的获胜者趾高气扬，失败者立刻获得了一个带有女性色彩的新外号。

达布斯教授后来写了一本关于睾酮的科普书，大意是说，影响动物行为的因素虽然有很多，但睾酮往往起到决定性的作用。比如猴群中的公猴经常为了争夺领导权而大打出手，其中最具侵略性的一定是睾酮水平最高的那只。被打败了的公猴的睾酮水平会迅速下降，他也会因此变得萎靡不振。但如果此时遇到一只愿意与他交配的雌猴，他的睾酮水平便又会恢复原状，情绪也会立刻平稳了。

关于睾酮与人类行为关系的研究不太好做，目前做得最多的群体是监狱犯人。已有多项研究证实，那些不服管教，喜欢惹是生非的犯人体内睾酮含量往往比老实的犯人要高，这一点似乎印证了民间传说的正确性。问题在于，这类研究只是用统计学方法测量特定行为和睾酮含量之间的关联度而已，缺乏生理基础方面的证据。事实上，心理学界还有一个派别，对同样的研究结果给出了完全不同的解释。这一派认为，睾酮只不过让人更加努力地去争取社会地位而已，并不能直接导致反社会行为或者增加暴力倾向。换句话说，如果和平的方法更能提高一个人的社会地位，那么睾酮就会让这个人倾向于选择和平的方式，而不是暴力。

要想证明这两种理论谁对谁错，犯人不是一个很好的研究对象。在监狱里，人的社会地位是被强行规定的，犯人永远处于最底层，他们如果要想为自己争得一席之地，唯一的办法就是诉诸暴力。

于是，心理学家们发明了一个小游戏，通过观察受试者在游戏中选择的不同策略来判断睾酮到底起了怎样的作用。游戏规则说起来很简单：游戏参与者有两人，A 负责制定分钱方案（真钱），B 则有一票否决权。如果 B 认为方案不公平，他可以选择不接受，这样的话 A 和 B 就都拿不到一分钱了。显然，如果 A 决定把钱平分的话，B 基本上不会有异议。如果 A 选择给自己多分点钱，那么就要冒 B 不答应的危险。如果睾酮真的会使人更富有侵略性的话，那么睾酮水平高的 A 会倾向于选择不公平的分配方案。但如果另一派心理学家的理论是正确的，睾酮只是让人更加在意自己的社会地位，那么睾酮会让 A 更多地考虑如何保证自己的权威性不受威胁，显然选择平分更有可能达到这个目的（B 不挑战）。

瑞士苏黎世大学神经生理学家克里斯托弗·艾森埃格（Christoph Eisenegger）和他领导的一个研究小组招募了 120 名女性志愿者进行了上述测试。之所以招募女性，只是因为睾酮对女性心理产生影响的最低剂量已被实验证实，不必再费事。

研究人员先是给每位志愿者分别注射 0.5 毫克的睾酮或者安慰剂，四小时后让她们玩这个游戏，结果发现接受睾酮注射的志愿者更倾向于做出公平的选择，也就是说睾酮反而让她们变得更加温和了。

有趣的是，研究人员让受试者判断自己到底接受的是睾酮还是安慰剂，然后再对实验数据做了新的统计，结果发现那些认为自己被注射了睾酮的志愿者倾向于做出不公正的选择，这一点和是否真的注射了睾酮无关。这说明受试者对睾酮的心理预期严重干扰了最终的决策。

这份研究报告发表在 2009 年 12 月 8 日的《自然》（Nature）杂志网络版上。艾森埃格教授认为这项实验第一次证明睾酮并不是暴力行为的罪魁祸首，另一种假说更有可能是正确的，睾酮只是让人更加关心自己的社会地位而已。

"当一个人的社会地位受到挑战，需要他做出某种反应来避免此种情况发生时，睾酮的作用就显现出来了。"艾森埃格在答记者问时说，"睾酮与暴力或者反社会倾向并无直接关系，它只是让人选择一个最有效方式来提升自己的社会地位。某些情况下这种方式就是暴力，但另外的情况下就有可能是公平。"

这篇论文为睾酮正了名，而这本身也是非常重要的。这个实验证明，睾酮的坏名声让某些人为自己的暴力倾向找到了理由，这个恶性循环必须停止了。

骗我吧

如果莱特曼博士确有其人，为什么不让
他去审讯恐怖分子呢？

　　美国有部热门电视连续剧，讲的是一位名叫莱特曼的心
理学博士帮助警方破案的故事。有人站在警方的立场把该剧
的英文名字 *Lie to Me* 翻译成《别对我撒谎》，可也许我们更
应该按字面的意思把它翻译成《骗我吧》，因为科学研究证
明，目前所有的审讯方式都是不可靠的。

　　这个道理想想也不难理解。如果现实生活中真的有这么
一个善于识别谎言的莱特曼博士，那么美国人就不会在关塔
那摩基地出丑了。美军情报人员之所以虐待犯人，一个很重
要的原因就是普通审讯方式对付不了那些强硬的基地组织
成员。

　　虐囚事件的曝光是美国政府形象公关的一次重大失误，
难怪奥巴马在宣誓就职的第二天就发表讲话，保证不再出现
类似事情。2009 年 8 月 24 日，白宫发言人对媒体记者宣布，
奥巴马批准成立了一个以心理学家为主的审讯小组，专门用
来对付海外恐怖组织高官。但奥巴马政府心里也没底，借此

机会专门拨出一笔经费，成立了一个专家委员会，研究怎样用科学的方法提高审讯的成功率和情报的准确性。

导致这一转变的导火索与其说是虐囚事件，不如说是虐囚事件曝光后布什政府组织有关专家撰写的一份关于审讯技术发展现状的报告。这份长达339页的报告在分析了该领域近半个世纪的研究成果后得出结论说，美国情报机关采用的所有审讯方法都没有经受过严格的科学检验，因此都不可靠。而美国政府已经有五十年没有系统地研究过这个问题了，急需加大研究力度。

确实，美国人在五十年前曾经花费了很大力气试图用科学的方法提高审讯的效率，但结果被证明是个灾难。比如，美国人曾经试图发明出一种"审讯药"，犯人吃了就会不打自招。这项研究最早的目的是对付纳粹，但"二战"结束后又爆发了"冷战"，这方面的需求更加迫切，于是美国中央情报局（CIA）实施了一个名为"蓝鸟"（Bluebird）的计划，以前纳粹医生的研究成果为基础，试图开发出一种思维控制类化学药物。他们试验了包括大麻和海洛因在内的各种神经性药物，这些试验间接地促成了这些毒品在美国的流行。

下一个进入CIA视线的是化学合成致幻剂"麦角酸二乙酰胺"（LSD），这种神秘的小分子无色无臭无味，没有副作用，没有生理成瘾性。初步试验证明LSD能让人放松警惕性，在辅助审讯方面很有前途。可后续试验却发现LSD

还会引发试验对象产生妄想症，他所招供的内容十有八九不是真的。大概是为了保住研究经费吧，"蓝鸟"计划的成员们又建议把LSD当作"抗审讯药"，他们设想所有派入敌后的特工人员每人都带上一点LSD，一旦被俘就偷偷服下去，然后就可以瞎说八道了。

从这个例子可以看出，CIA在审讯药物方面的研究思路极为混乱，甚至可以说毫无头绪，其中很重要的原因就是缺乏可靠的实验对象。纳粹军医得到的数据来自集中营的犯人，美国人肯定不敢这么做，于是走投无路的CIA科学家们只好在军队士兵、监狱犯人，甚至大学生身上打主意，LSD最早就是通过CIA进行的秘密实验流传到社会上去的。再后来，CIA甚至把魔爪伸向了妓女，他们买通了一批旧金山妓女，让她们偷偷给客人服用LSD，然后通过单方向透光的屏风，观察嫖客们的反应。

CIA的研究内容不仅仅是"审讯药"，还包括审讯手段和技巧，使用酷刑则是其中很重要的组成部分。1963年，CIA把这一阶段的所有研究成果整理成一本《KUBARK审讯手册》，仅供高级情报人员使用。后来美国军方又根据这本KUBARK手册改编成《野战手册34—52》(*Field Manual 34-52*)，下发给基层官兵，指导他们如何审讯战俘，以及如何在被俘时对付敌方的情报人员。

当然，所有这些"科学研究"都是在高度保密的情况下进行的。可是，根据美国的信息公开法，所有的政府文件到了一定年限后都必须公之于众。可以想象，当这批 CIA 文件被公开后，美国公众反应强烈，CIA 不得不立即叫停。虐囚事件曝光后，美国陆军迫于公众压力，于 2006 年公布了野战手册修订版 *Field Manual 2-22.3*，列举了十九项可以使用的审讯方法，包括提供物质和精神奖励、感情拉拢和审判员车轮战等看上去相当温和的手段，同时将另外九种方法视为非法，而这并不是因为它们不管用，而是因为它们太过残忍，不符合人道主义原则。

值得一提的是，CIA 拒绝接受美国陆军的新规定。美国前副总统切尼曾经公开支持 CIA 的做法，并列举了几个案例，试图证明一定程度的酷刑对于保护美国利益起到了积极的作用。布什也发表讲话称，CIA 可以在"特殊情况"下违反美国陆军的新规定。但是，当美国政府下属的"情报科学委员会"于 2006 年出版了那份调查报告后，布什和切尼都不得不闭嘴了。

该报告明确指出，刑讯逼供不仅反而会让某些犯人产生更加强烈的抵触情绪，而且还会让他们胡说八道，供出假情报。不仅如此，那本被美军使用了多年的《审讯手册》上列举的所有方法全都没有获得足够的证据支持，因此全都不可靠。该报告专门有一个章节讨论了犯人的细微动作和表情变化是否可以作为判定撒谎的证据，作者调查研究了 57 篇相关论文，最后得出结论说，目前判断犯人是否撒谎的各种标准几乎都没有科学根据，和瞎蒙差别不大。换句话说，犯人尽可以放心大胆地欺骗审讯者，再牛的专家也不敢保证自己的判断是完全正确的，那部电视剧只是好莱坞编剧们的臆想，没有科学根据。

为什么会出现这种情况呢？该报告认为，不同的审讯对象，以及审讯双方的文化背景和性格，都会对审讯结果产生影响。换句话说，每次审讯都是独一无二的，不可能有一种固定的套路能够适用于所有的审讯过程。这个结论几乎等于宣判了科学介入的死刑。大多数美国情报机构的专家也持有相同看法，他们认为审讯是一门手艺，需要的是经验，而不是科研。所以，奥巴马政府面临的最大挑战就是设法说服那帮老油条接受科学，但从目前的情况看，这几乎是一个不可能完成的任务。

但不管怎样，奥巴马新成立的审讯专家组直接划归国务院管理，撇开了一向高傲自大的 CIA，美国情报机关的审讯方式注定将会发生根本性的改变。

书签的秘密

人类基因组甲基化图谱被全部破译出来了。这是人类遗传学研究领域的一块新的里程碑。

DNA 双螺旋结构是在 1953 年被发现的，当时生物学界很是兴奋了一阵子，觉得既然遗传密码被破译了，生命的秘密即将很快被破解。可惜事实证明还差得远。

人类基因组计划于 2003 年宣告完成，组成人类基因组的全部 30 亿个碱基对的顺序被读了出来。当时生物学界很是兴奋了一阵子，觉得既然整本书都读出来了，生命的秘密即将很快被破解。可惜事实证明还差得远。

如果把生命体看作是一幢大厦，那么基因组就相当于设计图纸。问题在于，这本设计图纸实在是太厚了，施工人员到底按照哪一页上的图纸进行施工，取决于那一页上是否有个明显的书签。

书签的秘密大约是在 1975 年被发现的。那一年有人发现 DNA 链上存在很多修饰物，它们的位置和特征在很大程度上决定了该基因是否会被启动，以及启动的速度是快是慢。众多修饰物当中最重要的一种就是甲基，也就是一个碳原子连接三个氢原子的小基团，分子式写成 CH_3。如果一段 DNA 被加上了甲基修饰物，我们就称这段 DNA 被"甲基化"了。甲基化的过程很像为一本书加书签，我们可以把施工人员想象成一群懒惰的家伙，只有书签做得好，他们才会翻开那一页，然后根据那一页里登载的施工图，开始建造生命大厦。

书签的发现被认为是遗传学研究领域继 DNA 双螺旋之后的又一重大发现，其意义怎么强调都不过分。简单来说，这个发现证明，图纸（DNA 顺序）并不是决定生命大厦建筑质量的唯一原因，很多时候，书签（DNA 修饰）才是那个决定因素。

这个结论其实不难理解。同卵双胞胎的基因组顺序完全相同，但为什么他们仍然是两个不同的人？很大原因就是因为两人基因组的甲基化是不同的。进一步说，每个人体内所有细胞的 DNA 顺序都是相同的，为什么它们的命运会如此不同？很重要的一条原因也正是这个甲基化。

DNA 甲基化与疾病的关系也是耐人寻味的。众所周知，癌细胞之所以发生了癌变，是因为它们的 DNA 出现了变异。但是大量事实证明，很多种类的癌细胞其 DNA 顺序并没有发生变化，被改变的只是 DNA 甲基化的位置。

DNA 甲基化是可以遗传的。这一点曾经给遗传学研究带来了很多令人震惊的结果。比如，有人发现如果某位妇女的生活条件不好，那么不仅她的孩子会出现异常，她的外孙也会，即使第二代的生活条件已经改善了也于事无补。研究证明，这位祖母的 DNA 顺序并没有被改变，被改变的只是她的 DNA 甲基化程度。

生物学界把这种遗传方式叫作"表观遗传学"（Epigenetics），也就是说在 DNA 顺序没变的情况下通过改变 DNA 修饰物的方式改变遗传性质。"表观遗传学"违背了传统的遗传定律，使得某些后天获得的习性也可以被遗传下去。

2009 年 10 月 14 日出版的《自然》（Nature）杂志网络版刊登了一篇重要论文，美国索尔科研究所（Salk Institute）的科学家约瑟夫·埃克（Joseph Ecker）博士及其领导的研究小组公布了人类基因组甲基化图谱，这几乎等于把人类设计图纸所有书签的位置都标了出来，其重要性堪比当年的人类基因组图谱，被公认为人类遗传学领域一项划时代的杰作。

埃克博士选择了两种人类细胞进行这项工作，一种是胚胎干细胞，它们是全能细胞，可以分化成所有其他种类的人体细胞。另一种是纤维母细胞（Fibroblast），它们是人体各种结缔组织的前体细胞，可以被看作是所有分化了的体细胞的代表。

研究发现，人类胚胎干细胞的甲基化位点大约为 6200 万个，纤维母细胞的位点总数只有 4500 万个，相差不少。更重要的是，纤维母细胞这 4500 万个甲基化位点有 99.98%

发生在 CG 部位，也就是一个胞嘧啶（Cytosine）后面紧挨着一个鸟嘌呤（Guanine）。众所周知，组成 DNA 的 4 种核苷酸是 ATCG，它们相当于生命之书的字母。这项研究等于是说，体细胞中的绝大部分书签均出现在 CG 这一位置。

干细胞就不同。干细胞的 DNA 顺序和体细胞完全相同，但它们的 DNA 序列上多出来大约 1700 万个甲基化位点，而且其中的 24.5% 都不是发生在 CG 位点，而是其他地方。正是这些多出来的书签，使得胚胎干细胞具备分化的潜力。

读者也许还记得，这两年生物学界最轰动的一件大事就是找到了人工诱导体细胞返回到胚胎干细胞状态的法门。于是研究人员运用该法门把纤维母细胞重新变回成全能干细胞，然后再研究它们的 DNA 甲基化，结果发现它们和原汁原味的胚胎干细胞相同！也就是说，那多出来的 1700 万个甲基化位点正是胚胎干细胞的秘密。

埃克博士认为，这项研究最有前途的应用是在癌症诊断领域。他希望有朝一日所有癌细胞的甲基化位点都被做成图谱，然后科学家就可以通过分析甲基化位点的改变，准确地诊断出谁得了何种癌症。

胖基因

有的人一吃就胖，有的人怎么吃都不胖，
这是为什么呢？

请问：肥肉吃多了会不会发胖？恐怕很多人都会回答：当然会！可是，几乎每个人都能从朋友里找出个把"异人"，顿顿大鱼大肉也胖不起来，活活把人嫉妒死。

科学家们也试图回答过这个问题。他们做了很多研究，结果却互相矛盾，以至于到现在都还没有一个公认的结论。美国塔夫斯大学（Tufts University）营养和基因学实验室主任何塞·奥尔多瓦斯（Jose Ordovas）博士认为，肥肉是否能导致发胖，与人的基因型有关。

早有很多实验显示，一种名为 APOA2 的基因似乎与人的饱和脂肪代谢有关系，而这个基因的活性是被"启动子"（Promoter）控制的。所谓"启动子"就是一段 DNA 片段，它的作用很像是电灯开关，决定了基因的工作效率。APOA2的启动子有两种类型，分别叫作 T 和 C。因为每个人的基因都有两套拷贝，因此该启动子有 3 种组合形式，分别是 TT、TC 和 CC。

为了研究 APOA2 启动子与肥胖之间的关系，奥尔多瓦斯博士和他领导的研究小组在美国三个地区分别招募了三组志愿者，加起来一共有 3462 人。研究人员通过问卷调查的方式统计了每个人的饮食习惯，并把那些每天的饱和脂肪摄入量在 22 克以上的人分进"高组"，22 克以下的人分进"低组"。然后，研究人员测量了志愿者的身高和体重，按照公认的公式计算出他们的"身高体重指数"（又称"身体质量指数"，英文为 Body Mass Index，简称 BMI）。这个 BMI 是全世界公认的判定某人是否是胖子的黄金标准，BMI 分值越高的人就越胖。

这项研究先后进行了二十年，着实花费了不少心血。得到了大量数据后，研究人员便开始应用统计学方法进行分析研究。结果证明，那些基因型为 CC 的人比 TT 和 TC 更胖，但只有当 CC 同时又属于"高组"时这个规律才成立。如果把这个结论翻译成通俗的"健康小贴士"的话，就必须先分清你的基因型是哪个。如果是 TT 或 TC，放心吃。如果是CC，那么就必须严格控制饮食。如果控制得住，那也没事。如果控制不住，很容易发胖。

换句话说，这个 C 就是胖基因。如果你携带了两个胖基因拷贝，对不起，你天生就容易发胖。事实上，奥尔多瓦斯博士以前曾经做过一个调查，发现 CC 基因型的人平均每天都要比 TT 和 TC 多吃进 200 卡路里的热量，发胖的可能性也是后者的两倍。

这个实验结果发表在 2009 年 11 月 9 日出版的《内科学文献》（*Archives of Internal Medicine*）杂志上，奥尔多瓦斯博士认为，该结果解释了以前那些实验为什么得出了互相矛盾的结果。"不同基因型的人对饱和脂肪有完全不同的反应，只有按照基因型的不同分别加以统计研究，才能知道饱和脂肪和肥胖症之间到底有何种关联。"

同理，对于市面上流行的那些各有拥趸的减肥食谱，也必须按照基因型的不同分别加以研究，才能知道它们是否真的有效，以及对何种人有效。

那么，这项实验肯定会说服更多的人去做基因测试了？不一定。就在该论文发表一周之后，也就是 2009 年 11 月 17 日，全世界第二大个人基因测试公司 deCODE Genetics 正式提交了破产申请。这家总部位于冰岛首都雷克雅未克的生物工程公司是基因测试领域公认的先驱者，正是在这家公司的带动下，个人基因测试业务才终于走进了寻常百姓家，该项技术也在 2008 年被美国《时代周刊》评为"2008 年度最佳发明"，没想到一年之后该技术的领军人物就走上了破产的道路。

这是为什么呢？奥尔多瓦斯博士的这篇论文给出了部分原因。原来，关于基因型和肥胖之间关系的研究虽然有很长的历史了，但大部分研究都过于简单，数据量很少，几乎没有做过重复。奥尔多瓦斯博士进行的这项研究居然是历史上第一个被重复了三次都有效的研究，但许多个人基因测试公司却已经把那些未经证实的结果当作结论塞给了消费者。大多数消费者根本弄不清哪些是事实，哪些是尚待证实的假设，他们对那些统计数据也完全摸不着头脑，不知道其背后的意义是什么。因此，不少科学家已经开始反思个人基因测试这股热潮，提醒消费者应该慎重一些，否则花钱买回一堆没用的数据，甚至还可能有害。

就在那篇论文的结尾，奥尔多瓦斯博士用非常慎重的语气描述了这项实验的意义：如果今后找不到与此相反的研究结果，如果今后的重复实验进一步证明了我们的结论，那么基于基因测试结果的个人化营养建议才有可能在未来得到广泛应用。

这才是科学的态度。

吸烟者的基因指纹

科学家制作了一个基因图谱，把吸烟导致的肺癌细胞内所有的基因变异都找了出来。

1950 年，英国科学家布拉德福德·希尔（Bradford Hill）首次证明吸烟能够导致肺癌，但他只是从统计数字中看出了这一点，并没有从理论上把吸烟导致肺癌的机理说清楚，于是很多存有侥幸心理的烟民依然吞云吐雾，满不在乎。

此后，科学家慢慢知道，所有的癌症都是由基因突变引起的。香烟中含有几百种化学物质，其中至少有 60 种物质具有诱发 DNA 突变的能力，吸烟者患肺癌的概率是不吸烟者的 20 倍。科学家还通过基因筛查，发现了好几个肺癌特有的基因突变，并通过统计学方法证明它们都与吸烟有关，但这还是不足以让吸烟者警觉，他们会问：为什么有的人吸了一辈子烟都没事？

科学家们被逼急了，决定对吸烟者来一次全面彻底的基因普查，找出香烟在烟民体内留下的所有"指纹"。这个办法貌似笨拙，但只有这样才能彻底弄清吸烟导致肺癌的整个过程和机理。

这个想法说起来容易，但直到基因组测序技术变得快速而又廉价后才有可能实现。英国剑桥大学韦尔科姆基金会桑格学院研究所（Wellcome Trust Sanger Institute）的麦克·斯特拉顿（Mike Stratton）博士领导的一个研究小组接受了挑战，用"大规模平行测序法"（Massively Parallel Sequencing）完成了这一看起来不可能完成的任务。

他们的研究对象是一种名为"小细胞肺癌"（SCLC）的恶性肺癌，这种癌症虽然只占肺癌总数的15%，但癌细胞非常顽固，细胞转移发生得早，化疗效果差，病人的两年存活率不到15%。

研究人员从一位55岁的SCLC患者体内取得癌细胞并培养成永久细胞株NCI-H209，然后又从他本人体内取得"类淋巴母细胞"（Lymphoblastoid），同样制成永久细胞株，后者代表了患者原有的基因型，可以作为对照。之后，研究人员测出了这两种细胞株的所有DNA顺序，并逐一对比。

众所周知，DNA测序本身必然有误差，体细胞的DNA顺序也存在一定的多态性，为了保证测试结果的准确性，研究人员一共测量了1120亿个癌细胞的DNA顺序，以及900亿个正常细胞的DNA顺序。要知道，人类基因组一共只有不到30亿个碱基对，这就是说，研究人员把癌细胞测序重复了39次，正常细胞测序重复了31次。如此庞大的数据量，保证了对比结果具有很高的可信度。

结果令人大吃一惊。这位患者的肺癌细胞基因组一共发生了22910个单碱基对突变，另外还有65个基因片段缺失，以及334个基因拷贝数差异和58个基因结构变异！当然这些突变并不都是有害的，多数突变发生在"垃圾DNA"片段上，对细胞没有任何影响。但俗话说得好：常在河边走，哪有不湿鞋。一旦某个要害位置发生了突变，就会导致细胞发生癌变。

通过分析这些突变的位置和类型，科学家证实了以前的一些猜想。比如，大部分致癌物质只会和特定的某一类DNA分子发生反应，导致的癌症具有特异性。烟草中的大部分致癌物质都喜欢与DNA链中的腺嘌呤和鸟嘌呤结合，形成聚合物。这种聚合物影响了DNA复制过程，最终导致出错，这就是基因突变的化学机理。SCLC病人当中，TP53基因有80%～90%的可能性发生了突变，RB1基因有60%～90%的可能性发生了突变，这两个突变甚至可以作为SCLC的诊断标记。分析表明，两者都符合香烟致癌的分子特征，可以肯定是由于吸烟所导致的。

这篇论文发表在2009年12月16日出版的《自然》(Nature)杂志网络版上，立刻引起轰动。斯特拉顿教授在接受采访时表示，这项研究将改变我们对待单个癌症的态度。"当我们能够把导致癌变的所有基因突变都找到时，便有可能针对特定的病人开发出专门为他服务的抗癌药。"

不过，外国媒体大都把注意力放到论文结尾处的一个推论上，那就是平均每15根香烟会导致一个基因突变。这个醒目的结论来自一个统计结果，即每天一包烟连抽五十年即可导致肺癌（每天两包烟则需要二十五年，以此类推）。香烟总数除以基因突变总数，便得出了 15 这个数字。但大家不要忘了，这个突变总数只是针对癌细胞的，事实上还有更多的支气管壁细胞并没有发生癌变，但它们肯定也都产生了不同程度的基因变异。所以说，事实上每根香烟都会导致一定数量的细胞发生基因突变，你要是抽烟，就等于把自己的生命交给了运气。

基因考古

曹操墓的发现引发了新一轮考古热，其实基因领域的考古更精彩。

1885年，德国小镇博尔纳居民饲养的马群爆发了一种奇怪的传染病，被传染的马先是走路打晃，易受惊，几周后便会站立不稳，翻白眼。兽医们查不出病因，束手无策，只能眼睁睁地看着病马相继死亡。此后这种传染病继续在世界各地传播，但直到1970年科学家们才分离出了致病因子———一种单链RNA病毒，后被命名为博尔纳病毒（Borna Virus）。这种病毒可以入侵多种恒温动物，包括人类。

进一步研究表明，博尔纳病毒是唯一一种永久存在于宿主细胞核中的RNA病毒，它的整个生命周期都在细胞核内完成。那么，这种病毒为什么会逃过了人类免疫系统的追杀呢？大阪大学的生物学家朝长启造（Keizo Tomonaga）博士猜测它模仿了某种人类蛋白质，迷惑了免疫系统。为了证明自己的假说，他筛查了人类的蛋白库，果然发现了两种人类蛋白质和博尔纳病毒的外壳蛋白非常相似，也就是说，人类细胞居然能够制造出与博尔纳病毒外壳同源的蛋白质来，这是怎么回事呢？

说起来，这件事并不稀奇。科学家早就知道，人类基因组中有大约 8% 的 DNA 来自病毒，科学家们甚至可以分析出这些病毒分别是在何时感染了人类的祖先。问题在于，不是所有的病毒感染都会在人类基因组中留下印迹，这就好比说，并不是所有的动物尸体都会变成化石，只有坚硬的骨骼和牙齿才有可能被保留下来。大多数病毒虽然也会把宿主细胞搅得天翻地覆，但如果它们没有把自己安插到宿主生殖细胞的 DNA 中，就不会遗传下去，也就不会在宿主的基因组中留下记号。于是，目前已知的那 8% 的病毒 DNA 全部来自"逆转录病毒"（Retrovirus），因为只有这种病毒能够把自己插入到宿主 DNA 中，并作为宿主基因组的一部分而遗传下去。

博尔纳病毒不是逆转录病毒，但朝长启造博士的研究表明这种病毒很可能也以某种未知的方式在宿主的基因组中留下了自己的记号。为了证明这一点，朝长启造筛查了 234 种已完成测序的基因组，发现博尔纳病毒出现在好几种动物的基因组中，其中就包括灵长类。通过分析它们的 DNA 序列，朝长启造甚至推测出博尔纳病毒大约是在 4000 万年前的某一天感染了灵长类的祖先，那个被感染的动物不但活了下来，还成功地传宗接代，并经过漫长的演化变成了今天的人类。

这篇论文发表在 2010 年 1 月 7 日的《自然》（Nature）杂志上，这是迄今为止发现的第一例"非逆转录病毒"留下的遗传痕迹，证明并非只有逆转录病毒才能成为"基因化石"。

事实上，像这样通过基因分析来研究生物演化史的论文在近几年的生物学杂志上层出不穷，所用的方法也各有千秋。比如，2009 年 11 月 25 日出版的《美国人类遗传学杂志》(*American Journal of Human Genetics*)上发表了新加坡基因研究所刘建军博士等人提交的一篇论文，研究人员分析了来自中国十个省市六千多名汉族人的基因，考察了 35 万个"单核苷酸多态性"(SNP)的分布模式，绘出了世界上首张汉族人遗传图谱。结果显示，汉族人的基因多态性分布只有"南—北"这一个维度，不像欧洲那样存在"南—北"和"东—西"两个维度。也就是说，汉族人的迁徙路径主要是南北方向的，住在同一纬度的汉族人其基因型大致相同，但同一经度的汉族人基因型就没有这种关联度了。这一结果与历史学研究大致吻合。

研究人员还对比分析了日本人的 SNP，发现其与中国北方人的基因型很相似，两者只有 0.18% 的差别。相比之下，中国南北方汉族人的基因型差异大约为 0.37%，这说明居住在中国北方的汉族人与日本人的血缘关系甚至要比与南方汉人更近些。

当然，居住在北京、上海和新加坡的汉族人则不符合这个规律，这说明大城市的人口流动范围显然要比中小城市大得多。

比起传统考古，基因考古不但更加准确，而且还具有一定的实用性。比如，绘出这样一张汉族人遗传图谱有助于研究疾病与遗传的关系，因为这样的研究必须首先按照基因型对人群进行正确的分组：来自四川的病人到底是和同纬度的湖北更接近呢？还是和同经度的甘肃分为一组？上述研究证明前者更恰当。

同样，朝长启造博士关于博尔纳病毒的研究也为精神疾病领域的研究提供了一种新思路。原来，博尔纳病毒通常只攻击动物的神经系统，受感染的动物最先表现出来的症状就是行为异常。朝长启造博士的研究表明博尔纳病毒早已嵌入了人类的基因组，并且会在某种情况下被启动，制造出和病毒同源的蛋白质来。有人推测，这种潜伏已久的病毒也许正是人类精神疾病的病因，包括精神分裂症和某些情绪障碍在内的精神疾病也许正是这段病毒 DNA 所造成的。

都是染色体复制惹的祸

染色体的复制过程并不完美，有时会出点小毛病。

　　人们有个印象，总以为生命应该是完美无缺的。但有个科学家不信这个邪，她的名字叫作伊丽莎白·布莱克本（Elizabeth Blackburn）。她想搞清楚一个问题：染色体是如何保持长度的？

　　原来，当 DNA 复制的机理被搞清后，科学家们发现这套复制系统显得非常笨拙，每当复制到染色体末端的时候总会有一小段 DNA 注定会被漏掉。虽然这一小段 DNA 只有二十几个碱基对，比起动辄含有上亿个碱基对的染色体来说简直微不足道。但如果染色体使用这套系统长年累月地复制下去，势必会越来越短，直到消失。

　　当然，这件事没有发生，显然哪里出了问题。那么，是不是染色体还有另一套更加完美的复制系统呢？这个解释能够满足那些相信生命完美的人，可惜事实证明他们错了。布莱克本发现每条染色体的末端都有一段没用的 DNA，丢了也不会影响染色体的功能，这就是端粒。有了端粒的保护，染色体就可以继续复制下去而不会丢失重要信息。

不过，端粒再长也总有被耗尽的那一天，这就是细胞复制不能无限期进行下去的主要原因。那么，那些需要无限期复制下去的细胞（比如干细胞）怎么办呢？为了解决这个难题，生命又进化出了一个看似很笨的办法：用端粒酶来修补被磨损的端粒。

这个解释听起来很啰唆对吧？没错，事实就是这么复杂。生命用一种看起来很笨拙的方式解决了这个难题，其代价之一就是癌症。通常情况下，体细胞内是没有端粒酶的，于是细胞分裂次数超标后端粒就会被磨损殆尽，细胞便自动死亡了。但癌细胞想办法激活了自己的端粒酶，不断修补端粒，终于使自己获得了无限繁殖的能力。

这个故事的结局是完美的。布莱克本以及另外两名做出重要贡献的科学家因为找到了这个染色体复制难题的答案而获得了 2009 年的诺贝尔生理学或医学奖。

这个发现是在上世纪 80 年代做出的。后来又有人运用同样的思路解决了另一个类似的难题。

这就要从 Y 染色体说起啦。众所周知，Y 染色体是男人的象征。每个男人都有一个 X 和一个 Y，女人则有两个 X。X 染色体有 1.5 亿个碱基对，几乎和其他 22 条染色体一样长。但 Y 染色体就比较短，只有 6000 万个碱基对。

X 和 Y 不但长度不一，内容也几乎完全不同，于是问题就来了。原来，染色体是依靠 DNA 重组的办法修复自身的错误的。简单来说，细胞内两条配对的染色体会粘在一起，彼此交换信息，修正错误。男人体内的 X 染色体虽然没对可配，但它总有进入女人体内的那一天，便可以在那里完成修复工作。Y 染色体就没那么幸运了，通常情况下一条 Y 染色体从来不会和另一条 Y 染色体碰面，于是有人惊呼，这样下去 Y 染色体上的错误越积越多，总有一天会气绝身亡的！

记性好的读者也许还记得，几年前媒体曾经爆炒过这个悲观的预言。同样有人会问：生命不会这么笨的吧？ Y 染色体肯定有自己一套独特的修复机制，避免了悲剧的发生。

这桩悬案在 2003 年得到了解决。有个名叫大卫·佩奇（David Page）的美国科学家和同事们发现 Y 染色体上有 8 段回文结构，也就是 DNA 序列正读反读都一样。当时他立刻就想到，这就是 Y 染色体自我保护机制的秘密所在。实验证明他是对的，这种回文结构可以自己和自己配对，形成一个看似"发卡"的结构。DNA 修复机制一见到这种发卡结构，便会立刻开始工作，修复错误的信息。

换句话说，Y 染色体并没有进化出属于自己的独特的修复机制，而是用一种看似很笨的办法，借用了其他染色体的修复机制，保住了自己的一条小命。

这个故事还没有完。就在 2009 年 9 月 3 日，著名的《细胞》（Cell）杂志刊登了佩奇教授的一篇新文章，解决了另一个难题。和端粒的故事一样，一个看似很笨的办法往往真的很笨。Y 染色体上的回文结构毕竟属于一种特例，它的存在有时会让细胞分裂过程出现故障，形成一种异常的Y染色体。这种Y染色体好似双头怪物，一人身上带有两个着丝粒（正常染色体只有一个着丝粒）。科学界很早就知道双头怪物的存在，但一直不明原因。佩奇教授提出了合理的解释，原来这就是回文结构在作怪。至于说回文结构为什么会导致双头怪物的出现，个中原因实在是太复杂，可以另写一篇生命八卦了。

总之，佩奇教授找出了原因，并发明了一种基因检测术，能够快速检测出双头怪物的存在。他和同事们分析了2380名患有生育障碍及染色体畸形的病人，发现其中有51人体内带有这个双头怪。

最有意思的是，佩奇教授发现其中有18人从解剖学上看完全是女人！原来，双头怪会导致病人出现性别异常，这样的人外表看似女人，有阴道和子宫，但体内同时也带有男人的性腺。怎么样，这种病听起来很熟悉吧？前一阵闹得沸沸扬扬的性别门主角，南非运动员塞门亚好像就是这种双性人。不过，检测结果还没有正式公布，我就不瞎猜了。

这两个故事告诉我们一个道理，生命不是完美无缺的，而是充满了各种遗憾。事实上，这两个案例从另一个角度证明，生命一直在进化，高等生物的很多看似复杂的功能其实是从低等生物进化而来的。进化最简单的方式是叠加，而不是另起炉灶，所以才会出现这样令人"啼笑皆非"的事情来。

双胞胎为什么越长越不像？

同卵双胞胎之间的基因并不是完全一样的，即使基因顺序一样，功能也可能有差异。

科学实验最重要的一点就是要为实验对象设个对照，也就是除了一个地方不同之外，其余条件完全一样。这样一来，实验者观察到的所有变化都可以归于那个不同的因素，而不是其他未知原因。

这条要求在动物实验上比较容易满足，只要克隆出一窝小白鼠就行了。人体实验就没办法做到这一点，这就是为什么医学研究领域的发展速度远不如普通生物学。但是有一种情况可以部分地满足这个条件，那就是同卵双胞胎。人们通常假定同卵双胞胎的基因组应该完全一样，如果拿其中一个人做实验，另一个人做对照，似乎就能够满足科学实验的要求了。

当然，拿人做实验是不道德的，但如果某种变化是天然发生的，完全可以用来做研究。比如有些同卵双胞胎只有一人得了某种遗传病，另一个人没得，只要对比一下他们的基因组顺序就可以知道到底是哪种基因导致了疾病的发生。

这个思路很容易理解，所以早就有科学家跃跃欲试了。可惜过去人类基因组全测序的成本太高，这个想法一直没办法实现。2010年4月29日出版的《自然》（*Nature*）杂志刊登了一篇论文，第一次完成了这样一个实验。以美国加州大学旧金山分校的塞尔吉奥·巴郎奇尼（Sergio Baranzini）为首的一个研究小组找到一对同卵双胞胎女性，其中一人得了多发性硬化症（Multiple Sclerosis，简称MS），另一个没有。MS是一种自体免疫疾病，得病的大都是20～40岁的中青年。病人的免疫系统错误地对自身的神经系统（髓鞘）发起攻击，造成了神经系统的广泛损伤。MS的病因至今尚未找到，但肯定与遗传有关，因为MS病人的家属患同样疾病的可能性比普通人高，如果是同卵双胞胎的话，那么只要一人得MS，另一人得病的几率就会高达25%以上。

研究者们测出了这两个双胞胎的全基因组序列，然后一一进行对比，结果却令人失望，没有找到任何区别能够解释MS的发病机理。接下来，科学家们又逐一分析了两人基因组甲基化的分布情况。所谓"甲基化"，指的是DNA分子上的一种常见的修饰。这种修饰没有改变基因的顺序，却能改变基因的功能。甲基化过程中发生的偏差同样可以解释为什么只有一人得病，另一人却身体健康。可惜的是，对比的结果同样令人失望，科学家们没有找到任何区别能够解释MS的发生。

通常，一个实验如果失败了，是不会被写成论文的，更别说发表在《自然》杂志上了，但这个失败很不一般，因为实验设计堪称完美，研究方法挑不出毛病，但却还是失败了，这说明 MS 的发病机理很可能不是科学家想象的那样是由基因决定的，而是另有原因。

这个实验虽然没能搞清 MS 的病因，却能帮助我们理解同卵双胞胎为什么越长越不像。早在 2005 年，美国阿拉巴马大学的分子生物学家简·杜马斯基（Jan Dumanski）博士就发表论文指出，同卵双胞胎的基因其实是很不一样的。杜马斯基和同事们选择性地分析了 19 对同卵双胞胎的基因组，发现无论是 DNA 顺序还是基因拷贝数都存在很多细微的差别，原因在于细胞分裂过程中总会发生基因突变，这些突变慢慢积累下来，总数就很显著了。

就在同一年，来自西班牙国立癌症研究中心的曼奈尔·埃斯特拉（Manel Esteller）博士证明，基因修饰同样可以解释同卵双胞胎之间的差异。埃斯特拉博士和同事们研究了 40 对不同年龄的同卵双胞胎的基因修饰差异，发现年龄越大的同卵双胞胎，基因修饰程度的差异也就越大。而且双胞胎在饮食和环境方面的差异越大，甲基化的差异也就越大。

那么，刚生下来的同卵双胞胎是不是就完全一样了呢？答案同样是否定的。最显著的例子就是指纹，全世界所有的同卵双胞胎的指纹都是不同的，否则指纹就不能够作为犯罪证据了。指纹的形成是因为婴儿指甲皮肤的"基底层"

（Basal Layer）生长速度比其外侧的表皮层和内侧的真皮层要快，于是"基底层"便不得不蜷缩起来，形成沟壑，这个过程几乎是完全随机的，子宫环境内任何一点微小的改变都能影响沟壑的形状和位置。

指纹的形成过程和沙丘沟壑、热带鱼的表面斑纹，以及液体对流时形成的复杂纹理非常相似，它们都属于"混沌学"（Chaos）的研究范畴。所谓"混沌体系"的一个重要特征就是对初始条件极为敏感，稍微有一点变化就能导致结果大相径庭，大家熟悉的"蝴蝶效应"讲的就是这个道理。对于同卵双胞胎来说，两者的初始基因虽然相同，但两人所处的环境总会有点不一样的地方，比如在子宫中的位置不同，吃的东西不一样，接受的信息不一样，等等。这些微小的不同最终都会被放大，导致同卵双胞胎变成了两个完全不一样的人。

同样道理，一个人的基因并不能决定他的未来。正因为如此，活着才更有意义。

记仇的基因

你从父母那里继承的不光是他们的基因
序列，还包括他们的生存环境。

如今任何一个小学生都会知道，即使你从小就砍掉老鼠
的一条腿，长大后它也不会生出一只缺胳膊少腿的残疾小老
鼠来。不管你多么坚持不懈地拉伸老鼠的脖子，它们的后代
也不会变成长颈鹿。用生物学的名词来解释，这就是说后天
得来的性状是不会遗传给下一代的。

别小看这件事，在基因的秘密没有被发现之前，人类曾
经为这个理论争吵了好多年。但如今任何一个中学生都会告
诉你，后天性状之所以不会遗传，就是因为遗传性状是由基
因决定的。不管后天条件如何变化，基因是不会变的。

如今任何一个大学生都会告诉你，基因就是 DNA，或
者更准确地说，是 DNA 长链上的字母（碱基对）顺序，比
如 AATCGG 之类的。这个顺序决定了蛋白质的构成，也就
决定了细胞和个体的性状。如今基因测序之所以如此火爆，
就是因为人类迫切地想知道基因序列是如何影响人体健康
的，从而预测疾病的发生。科学家们则希望找到两者之间的

对应关系，以便为疾病的诊断和治疗找到突破口。

总的来说，生命的这个特征应该是件好事，它给了生命一个重新开始的机会。想想看，如果一个母亲因故瞎了一只眼，她绝不会因此担心生出残疾的孩子来。

但是，这个理论正在受到挑战。科学家们发现，至少在某些情况下，基因是"记仇"的！早在2002年，美国阿肯色大学医学研究中心的科学家就通过实验发现，如果在小鼠发育的早期人为改变它们的食物成分，会对它们后代的健康产生不利的影响。后续研究证实，这是因为幼鼠DNA上的甲基修饰物发生了变化所致。这种甲基修饰物相当于在基因序列的特定地方插上小旗子，这些小旗子改变了DNA的活性，从而改变了细胞的性状。换句话说，即使两只小鼠的DNA顺序完全一样，也会因为小旗子的位置不同而产生不同的结果。

这个结论其实是很容易理解的。多细胞生物每个细胞的基因基本上都是一样的，它们之所以会分化出各种各样不同类型的细胞，部分原因就在于所插的小旗子不同。生物学把研究这一现象的学问叫作"表观遗传学"（Epigenetics），以和普通遗传学区别开来。简单来说，普通遗传学研究的是基因序列对生物性状的影响，表观遗传学研究的则是基因序列之外那些能够改变生物遗传性状的因素。比如，DNA分子上的那些小旗子（甲基）就是可以遗传的，所以在那个实验中，小鼠们把后天环境的变化遗传给了它们的后代。

自从发现了这一现象后，表观遗传学领域进展神速，因为它颠覆了前人的经验。想想看，如果一位母亲在幼年时期吃了不洁的食物，或者喝了遭受污染的水，结果不仅她本人的身体健康会受到影响，而且还会把这一不良影响传递给她的后代，这该是一件多么可怕的事情啊！不幸的是，越来越多的证据表明，这完全是一件有可能发生的事情。这个令人震惊的结果足以为我们敲响警钟。随着人类生活水平的提高，我们的居住环境正在逐渐恶化。有一种理论认为，这是经济发展过程中必须付出的代价，但"表观遗传学"理论告诉我们，环境对人类的改变是可以遗传的，我们的后代也将为此付出代价。

举例来说，人类的很多精神疾病一直没能找到相对应的致病基因，但有科学家认为，致病基因确实存在，但不能只从基因序列中去找，还应该仔细检查一下基因的后天修饰物，也就是那些小旗子。比如，美国杜克大学医学院人类遗传学系副教授西蒙·格雷戈里（Simon Gregory）及其同事在2009年10月《BMC医学》杂志上发表论文指出，人类的自闭症很可能与一种催产素受体（Oxytocin Receptor，简称OXTR）基因的甲基修饰物有关。这些"小旗子"很有可能就是由于某种后天环境因素的影响而插上去的。

2010年10月29日出版的《科学》（Science）杂志的封面故事就是关于"表观遗传学"的。著名的美国霍华德·休斯医学院（Howard Hughes Medical Institute）教授丹尼·雷恩伯格（Danny Reinberg）为这个专题撰写了一篇综述性文章，指出除了 DNA 甲基化之外，还有很多细胞因素也可能会对基因的作用方式带来影响。这些以前一直被忽视的细胞因子帮助细胞们"记住"了它们的生存环境，并把这一信息遗传给了下一代。

看来，基因也是会"记仇"的，我们要小心才是。

基因决定命运

人的命运到底是先天决定的还是后天培养的？同卵双胞胎研究的结果似乎倾向于前者。

　　一个人的命运到底是由基因决定的还是成长环境决定的？这个问题已经争论了一百多年，至今没有定论。争论的难点在于，如果你相信前者，就有可能被贴上纳粹的标签，因为纳粹政府提倡的所谓"优生学"就是基于基因决定论的一门伪科学。可如果你相信后者，却有可能给普天下的父母们无故增加很多负担，最近关于虎妈的争论焦点就在于此。

　　即使我们抛开"政治正确"的影响，只从科学的角度探讨一下这个问题，同样疑问颇多。首先，对于环境决定派来说，到底何种环境会对孩子的未来产生影响？这个问题便已经争论不休了。包括弗洛伊德在内的老一代心理学家们普遍相信家长的教育方式是主因，这一观点曾经给很多望子成龙的家长带来了希望，但在强大的事实面前，这一派逐渐落了下风。1998 年，哈佛大学心理学硕士朱迪丝·里奇·哈里斯（Judith Rich Harris）女士出版了一本划时代的著作，名为《后天培养假说》（*The Nurture Assumption*），她在书中通过大量事实证明，一个孩子的性格和父母的培养方式关系不大，而是和他/她的朋友圈子，以及其他一些细微的生活环境差别更有关联。这本书出版后获得了普利策奖的提名，被翻译成二十多种语言，改变了很多父母的育儿方式。

其次，即使是最铁杆的基因决定派也不会认为基因能够决定一切，否则同卵双胞胎长大后就完全一样了。这一派只是相信，基因的作用要比后天环境的作用更大，至于说大多少，那就要凭实验数据说话了。

凡是以人为实验对象的科研都不好做，关于孩子成长的研究就更难做了。该领域早期最著名的一个研究被称为"科罗拉多领养儿研究"，领头者是科罗拉多大学教授罗伯特·普罗敏（Robert Plomin）。他和同事们在1975—1982年间跟踪研究了245名领养儿童的成长状况，并和同一地区的非领养儿童做了对比，发现在非领养家庭长大的孩子性格和父母表现出很强的相关性，而领养孩子和养父母的相关性则弱了很多。普罗敏教授认为这个结果说明遗传对于儿童性格的贡献要大于父母的教育方式。

这类研究依靠的是复杂的统计学分析方法，不够直白，说服力不是很强。要想得出肯定的结论，唯一的方法就是研究那些在不同家庭里长大的同卵双胞胎，看看他们长大后到底是和养父母更像，还是互相之间更像。迄今为止全世界已经进行过几十次这类研究，涉及的同卵双胞胎高达数千对。美国乔治梅森大学（George Mason University）的经济学教授布莱恩·卡普兰（Bryan Caplan）运用统计学方法对这些研究数据进行了总结，写成了一本名为《多生孩子的自私理由》（*Selfish Reasons to Have More Kids*）的书，书中对很多根深蒂固的育儿观点发起了挑战。

根据卡普兰的总结，大多数同卵双胞胎研究都证明，一个人的命运，包括健康、财富和幸福感等等，主要都是由基因决定的。这并不是说存在某种神秘的"幸福基因"或者"财富基因"，而是说明人的智商、性格以及承受挫折的能力等等基本特征主要由遗传决定，而这些特征几乎可以决定一个人长大后是否会富有以及是否幸福。

"虎妈的那套育儿经根本就没用。"卡普兰说，"那本书居然只字未提基因的影响，这是不可思议的。她夫妻俩都是耶鲁大学法学院的教授，肯定都有很优秀的基因，这就不难理解为什么她的两个女儿也都很优秀了。"

有两点需要强调一下。第一，卡普兰采用的这些双胞胎研究所涉及的家庭都不会很差，否则不可能具备领养儿童的资质。也就是说，卡普兰所比较的都是在平均水准以上家庭里长大的孩子，没有将虐待儿童这类极端案例考虑在内。事实上，虐待早已被证明会对儿童的成长带来严重的负面影响。

第二，卡普兰关注的是儿童长大成人后的命运，但已有不少研究表明，儿童在成人之前的行为和性格还是与父母有很大关系的。比如，良好的教育可以改变孩子尝试初次性行为的年龄以及减少犯罪率，但这些影响在孩子成年后便都消失了。

"很多人觉得孩子就像橡皮泥，可以任由父母塑造，这是不对的。"卡普兰说，"事实上孩子更像是橡皮筋，虽然可以任意拉伸，但一旦外力消失，便会迅速恢复原状。"

那么，父母对于孩子的成长一点作用都起不到吗？肯定不是。卡普兰指出，父母肯定能够留给孩子的就是关于成长的记忆，这不一定会改变孩子的未来，但起码能让孩子有一个幸福的童年。所以说，只要让孩子们开心就好，所有那些带有强迫性质的课外辅导班、补习班和兴趣小组等等就是浪费钱财。

疼痛的测量

> 科学家们有望发明出一种仪器，测量人的痛感。

疼痛是人类的一种最基本的感觉，很难被定义。百科全书上说，疼痛是机体对组织损伤产生的一种不愉快的反应。如果外星人看到这个定义，肯定会一头雾水，搞不清这个"不愉快"到底应该是一种什么感觉。

通常认为，疼痛是人体的一种自我保护机制。一个人感觉到疼痛，肯定是哪里出了问题。有一种人体寄生虫名叫"麦地那龙线虫"（Guinea Worm），非常聪明地利用了人的痛感。雌虫成熟时会刺破皮肤，并在伤口处分泌一种强酸，刺激人的神经，让人产生灼烧般的痛感，忍不住把伤口浸在水里止痛。雌虫一遇到水就会立刻喷出大量虫卵，如果有人喝了这种水就会被传染，麦地那龙线虫就是这样在人群中传播的。

通常情况下这种虫子每年只产卵一次，其余时间都躲在宿主的皮肤下面。为了不让人感到疼痛，它会分泌一种鸦片类物质，麻痹人的神经。一年后这种虫子会长到一米多长，可大多数被感染的人都感觉不到它的存在，可见这种鸦片类物质有多么厉害。

麦地那龙线虫为什么要在人体内潜伏一年之久呢？原来它在等待合适的传播机会。麦地那龙线虫曾经是非洲地区最厉害的传染病，而非洲的降雨通常是以年为周期的，多雨的地区每年通常会有一个旱季，干旱的地区每年通常会有一个雨季。只有在这种时候水塘中的水位才会达到合适的位置，不多不少，正好满足麦地那龙线虫传播的需要。

据统计，1986 年全世界尚有 350 万麦地那龙线虫的受害者，而去年这个数字是 3128，而且全部集中在非洲。按照乐观的估计，这种病将是继天花之后人类消灭的第二种传染病，因为预防其传染的方法很简单，只要被感染者忍住痛，不把伤口浸入水中就可以了。

那么，被麦地那龙线虫咬破的伤口究竟有多痛呢？据曾经被咬过的人说，就像是被一根烧红的针扎了一下。如果外星人科学家看到这个定义，同样会一头雾水。因为他们不具备人类的感受，必须把这种感受转化成数字才能被他们理解。那么，有没有可能发明出一种仪器把疼痛的程度测量出来呢？这可不是天方夜谭，还真有人做出来了。

2010 年 2 月 14 日，伦敦国王学院的科学家泰拉·雷顿（Tara Renton）在一次会议上报告说，她和同事们采用一种名为"动脉自旋标记"（Arterial Spin Labeling，简称 ASL）的技术，第一次测出了疼痛的程度。

原来，这种技术是功能性磁共振成像（fMRI）技术的一个改进型。众所周知，fMRI 技术可以即时测量出人脑各个部位的活跃程度，如果知道了人脑每一部位的功能，就可以猜出人在任一时刻究竟在想些什么。fMRI 测量的其实是血液含氧量的变化，如果某个区域含氧量高，就说明该区域新陈代谢旺盛，那部分脑细胞正在努力地工作着。科学家早已知道了人脑中负责感受疼痛的区域在哪里，因此可以通过fMRI 大致判断出受试者是否感到疼痛。可惜 fMRI 只能测出活跃区域的位置，不能测出活跃的程度。ASL 技术则可以弥补这一缺陷，将特定区域的血液含氧量变化测量出来。于是雷顿教授灵机一动，觉得用这个技术可以测出疼痛区的活跃程度，继而测量出一个人到底有多痛。

雷顿教授找来一批志愿者，用针刺等办法引发痛感，再用 ASL 测量，但结果不太令人满意。"针刺痛感是短暂的、急性的，而大多数疼痛都会延续一段时间，属于复杂的心理活动，与人的主观意识的关系更加密切。"雷顿教授解释说。

于是，科学家们找来 16 名正准备去拔智齿的年轻人，让他们在手术后用文字描述自己的痛感，再和他们的 ASL测量数据做对比，结果发现两者十分吻合。雷顿教授还没有将结果总结成论文发表，她计划再做一些试验，进一步完善测量方法，争取发展出一套完整的疼痛测量标准。

也许有人会说，疼痛是一种复杂的心理活动，就像爱情一样，怎么能用冰冷的数字来代表呢？确实，心理学家都承认疼痛很难测量，但测量疼痛的好处也是显而易见的。比如，止痛药的研发就急需一种客观的验证方法。以前制药厂只能采取问卷调查的方式判断药效，误差很大，如果能发明出一种仪器将痛感测量出来，制药厂肯定会买单。

这个方法还能抓住作弊者，或者让一些出于各种原因而难以启齿的人说出真相。比如，瘾君子经常会夸大自己的痛感以换取医用吗啡，生性好强的人往往会隐瞒自己的疼痛，如果医生觉得有必要揭穿谎言，都可以采用仪器测量。科学家们甚至想到了婴儿和动物，他们的特点是都不会说话，不能描述自己的痛感。如果有了仪器，问题就好办多了。

眼泪有什么用？

人在悲伤时流出的眼泪很可能具有某种
生理作用。

人是最擅长表达感情的哺乳动物。喜悦、兴奋、激动、悲伤和愤怒等等错综复杂的感情都有一套固定的表达程式，任何一个正常人都能一眼识别出来。问题在于，这些程式都是怎么进化出来的呢？

达尔文最先提出了他的见解。他在 1872 年出版的那本《人和动物的感情表达》一书中提出了这样一个假说，认为所有这些感情表达程式最早都是有某种实际功能的，只是后来因为联络感情的需要，逐渐和实际功能脱节，进化成独立的感情信号。比如人在愤怒的时候会攥紧拳头，脸部肌肉也会因为紧张而变形，这一系列变化原本都是为了让自己做好搏斗的准备，后来才逐渐演化成表达愤怒的固定程式，起到了传递感情信号的作用。

如果顺着这个思路想下去，你会发现眼泪是一个难点。人在悲伤的时候为什么会流眼泪呢？眼泪除了传递悲伤的感情信号之外，还有什么别的生理功能吗？

在回答这个问题之前，必须首先证明不同情况下流出来的眼泪是不同的。众所周知，眼泪有清洁的作用。人在眼睛里进了沙子，或者切洋葱的时候都会流眼泪，美国明尼苏达大学神经学系教授威廉·弗雷（William Frey）首先证明，人在这两种情况下流出来的眼泪和悲伤时流出的眼泪是不同的，两者的化学成分存在明显的差异。但他没能进一步搞清究竟是哪种化学成分出现了差异，以及这种差异在生理上到底有何作用。

以色列著名的魏茨曼科学研究所（Weizmann Institute）的心理学家诺姆·索贝尔（Noam Sobel）博士决定研究一下这个问题。首先他需要大量眼泪，于是他在以色列报纸上打了份广告，诚征各类"爱哭人士"，结果招来了70名应征者，但其中只有6人满足实验要求，即随时都能哭出来。

"这6人都是女士，所以我只能首先研究女人的眼泪了。"索贝尔说，"这不等于男人的眼泪就没有研究价值。"

之所以必须找到爱哭人士，是因为索贝尔相信眼泪中的化学信号物质很可能寿命很短，没办法保存，所以他希望所有拿来做实验的眼泪都是新鲜的，最多不超过两小时。

好了，现在实验开始。首先，研究人员让这6位妇女观看好莱坞出品的催泪弹电影，同时收集她们的眼泪。其次，这事必须有对照，所以研究人员将生理盐水滴在她们的脸颊上，任其自然滑下，然后收集起来，这么做是为了防止妇女脸颊上有某种化学物质溶在了眼泪里！

接下来，研究人员测试了眼泪是否有味道，结果是没有。这个实验说明，如果眼泪确实有某种生理效果，那一定是某种无臭无味的外激素类化学物质所造成的，而不是源于某种心理暗示。

好了，万事俱备只欠东风，这东风就是一群二十多岁的年轻男性。研究人员让他们分别闻一闻眼泪，然后让他们给女明星图片打分，或者自我描述自己的性兴奋程度。之后再用仪器测量他们唾液中含有的雄性荷尔蒙的浓度，甚至用功能核磁共振成像仪（fMRI）测量他们的脑部活动。得到的数据和生理盐水做对比。

当然，这个实验是双盲的，无论是研究人员还是受试者都不知道他们闻的到底是眼泪还是生理盐水。

实验结果令人震惊！女人在悲伤时流下的眼泪能减少男性荷尔蒙浓度，降低男性的性兴奋程度，同时抑制男人大脑中负责性欲的那部分脑组织的活性。换句话说，这个实验证明女人眼泪里含有某种外激素，能够以某种未知的方式影响男人的行为。

"我猜，眼泪最主要的作用在于降低男人的暴力倾向，降低性欲只是次要作用。"索贝尔评价说，"很显然，对于女人来说这是一种很有效的防身利器。"

这篇文章发表在 2011 年 1 月 6 日出版的《科学》（*Science*）杂志网络版上，一经发表立刻引起了公众的广泛兴趣。如果属实，这将为科学家研究人类外激素提供新的证据。

不过，有人指出，现在下结论还为时过早。首先，这个实验必须能够被其他实验室重复出来。其次，必须弄清到底是眼泪中的哪种化学物质起了作用。在这两个问题没有答案之前，任何结论都是不可靠的。

"我打算立即开始研究男人和孩子的眼泪。"索贝尔说，"我幸运地找到了一个爱哭的男性志愿者，这项实验马上就可以开始了。"

让我们拭目以待吧。

历史的包袱

光脚的和穿鞋的，到底谁怕谁？

据媒体报道，巴西著名球星卡卡患有腹股沟疝，严重影响了他的竞技状态。腹股沟疝指的是腹腔内的脏器离开原来的部位，通过腹股沟的缺损露出腹腔，患者大部分为男性。中医认为"疝气"是体质虚弱或者中气不足导致的气血不畅，但这种理论无法解释腹腔为什么会有缺损，以及缺损为什么大都发生在腹股沟处。现代医学则认为，疝气的成因只有从生物进化的角度去分析才能解释清楚。

原来，地球上所有的陆生动物全都来自远古时期的鱼类，鱼类的生殖腺位于胸腔内靠近心脏的地方，但陆生动物不能这样，因为精子的生产过程必须恒温，所以哺乳动物的睾丸便转移到了体外，依靠阴囊的收缩来调节温度。问题在于，哺乳动物的胚胎发育过程延续了鱼类的模式，生殖腺依然在胸腔内开始发育，然后在生长发育的过程中从胸口一点点向下移动，最终从腹股沟的开口处移出腹腔，掉入阴囊。如此大范围的移动使得男性的腹股沟处成为腹腔的一个最薄弱的环节，稍不留神就会形成腹股沟疝。

不光是疝气，人类的很多看似奇怪的特征都能从进化论中得到很好的解释，比如，静脉曲张是怎么回事？人为什么那么容易发胖？膝盖为什么如此脆弱？人为什么会打嗝？这些问题都能从一本名为《你是怎么来的》（*Your Inner Fish*）的科普书中找到答案。这本畅销书的作者是芝加哥大学古生物学家尼尔·舒宾（Neil Shubin），他试图引导读者从进化的角度看待人体的生理特征。人类之所以在很多地方显得不那么完美，就是因为我们背上了历史的包袱。

远的不说，再拿运动员举个例子。运动离不开跑步，跑步离不开跑鞋，但你有没有想过，人类跑了几百万年，但现代意义上的跑鞋直到上世纪 70 年代才被制造出来，换句话说，人类在其漫长的进化史当中的绝大部分时间里都是光着脚在跑，人的身体是否学会了如何适应跑鞋？事实上，不少人相信跑鞋有害健康，一直在不遗余力地推广赤足跑步。他们举例说，跑鞋的制造技术越来越高超，但因跑步而受伤的人数比例一直降不下来，说明跑鞋本身是有害的。

不过，南非运动生理学博士罗斯·塔克（Ross Tucker）认为这个例子不能说明问题，上世纪 70 年代跑步健身还没有深入人心，经常跑步的都是本身就热爱运动的人。但现在很多胖子也加入了跑步的队伍，即使他们穿上了高科技的跑鞋，受伤几率也很可能居高不下，这并不能说明跑鞋有害，需要更加严格的科学证据。

可惜的是，科学界对这个问题的研究严重滞后，既没有足够多的证据证明赤足跑步是否真的有益，也没有足够多的证据证明跑鞋是否真的有害。2010年1月28日出版的《自然》（Nature）杂志刊登了哈佛大学人类学系教授丹尼尔·李伯曼（Daniel Lieberman）撰写的一篇论文，第一次系统地研究了两种跑步方式的真正区别在哪里。原来，跑步者脚掌着地的方式有三种，分别是前脚掌着地、脚后跟着地和全脚掌着地。李伯曼教授研究了生来赤足和生来穿鞋的长跑运动员的跑步方式，发现绝大多数天生习惯赤足跑步的人都是前脚掌着地，而习惯穿鞋跑步的运动员则大都采用脚后跟着地的方式，因为现代跑鞋的后端往往做得很厚，填充了大量弹性材料，这种设计鼓励了脚后跟着地的跑步方式。

李伯曼教授还分析了两种方式对腿骨的冲力，发现前脚掌着地的赤足者甚至比脚后跟着地的穿鞋者更安全，后者对身体的冲击力是前者的3倍。如果脚后跟着地的跑步者再不穿鞋的话，其对身体的冲击力更是前者的6倍之多。

"脚掌着地的一瞬间相当于为前冲的身体踩了急刹车。"李伯曼教授说，"而人类之所以进化出足弓，就是为了延缓着地时的冲击力，因为足弓是天生的弹簧，延缓了刹车的速度，这就相当于把冲击力慢慢卸掉，同时又能借用这股力道，把它转变成向前的冲力。相比之下，脚后跟着地之后的第一个50毫秒内人体平均需要承受相当于体重1.5倍至3倍的冲击力，如果长此以往，跑步者患胫骨疲劳性骨折

（Tibial Stress Fractures）和足底筋膜炎（Plantar Fasciitis）的比例都会增加。"

不过，这篇论文发表后，不少人表达了不同的意见。加拿大卡尔加里大学运动生理学教授本诺·尼格（Benno Nigg）认为，人类经过多年的进化获得了很强的适应能力，如果一个人从小就穿鞋跑步，他的小腿肌肉群便会习惯这种姿势，改变收缩的方式，减缓对身体的冲击力。

那么，前脚掌着地的跑步方式是否会提高长跑运动员的成绩呢？起码目前还看不出来。有人曾经研究过283名日本马拉松运动员的跑步方式，发现大约75%的人脚后跟先着地，只有约4%的人前脚掌先着地，而他们也并不是跑得最快的。纵观人类田径史，唯一有点名气的赤足跑步者只有一个左拉·巴德而已，其余的都是穿着现代跑鞋登上了冠军领奖台。

看来，进化带来的历史包袱并不一定都是甩不掉的。比如卡卡，虽然得了腹股沟疝，但经过治疗后仍然是国际足坛一流高手。

聪明的代价

有一种基因能让你更聪明，但拥有它的
代价就是更容易患上老年痴呆症。

DNA双螺旋结构的发现者詹姆斯·沃森（James Watson）博士是最早为自己的基因组测序的名人之一，但他执意要求工作人员向他汇报结果的时候隐瞒三个字母。无独有偶，最早公布自己基因组全序列的科学界名人之一，哈佛大学心理学教授史蒂文·平克（Steven Pinker）也故意向公众隐瞒了这三个字母，这是怎么回事呢？

事情要从蛋白质说起。人的血浆中有一种非常重要的蛋白质，名叫"载脂蛋白E"（Apolipoprotein E，简称ApoE）。ApoE有两个最常见的亚型，分别叫作ApoE3和ApoE4，其中ApoE3被认为是健康的，它由299个氨基酸组成，主要负责血液中脂类物质（比如胆固醇）的运输和代谢。ApoE4与ApoE3只在一个氨基酸上有差别，但就是这么一点点差别让ApoE4的运输能力大打折扣。

负责编码这两种蛋白质亚型的基因分别叫作ApoE-ε3和ApoE-ε4，因为一个氨基酸由三个碱基对负责编码，所以这两个基因的 DNA 序列只差三个字母，这也正是沃森博士不想知道的那三个字母。前文说过，ApoE 与胆固醇的运输有关，因此当科学家们发现 ApoE-ε4 基因的携带者更容易患心血管疾病时，一点也不觉得奇怪。但是沃森博士的决定与此无关，而是因为 ApoE-ε4 基因竟然还可以增加阿尔茨海默病的发病率，这是怎么回事呢？

阿尔茨海默病（Alzheimer Disease）是老年痴呆症的一种，患者的认知和记忆功能严重衰退，甚至日常生活都不能自理。全世界的老年痴呆者大约有一半都是因为这种病，患病总人数接近 3000 万。这种病与遗传没有直接的关系，但有些基因能够增加患病几率。ApoE-ε4 基因是目前已知的对发病率影响最大的遗传因子，如果某人只携带一个 ApoE-ε4 基因拷贝，则患病几率大约是正常人的四倍，如果携带两个拷贝，患病几率则为正常人的二十倍。

阿尔茨海默病的机理尚未完全搞清，因此也就没法预防，也没有特效药，病人只能听天由命。难怪沃森博士不愿意知道自己到底是 ε3 还是 ε4，或许他认为知道了也没用，徒增烦恼而已。

统计显示，ApoE-ε4 基因占人类基因库的 25% 左右，也就是说全世界大约有四分之一的人体内带有至少一份 ApoE-ε4 基因拷贝。这样一个"坏基因"为何没有被自然选择淘汰掉呢？2000 年发表在《神经科学通讯》（Neuroscience Letters）杂志上的一篇文章给出了一个出人意料的答案。那项研究对比了 ApoE-ε4 携带者和正常人的智商，发现带有一份"坏基因"的年轻女性的智商比平均值高 7 分。此后不少科学家又进行了一系列类似的研究，在很多不同的人群中均发现了这一现象。也就是说，ApoE-ε4 基因虽然对于老年人有害，但对于年轻人是有好处的。从进化的角度看，如果一个基因的坏处只在过了生育期后才显现出来，那么自然选择就对它不起作用了。

人类向来对智商问题很感兴趣，于是关于 ApoE-ε4 基因的研究迅速成为研究热点。就在 2009 年，牛津大学的克拉拉·麦基（Clare Mackay）教授和她领导的一个研究小组采用"功能核磁共振成像"（fMRI）技术对 18 名年龄在 18 ～ 35 岁之间的 ApoE-ε4 基因携带者进行了脑部功能区扫描，并和 18 名正常人进行了对比。这些携带者表面上看都是正常人，没有表现出任何阿尔茨海默病的症状。但是麦基教授发现携带者们无论在休息时还是在动脑筋时，其脑部海马区的供血都会比对照组更活跃，说明 ApoE-ε4 基因在年轻的时候就能影响人脑的功能。

这篇论文发表在 2009 年 4 月出版的《美国国家科学院院报》（*PNAS*）上。这个结果很容易给人一种印象，ApoE-ε4 基因使携带者在年轻时更"费脑子"，因此也就更容易得老年痴呆。但麦基教授认为单凭一个实验还不能说明问题，必须扩大研究范围，并对研究对象进行长期跟踪，才能找出正确的答案。

2010 年 1 月，又有一篇与该基因有关的论文发表在《自然》出版集团旗下的《神经心理药学》（Neuropsychopharmacology）杂志上。英国苏塞克斯大学心理学系教授詹妮弗·拉斯泰德（Jennifer Rusted）和她的同事们招募了 27 名年龄在 18 ~ 30 岁之间的 ApoE-ε4 基因携带者，并通过一系列标准化的心理测验考察了他们的智商和思维能力，再和 29 名正常人做了比较，结果发现 ApoE-ε4 基因携带者并不是在任何领域都比正常人强，而只是在"做决定"、"记忆力"和"语言能力"这三项上表现出了高于常人的能力。有趣的是，这三项技艺都与前额叶有关，显示 ApoE 也许通过某种未知的方式刺激了这一部位，提高了携带者的智力。

这项实验的本意是想看看不同遗传类型的人对公认的"脑力增强剂"——尼古丁的反应，结果发现 ApoE-ε4 基因携带者对尼古丁更加敏感，智力水平获得了更大的提升。已知尼古丁是通过刺激乙酰胆碱回路来提升脑力的，而阿尔茨海默病的一个明显症状就是乙酰胆碱不足，因此拉斯泰德博士推测 ApoE-ε4 基因之所以会引发老年痴呆症，就是因为 ApoE 蛋白质会降低老年人大脑中的乙酰胆碱水平。

这一系列实验说明，占总人口四分之一的 ApoE-ε4 基因携带者天生就比其他人更聪明，但其代价就是年纪大了易患老年痴呆。不过这个代价其实是很小的，阿尔茨海默病的总体发病率仅为 1% 左右，大多数 ApoE-ε4 基因携带者更需要担心的是心血管疾病。这不，被誉为"基因狂人"的美国基因组测序专家克里格·温特（Craig Venter）博士就对外公布自己是 ApoE-ε4 基因携带者，正是因为这个原因，64岁的他已经开始服用降胆固醇的药了。

杂交的利弊

现代人的祖先曾经和自己的远亲进行过
杂交，其结果有利有弊。

人类对自己的过去总是很感兴趣，可惜在语言和文字出现之前，人类祖先留给后人的信息很少，考古学家们只能通过分析骨骼、劳动工具和装饰品等间接信息来猜测人类的历史，可靠性不高，所以被称为"史前史"。

DNA 的发现改变了这一切。遗传密码就像一本历史书，忠实地记录了人类祖先的故事。不过这本书经常残缺不全，而且很难读懂，这就是为什么人类学家们总是在不断地对前人的研究结果做出修正。

随着人类基因组全序列的破解及从化石中提取 DNA 技术的进步，关于人类史前史的研究近几年突飞猛进，不断传出震惊世界的大新闻。比如，2008 年考古学家在西伯利亚南部的一个名为丹尼索瓦的洞穴里发现了一个牙齿和一根指骨化石，和目前已知的任何古人类化石都不一样。同位素分析表明这两块化石距今 4 万年左右，但考古学家至今尚未发现任何其他类似化石，如果没有基因分析技术的帮助，很难判断这到底是怎么回事。

2010年底,《自然》(*Nature*) 杂志刊登了一篇报道,通过DNA序列分析的办法,发现这两块化石的主人属于一个全新的人类亚种,考古学家们按照惯例,称其为丹尼索瓦人 (Denisovan)。

具体来说,现代智人的祖先大约在40万~50万年前和丹尼索瓦人的祖先分道扬镳,各自发展成一个独立的亚种。大约在20万年前,丹尼索瓦人的祖先走出非洲,然后兵分两路,一路北上,最终定居在欧洲和西亚,他们就是尼安德特人 (Neanderthal)。另一支人马向东挺进,最终到达了东亚地区,他们就是丹尼索瓦人。

之后又过了很长的时间,也就是距今7万年左右,现代智人的祖先才终于鼓起勇气走出非洲,开始了征服世界的旅程。

接下来一个很自然的问题就是:我们的祖先和自己的远方亲戚有没有过基因交流?五年前这个问题的答案还是否定的,但2010年的时候,随着越来越多的尼安德特人基因组被测定,科学家们相信我们的祖先和尼安德特人发生过性关系,并且产下了后代,现代人类的基因组中最多有4%来自尼安德特人。

当丹尼索瓦人被发现后,科学家们进行了同样的分析,得出结论说,人类祖先和他们同样有过性关系,同样生下了后代。现代人类的基因组当中有4%~6%来自丹尼索瓦人。

那么，这种杂交到底对现代人产生了怎样的影响呢？科学家们曾经认为没有影响，但美国斯坦福大学医学院的科学家在2011年10月7日出版的《科学》（Science）杂志上发表了一篇文章，认为智人的祖先从丹尼索瓦人和尼安德特人那里得来的基因帮助他们增强了抵抗病菌的能力。

这个结论同样来自基因序列分析。分析结果表明，人类基因组内含有的某一组HLA基因来自丹尼索瓦人，另一组HLA基因来自尼安德特人，已知HLA基因编码人类白细胞抗原，这种抗原可以被看作人类细胞的身份标记，是人体免疫系统区分敌我的基础所在，人类获得了这两组HLA基因后增强了识别病菌的能力，免疫力获得了极大的提升。

仔细想想，这件事很好理解。当现代智人离开非洲，踏上陌生的土地时，尼安德特人和丹尼索瓦人已经在那里生活了几十万年，对新大陆的病菌早就产生了抵抗力，智人通过与自己的两位远亲杂交，找到了一条增强抵抗力的捷径。

事实上，智人绝不是唯一通过杂交提高生存能力的物种。根据《自然》杂志发表在2007年的一篇论文分析，自然界大约有10%的动物物种和25%的植物物种是通过种间杂交而产生的。

可是，杂交毕竟是一种非常罕见的现象，这说明杂交虽然可以获得某些遗传优势，但更可能的结果是负面的。斯坦福大学的科学家相信，人体的自免疫疾病就与上面提到的HLA基因有关。同样，这件事也很好理解，这两类HLA基因毕竟是属于别人的，智人祖先"偷"到了这两件宝贝，却没有足够的时间让他们适应自己的身体，其结果就是双方有时会不兼容，最终导致免疫系统敌我不分，攻击自身，这就是自免疫疾病的由来。

最后一个问题是：尼安德特人和丹尼索瓦人在新大陆生存了那么久，为什么突然灭绝了呢？研究表明，他们都是在和走出非洲的现代智人接触后不久宣告灭绝的，这说明他们很可能是死于人类祖先之手。

杂交与进化

种间杂交是自然界普遍存在的一种现象，
杂交很可能是生物进化的动力之一。

尼安德特人是人类的近亲，双方曾经在同一时期共同分享过欧亚大陆，而且很可能有过正面交锋。问题是，人类的祖先和尼安德特人有没有发生过性行为？有没有留下后代？

这个问题在 DNA 测序技术成熟之前几乎是不可能回答的。2006 年，两家实验室分别从同一块保存得非常完好的尼安德特人骨头中提取出一部分 DNA，并进行了测序和分析。当年 11 月，两家实验室分别在《自然》（*Nature*）和《科学》（*Science*）这两本重量级杂志上发表文章，得出了共同的结论：现代人并没有和尼安德特人进行过基因交流。

因为技术所限，当时只测量了 100 万个 DNA "字母"（核苷酸序列），不到尼安德特人基因组的 0.1%，所以那个结论不太可靠。四年之后，一个由多国科学家组成的研究小组测出了来自三具不同尼安德特人骸骨的 40 亿个 DNA 字母，涵盖范围超过了尼安德特人基因组的 60%。研究人员将这些 DNA 序列和五位来自不同地区的现代人 DNA 序列进行对比，结果发现亚洲人和欧洲人的基因组当中有 1%～4% 的基因与尼安德特人有关，非洲人则没有。

这篇论文发表在 2010 年 5 月 7 日出版的《科学》杂志上，执笔者为德国马克斯·普朗克人类进化研究所所长斯万特·帕博（Svante Pääbo）教授。这篇文章推翻了四年前的结论，证明现代欧亚人种都和尼安德特人有过基因交流，都应该算是"杂种"，非洲人则要"纯"得多。

不过这个"纯"是打引号的。因为人类起源于非洲，所以非洲人的基因多样性实际上是高于欧亚人的。尼安德特人的祖先肯定也来自非洲，大约在 27 万～44 万年前和人类分道扬镳。大约在 10 万年前，现代人终于走出非洲，来到中东地区生活。就是在此期间，现代人碰到了分手几十万年的"远亲"，并和"亲戚"们有过性行为，产下的后代不但活了下来，而且把基因一直传到了今天。事实上，科学家猜测现代人正是从尼安德特人那里得到了新的基因，这才得以适应了新家的特殊气候。

读到这里，肯定有读者想到了"杂种优势"。杂种为什么有优势？这个问题至今没有统一的答案。目前比较流行的有两种理论，一种理论认为杂合体通过引进一份好基因，抵消了与之相应的坏基因的作用。另一种理论则认为，两份不同的基因可以互相取长补短，其结果要比单一基因更好。

那么，既然杂种有优势，根据适者生存的原理，杂交会不会是物种进化的动力之一呢？关于这个问题存在两种相反的意见。一种意见认同上述说法，另一种意见则持反对态度，认为杂交的出现几率很低，顶多算是进化过程中出现的"噪音"，肯定很快就被"正统"的亲本后代淹没了。可惜的是，两种假说都缺乏相应的数据支持，谁也说服不了谁。

美国印第安纳大学生物系教授，向日葵专家罗伦·里斯伯格（Loren Rieseberg）决定研究一下这个问题。向日葵属（*Helianthus*）一共有十一个种，其中有两个种分布最广，学名分别叫作 *H. annuus* 和 *H. petiolaris*，其余九种都只在特定地区才能找到。里斯伯格研究了十一种向日葵的基因组，发现有三种向日葵都是以 *H. annuus* 和 *H. petiolaris* 为母本，通过杂交后得来的。其中，*H. anomalus* 生长在犹他州的沙丘地带，*H. deserticola* 生长在美国西部的干旱地区，*H. paradoxus* 则只在得克萨斯等地的盐碱地上才能找到。

里斯伯格教授将研究结果发表在《科学》杂志上。他认为杂交确实有可能是进化的一种方式，原因在于杂交后代有可能在某些方面具有亲本没有的优势，可以在亲本没办法生活的地域扎下根来，开辟新的疆土。久而久之，便进化出一个新种。

不光植物界有这种现象，动物界也有。美国宾夕法尼亚州立大学的科学家布鲁斯·麦克法荣（Bruce McPheron）研究了一种北美果蝇的基因组，发现它竟然是另外两个古老品种的杂合体。原来，这两个古老的果蝇品种分别喜欢蓝莓和雪浆果，多年来一直固守在各自的领地，相安无事。二百多年前，北美引进了一种与蓝莓和雪浆果有些类似的观赏植物忍冬（Honeysuckle），那两个古老的果蝇物种都很喜欢忍冬，纷纷前去采蜜，一来二去"勾搭成奸"，生出了"杂种一代"。久而久之，一种专门以忍冬为食的新的果蝇品种诞生了。

那么，种间杂交是否是自然界普遍存在的一种现象呢？伦敦大学学院（University College London）植物系教授詹姆斯·马里特（James Mallet）在《自然》杂志上发表了一篇关于杂交的综述，分析了这个问题。文章认为动物界很可能有 10% 的物种曾经有过杂交行为，植物界这个比例更高，甚至有可能达到 25%。换句话说，杂交很可能是自然界普遍存在的现象，同时也是进化的动力之一。

人的个性是从哪里来的？

一个人的基因定下了，是否说明他的个性也跟着定下了？

世上找不出两个完全一样的人，每个人的长相、生理机能和性格都是独特的，这是怎么回事呢？

最明显的理由是基因。人类基因组包含两万多个基因，每个基因都有不同的功能，活性也都不一样，这些不同基因的排列组合就是个性的主要来源。写到这里，肯定有人会想到同卵双胞胎。事实上，因为基因复制过程总会出错，同卵双胞胎之间的基因肯定也是有差异的，只是差异很小而已。同卵双胞胎个性的不同，也可以用基因差异来解释。

换句话说，世界上不存在两个基因完全一样的人，讨论两个基因一样的人是否会有不同的个性，只存在理论上的价值。

但是，"理论价值"不等于"没有价值"。同样的问题换一种问法，就有实际价值了。上面那个问题可以换成一个等价的问题：如果一个人的基因已定，是否他的个性就完全定下了，没法再改变了呢？

这个问题很宏大，需要用可靠的实验数据来回答。拿人来做实验显然不现实，事实上，任何多细胞生物都太过复杂，必须先从单个细胞开始研究。不过，和大多数人的直觉正相反，单个细胞是最不容易研究的。纵观科学发展史，你会发现基于单个细胞的研究一直是生物学领域的软肋，因为细胞太小了，研究起来非常困难。科学家们通常的做法是先制造出一大堆基因完全一样的细胞（克隆），然后把它们混在一起，研究它们的集体特性，得出的结果再除以细胞总数，就是单个细胞的个性。显然，这样做的基础在于假定克隆细胞的基因都是一样的，它们的个性也都是相同的。

不久前，上述假设遇到了强有力的挑战。2010 年 7 月 30 日出版的《科学》(Science)杂志上刊登了一篇论文，报告了一个令人惊讶的结果。这篇论文的作者是哈佛大学化学和生物化学系教授谢晓亮 (Sunney Xie) 博士，他领导的一个研究小组发明了一种荧光染色法，可以定量地将大肠杆菌内的信使核糖核酸（mRNA）和蛋白质进行染色。染色后的大肠杆菌依次通过一台高速荧光定量检测仪，就可以准确地测量出每一个细胞内部的特定 mRNA 以及特定蛋白质在那一瞬间的准确含量。

需要说明一下，蛋白质的生产过程需要经过两个步骤。第一步是按照设计图纸（DNA）的规定成立相应的施工队（mRNA）；第二步是施工队在车间里生产出特定的蛋白质。以前的理论认为，一旦设计图纸定好了，那么在特定的内部和外部环境下，细胞内的施工队数量也就确定了，而一旦施工队数量定了，蛋白质的数量也就跟着定下了。

为了检验这个理论的正确性，研究人员选出了1018个基因（约占大肠杆菌基因总数的四分之一），对它们的mRNA和蛋白质进行定量研究。结果发现，单个细胞内某个蛋白质的总数在 0.1 ～ 10000 之间浮动，相应的 mRNA 的数量在 0.05 ～ 5 之间浮动。也就是说，单个细胞内蛋白质和mRNA 的数量存在巨大的差异，有的细胞内连一份拷贝都找不到，有的细胞内却能找到成千上万个拷贝。

事实上，科学家们早已知道细胞内的蛋白质数量存在差异，但这个实验第一次用如此精确的方法测量了种类如此之多的 mRNA 和蛋白质，得出的结论也着实让科学家们大吃一惊。要知道，这些细胞都来自同一个克隆，基因完全一样，所处环境也没有任何区别，为什么它们体内的 mRNA和蛋白质数量竟然存在如此巨大的差异呢？

谢晓亮博士认为，这里面不存在什么奇怪的机理，答案只有一个，那就是"随机"。在他看来，一个细胞内的蛋白质图纸（基因）通常只有 1 ～ 2 张，负责成立施工队的部门（转录调控因子）往往也只有少数几个，两者之间的合作存在极强的随机性，某段时间内双方很可能碰巧没有碰上，于是 mRNA 的生产便停止了，蛋白质也就跟着停产了。

谢晓亮博士还预测，高等动物细胞内的这种"随机性"应该比大肠杆菌更高，因为高等动物的 DNA 都是卷在一起的，解开染色体链的过程非常烦琐，步骤更多，因此蛋白质生产过程受到几率的影响也就更大。

该实验还得出了一个有些奇怪的结论，那就是大肠杆菌细胞内的 mRNA 拷贝数量和蛋白质拷贝数量不成正比。这个结论似乎违反了分子生物学的一项基本原则，但是来自新泽西医学院的桑杰·提亚吉（Sanjay Tyagi）博士认为这个结果也很好解释。在他看来，这是因为细菌 mRNA 寿命很短，通常只有几分钟，而蛋白质的寿命很长，通常可以维持几个小时不被分解。大肠杆菌每隔 30 分钟分裂一次，也就是说蛋白质的寿命大大超过了大肠杆菌的生命周期。这些蛋白质在细胞分裂时被随机地分给两个子细胞，于是细胞内的蛋白质很多都是来自母细胞，而不是来自自身的蛋白质工厂。

不管怎样，这个实验清楚地告诉我们，两个细胞即使基因完全一样，也会因为"随机性"的原因而变得完全不同。一个人体内有成千上万个细胞，其结果更是千差万别了。

个性，完全可以是随机产生的。命运，完全可以掌握在自己手里。

人类进化的新机制

人类的进化过程不一定都是做加法，也可能是做减法。进化的本质也不一定都是改变某个基因，更可能是改变了基因的调控方式。

2011年3月，欧美各大主流报纸和杂志均在显著位置刊登了一篇文章，称科学家找到了男人阴茎表面之所以不长毛刺的原因。不用说，如此耸动的标题吸引了很多人的注意力，但是，毛刺问题只是一个副产品而已，这项研究的意义极为深远。

做出这一发现的大卫·金斯利（David Kingsley）博士是美国著名的霍华德·休斯医学研究所（Howard Hughes Medical Institute）的一名研究员，他的主要兴趣在于研究进化的遗传学基础。他曾经花了十年的时间研究一种刺鱼的进化，这种鱼能够在很短的时间里适应新的环境，是很好的实验材料。

研究告一段落后，他决定用这套方法研究一下人的进化。众所周知，人类是从一种古猿进化来的，但科学家对这一进化过程的细节所知甚少。已知和人类最接近的动物是黑猩猩，它们的基因组与人类只相差4%，其余的全都一样。

要想追溯人类的进化史，就必须首先弄清这 4% 的差别到底是怎么来的。

在此之前，大部分科学家都把注意力放在了具体的基因上，关注的也都是单个碱基对（也就是 DNA 序列上的那些字母）的变化。金斯利另辟蹊径，只研究 DNA 长链上大段的缺失。他从刺鱼的研究中发现，进化不一定都是在原有基础上新增一些遗传信息，也可能是信息的丢失造成的。

他和斯坦福大学的生物信息专家合作，从人类的基因组上找到了 510 个缺失片段，这些片段在黑猩猩和小鼠等哺乳动物基因组上都有，只有人类没有，说明它们很可能与人类的进化有关。接下来，他动用了各种手段对这 510 个缺失进行分析，发现其中只有一个缺失发生在基因上，其余都坐落在基因的周围。

有必要停下来解释一下基因和基因组的区别。我们所说的基因，指的是染色体上编码蛋白质的片段，人类的基因组一共有 30 亿个碱基对，其中只有不到 2% 负责编码蛋白质，其余的最多只能起到调控的作用。但科学家越来越意识到这些调控序列的作用不可小觑，它们能够决定一个基因是否表达（合成蛋白质），何时表达，以及表达的强度。

当金斯利发现只有一个缺失直接与基因有关时，并没有太过惊讶。他认为这个结果是很容易理解的，因为蛋白质对于生命而言非常重要，如果基因本身发生变化，就意味着某个蛋白质出现错误，其后果会相当严重，往往会直接导致生命死亡。调控序列的变化虽然也很重要，但却具有相当的灵活性。举例来说，这种变化可以只影响到某个基因在某个特定器官或者组织里的活性，却在其他地方维持原样。这样的变化幅度较小，动物往往能够存活，更加符合进化的真实过程。

接下来，金斯利动用了大量人力对这 509 个缺失片段进行筛查，发现了两个缺失很可能与人类的进化有关。他为这两段缺失做了标记，研究了它们在小鼠的发育过程中所起的作用，得出了令人惊讶的结论。

首先，第一个缺失位于男性荷尔蒙受体基因的附近，导致人类的某些器官失去了这个受体，其结果就是这些器官对男性荷尔蒙完全没有反应。具体来说，这个缺失使得人类失去了"感觉毛"（Sensory Whiskers）和阴茎毛，前者就是鼠和猫嘴巴附近的那两撮毛，人类进化出了其他的感觉器官代替了它们的功能。后者则是大多数哺乳动物阴茎上都会有的毛刺，一般认为它们的作用是让雄性在性交过程中把上一任留在阴道中的精液扫出去。这么做的目的很容易理解，而人类失去了这一功能后，必须进化出其他办法来保证自己抚育的确实是自己的后代。金斯利认为，这就是人类之所以进化出一夫一妻制的原因。

请注意，人类虽然因为这一缺失而在某些地方失去了对男性荷尔蒙的反应，但男性荷尔蒙本身却依然存在，其功能在其他大部分器官里也维持原样，否则的话麻烦就大了。

这第一个缺失虽然听上去很刺激，但远不如第二个缺失重要。第二个缺失发生在一个代号为 GADD45g 的基因旁边，这一缺失改变了该基因的活性。研究表明，GADD45g 基因负责控制细胞分裂的过程，如果这个基因完全损坏，细胞分裂就会失控，该生物就会得癌症，自然也就谈不上进化了。研究表明，人类的这个缺失只对脑细胞的发育起作用，也就是说，在人脑的发育过程中，细胞分裂所受的限制要小得多，其结果就是人类获得了一个远比其他哺乳动物更大的大脑。这一变化的好处相信不用解释了。

金斯利将其研究成果写成论文发表在 2011 年 3 月 10 日出版的《自然》(Nature) 杂志上，他在接受记者采访时说道，控制人脑发育过程的肯定不止 GADD45g 这一个基因，但我们的研究证明，科学家们已经可以在分子水平上研究人类进化的过程和细节，这将有助于解开人类所面临的最大一个谜团——我们是怎么来的。

金斯利还指出，人类的许多疾病，比如关节炎、癌症、疟疾、阿尔茨海默病和帕金森病等等，都与人体的独特结构和生理特性有关，只有弄清了进化过程的分子细节，才能帮助科学家找到治疗这些疾病的方法。

被文明改变的人体

现代文明大约出现在一万年前，这已经
足以改变人类的身体，包括基因。

　　生活在一万年前的人类祖先，和现代人相比在身体上有
何区别？

　　显然，最容易比较的肯定是骨骼。化石证据表明，原始
人的骨骼密度和强度都比同龄的现代人要高很多，尤其是负
责支撑身体重量的大腿骨更是如此。美国约翰·霍普金斯大
学的人类学家克里斯托弗·鲁夫（Christopher Ruff）博士及
其同事通过研究不同时期的大腿骨化石发现，人类的骨强度
不但一直在下降，而且下降的速度也在增加。比如，他们发
现距今200万年到距今5000年这段时间内的人类大腿骨强
度平均下降了15%，而距今5000年到距今1000年这短短
的4000年内人类大腿骨的平均强度又下降了15%。

　　相信读者看到这个数据后一点也不会感到惊讶，因为骨
强度的下降太符合情理了。自从人类发明了工具，劳动强度
便逐年降低，骨强度也便跟着下降。而人类大约在9000年
前发明了农业，并在其后的几千年时间里逐渐将农业普及到

全世界。农业的出现改变了人类获取食物的方式，从此打猎便不再是生存所必需的行为了，取而代之的是强度较低的农业生产。再加上剩余的粮食让越来越多的人从体力劳动中解放了出来，人类平均骨强度的下降更是顺理成章的事情了。

问题在于，这种下降与基因有关吗？这个看似简单的问题其实很难回答，因为科学家尚不知道哪个基因决定了骨骼的强度，也缺乏古人的基因数据，很难做对比。但这个问题其实非常重要，因为如果现代人的基因发生了变化，就说明我们已经回不去了，必须想别的办法来适应这种变化。如果基因没有变化，则说明我们不必太担心，只要加强运动，骨骼强度自然就会提升。

事实上，正是这个思路帮助科学家们间接地回答了上述问题。鲁夫博士及其团队用 X 光测量了网球运动员击球臂的骨骼强度，并和另一条胳膊进行了对比，结果发现职业网球选手击球臂的骨骼平均起来比另一边强 40%，非专业运动员两条胳膊之间的差别则只有 5%～10%。这个数据说明人类至今仍然具备让骨骼变结实的能力，只要加强锻炼就可以了。人类骨骼的变化源于生活方式的改变，而不是 DNA。

也许有人会问，现代文明只存在了几千年，而生物进化的过程动辄以万年为单位，人类来得及进化出新的基因吗？答案是肯定的，几千年的时间已经足够改变人类的基因构成了，其中最有名的例子当属乳糖酶。这种酶能够帮助人类消化乳糖，其基因一直存在于人类基因组当中，不过原始人只在婴儿期才会喝到奶制品，成年后基本上就没机会了，所以原始人类成年后便不再生产乳糖酶了。但是自从人类驯化了奶牛后，情况就发生了变化。研究表明，人类至少在北欧和东非这两个最早驯化奶牛的地方独立地产生出一种基因变异，提高了乳糖酶在成人身体内的活性水平。

一种基因突变如何才能在几千年的时间里普及到广大人群当中去的呢？这个问题看似很难回答，其实不难理解。想想看，即使在一百年前人类婴幼儿的死亡率仍然是很高的，1900年时全世界平均有三分之一的婴儿会在5岁前死亡。数学计算表明，如此高的死亡率足以让有利的基因突变积少成多，渐渐扩散到广大的人群当中。

上面这两个案例表明，几千年的文明演变不但改变了人类的生活方式，也改变了人类的身体，包括基因。这个领域是当今医学研究的热点之一，因为科学家们发现，现代人的很多疾病都可以从生活方式的改变过程中找到原因。这个研究思路被称为"进化医学"（Evolutionary Medicine），其代表人物为美国密歇根大学生物学教授鲁道夫·奈斯（Randolph Nesse），他于1995年写成并出版的《我们为什么会生病》（Why We Get Sick）一书试图从进化的角度回答一些困扰人类很多年的问题，比如人为什么会长智齿，为什么会有阑尾，以及为什么会生癌等等。

传统医学同样面临这些问题，但研究思路很不相同。传统医学试图从分子水平上把生病的原理解释清楚，它要回答的问题是：你为什么会得这种病？而进化医学试图从进化的角度解释这些问题，它要回答的问题是：人类为什么会得这种病？

进化医学的一个经典案例就是雌激素。现代女性比过去胖、运动量少、生育期和哺乳期大大缩短，这些变化都会使得现代妇女一生中接受到的雌激素总量比过去要多得多，这就是现代妇女患乳腺癌的比例会如此之高的重要原因。除此之外，现代人饮食习惯、作息习惯和生活习惯的改变已被证明分别导致了癌症、心血管疾病、时差病（时差导致的精神不振）和维生素 D 缺乏症，这些疾病均可被看作文明的代价。

进化进行时

物种进化一直在进行，而且进化速度远
比我们想象的更快。

提起进化，大多数人肯定首先想到的是化石。的确，关
于生物进化的证据大部分来自化石，这就给人一种印象，好
像进化一定是发生在过去的事情，而且进化的速度一定是极
为缓慢的。事实正好相反，进化不但一直在进行，而且速度
也远比一般人想象的要快得多。

早在 1878 年，也就是《物种起源》出版十九年后，一
位名叫阿尔伯特·法恩（Albert Farn）的英国昆虫学家就给
达尔文写了封信，向达尔文汇报了他的新发现。法恩注意到
一种英国蛾子的颜色正在迅速地变黑，他推测这是由于烧煤
排放的煤灰让英国自然环境的色调变暗，使得黑色的蛾子更
容易生存，最终导致了这一变化。这大概是人类观察并记录
到的第一个生物进化案例。

这个案例早在上世纪 80 年代就被写进了国内中学的生
物教科书，作为进化正在发生的证据。但是，这么多年过去
了，教科书里仍然就只有这个案例。其实科学家们一直没闲

着，他们找到了越来越多的证据，证明进化绝对不是过去时，而是现在进行时。

就拿动物进化来说，该领域的最佳案例来自美国动物学家麦克·贝尔（Michael Bell）对阿拉斯加棘鱼（Stickleback）的研究。这种鱼原本生活在海里，后来因为各种原因被困在了阿拉斯加的淡水湖中。一个偶然的机会，贝尔收集了几条被困在隆堡湖（Loberg）中的淡水棘鱼，发现它们的身体构造处于从海水型向淡水型的进化过程中。具体来说，海水棘鱼的鳞甲较厚，鱼鳃也比淡水亚种更大。贝尔坚持研究了二十年，发现这个湖里的海水型棘鱼只用了二十年的时间就全部转变成了淡水型，进化速度着实惊人。

有意思的是，同样位于阿拉斯加的茵莱特湖（Inlet）里的棘鱼却一直没有变成淡水鱼，这是怎么回事呢？贝尔研究了棘鱼的基因，终于发现了其中的原因。原来，只要一个基因发生变异就能导致鳞甲变薄，隆堡湖的海水棘鱼种群中原本就存在这个突变，只是数量极为稀少而已。当这个鱼群被困在淡水湖中后，由于厚鳞甲没有优势，带有薄鳞甲的棘鱼数量越来越多，原本稀少的基因逐渐被富集，最终导致整个种群转变成为淡水型。相比之下，被困在茵莱特湖中的棘鱼种类单一，缺乏这一突变，因此也就一直没有发生变化。

这个案例生动地说明，生物多样性的一大好处就是能够帮助一个物种更好地适应环境的变化。

读到这里，也许有人会问，难道只有事先存在的突变基因才能导致快速进化吗？答案是否定的。这方面的案例也有很多，比如最近刚刚被研究清楚的肺炎双球菌（Streptococcus pneumoniae）抗性的变化就是一个很好的例子。

肺炎双球菌是一种十分常见的病菌，除了能够导致肺炎之外，还能造成耳道感染和细菌性脑膜炎。自上世纪 70 年代世界各国开始使用抗生素和疫苗对付它之后，此病的发病率和致死率便逐年下降，但在 1984 年，西班牙巴塞罗那一家医院检测到一种变异了的肺炎双球菌，对抗生素产生了抗性。这是世界上首个被鉴定出来的抗性菌种，科学家们将其命名为 PMEN1。如今这株肺炎双球菌已经扩散到了全世界，并产生了许多亚种。英国著名的韦尔科姆基金会桑格研究所（Wellcome Trust Sanger Institute）的科学家斯蒂芬·本特利（Stephen Bentley）决定研究一下该菌种在世界各地的进化过程，他和同事们收集到 240 个来自不同地方的菌种，对它们的基因组进行了测序，首次在分子水平上为我们描绘出了这支突变菌种在世界各地的进化过程。

分析显示，自 1984 年以来，该菌种已经进化出了对绝大多数常见抗生素和疫苗的抗性。这些变化一部分源自单个DNA 字母的"点突变"，但更多的变化来自基因重组。所谓基因重组指的是两个细胞互相交换基因片段的过程，肺炎双球菌基因组的 74% 都曾经发生过不同程度的基因重组，说明该菌种在这短短的二十多年里发生了天翻地覆的变化。

具体来看，大部分变化发生在编码细菌表面抗原的基因上，而人类的免疫系统正是通过识别细菌表面抗原而获得免疫力的。这个结果说明，过去那些使用多年的老疫苗全都不管用了，必须开始研制新的疫苗。

　　本特利博士将研究结果写成论文发表在 2011 年 1 月 28 日出版的《科学》(*Science*) 杂志上。值得一提的是，这项研究在十年前几乎不可能完成，因为当时的基因测序技术尚未完善。随着基因测序技术的进步，人类终于可能追上病菌进化的步伐，在第一时间发现新的变异，从而找出对付它的办法。

改变遗传密码

科学家们正在试图改变细菌的遗传密码，
创造出自然界没有的全新生命。

2011 年 7 月 15 日出版的《科学》(*Science*)杂志发表
了一篇研究报告，题目叫作《全基因组密码子的精确替换》。
普通读者肯定不会对这个拗口的标题产生任何兴趣，但这篇
论文意义重大，因为这是科学家第一次试图改变生命的遗传
密码。甚至有媒体将其解读成：科学家试图扮演上帝，创造
出自然界没有的全新生命！

这到底是怎么回事呢？让我们从遗传密码说起。

大家都知道 DNA 是遗传物质，蕴含了生命的所有信息。
DNA 是由四种核苷酸首尾相连组成的长链，它们分别简称
为 A、T、C、G，生命信息就蕴含在这四个字母的不同组合
之中。与此类似，蛋白质也是一条长链，由二十个氨基酸首
尾相连而成，不同的氨基酸组合决定了蛋白质的性质，进而
决定了生命的特征。

DNA 的功能就是指导细胞合成蛋白质，DNA 链和蛋白
质链之间存在着一一对应的关系，这种对应关系就是大家常

说的遗传密码，也可以称之为"生命的语言"。

令人惊讶的是，生命的这套语言系统一点也不复杂。简单地说，DNA分子链的每三个字母对应一种氨基酸，这个三字母组合被称为"密码子"（Codon）。用简单的数学知识推导一下就会知道，ATCG这四个字母可以组成64种不同的密码子，比氨基酸的总数要多。于是每个氨基酸都会有不止一个密码子与之相对应，比如组氨酸就有两个密码子与其对应，它们分别是CAT和CAC。这两个密码子互为"多余"，意思是说，缺了其中任何一个都没有关系。

另外还有三个密码子（TAA、TAG和TGA）比较特殊，它们叫作终止子。顾名思义，终止子代表蛋白质的结尾，当细胞遇到终止子时便会终止蛋白质的合成。

遗传密码是在上世纪60年代被破解出来的，这项成果当年轰动了全世界。更令大家兴奋的是，自那时起科学家们还没有发现例外，也就是说，地球上的所有生命都使用同一套遗传密码！这一事实不但为进化论提供了最有力的证据，还为遗传工程提供了可能性。想想看，如果不同的生物使用不同的遗传密码，那么转基因这项技术就很难实现了。

随着基因工程技术的进步，科学家们取得了一个又一个令人不可思议的成就，但却一直没人试图修改遗传密码，因为这么做撼动了整个生命系统的基石，操作起来异常困难。哈佛大学医学院的遗传学教授乔治·丘奇（George Church）一直想啃啃这块硬骨头，2004年的时候他遇到了麻省理工学院（MIT）的副教授乔·贾克布森（Joe Jacobson），两人一拍即合，决定共同朝这个目标发起冲击。经过一系列艰苦的试验，他们终于摸索出一套方法，有望最终实现这一目标。

说起来，实现这个目标有两种不同的思路，美国"科学狂人"克雷格·温特（Craig Venter）试图从 DNA 合成开始，再造一个全新的生命，实践证明这个思路很不成熟，距离成功还相当遥远。丘奇教授的方法则比较实际，他只是对细菌的 DNA 做一些改动，而不是从头做起。为此他发明了"多重自动基因工程技术"（MAGE），巧妙地把大肠杆菌基因组中含有的 314 个终止子全部替换成了另一个终止子（TAA）。因为这两个终止子的功能是一样的，互为"多余"，这么做并不会杀死大肠杆菌，却可以把 TAG 空出来，将来可以根据需要将其任意修改成其他密码。

《科学》上的这篇论文其实只是这项技术的第一步，但已经足够轰动了。剩下的事情相对简单，实现目标是迟早的事情。

值得一提的是，丘奇教授之所以花费这么大的心血修改大肠杆菌的遗传密码，并不是为了体验"扮演上帝"的快感，而是为了解决基因工程中遇到的三大难题，具有很高的实用价值。

首先，天然的蛋白质功能有限，原因在于细菌本身只有二十种氨基酸，巧妇难为无米之炊。化学家们已经合成出了超过一百种自然界没有的氨基酸，可以帮助科学家实现很多特殊的功能，比如让细菌吃掉泄漏的石油，或者提高光合作用效率等等。但细菌本身的遗传密码是不认这些新氨基酸的，这就限制了科学家的想象力。如果能够修改遗传密码，就可以让细菌利用这些设计出来的氨基酸，生产出自然界没有的蛋白质来。

其次，基因工程的天敌就是噬菌体，这种简单生命可以被看成是细菌的病毒，基因工程菌株一旦被它们感染，很难消除。比如曾经有一家美国生物技术公司的菌株被噬菌体感染，造成了上千万美元的损失。如果菌株的遗传密码被换掉了，噬菌体就再也没办法感染菌株了，两者不兼容。

最后，也是让普通老百姓最担心的一个潜在危险，就是基因扩散。同样，如果采用自然界没有的遗传密码来设计菌株，就再也不用担心基因扩散了，因为扩散出去的基因不会被任何生命系统识别，因此也就不会有任何危险。

来自父亲的母语

虽然我们通常会把一个人掌握的第一门语言叫作母语，但新的研究显示，父亲才是全世界各种方言的主要来源。

人类学、历史学、考古学和社会学通常都被认为属于文科领域，研究方法以观察和归纳为主。近年来，越来越多的理科生加入了这个阵营，他们不但带来了新的思路，而且还带来了一些先进技术，解决了很多曾经被认为无解的疑难问题。

比如，人类学家们争论了很久的一个问题是：亚洲人到底是在何时、通过何种路线从非洲迁移过来的？早期人类学家通过分析考古学的证据，得出结论说亚洲人大约是在6万～7.5万年前从非洲经由印度南部沿海到达亚洲的，但是这一理论没法解释为什么亚洲人的身材相貌会如此不同。

最近，来自德国和丹麦的两个人类遗传学研究小组通过分析亚洲人的DNA顺序，得出了完全不同的结论。按照科学家们的解释，人类先是从非洲迁徙到了中东地区，然后以此为基地，分两次迁往亚洲，第一次大迁徙大约发生在6万年前，祖先们沿着印度沿海进入南亚。第二次大迁徙大约发

辑 二　　神奇的人体　　　　　　　　　　　　179

生在 3 万年前，是通过亚洲北部的戈壁滩和大草原进入蒙古，然后在中国境内南迁，最终到达南亚。

两个小组将研究结果写成了论文，分别发表在 2011 年 9 月出版的《科学》(*Science*) 杂志和《美国人类遗传学杂志》(*American Journal of Human Genetics*) 上。当然这个结果并不是最终的结论，还有待其他领域学者的检验。

另一个争论很久的人类学谜题同样与人类的迁徙有关，这就是语言的起源和变迁。目前人类尚存六千多种语言，研究这些语言的进化史是一件极具挑战性的工作。事实上，语言学家们就连语言到底来自父亲还是母亲这一基本问题都还在争论不休。

一种新的语言肯定产生于人类迁徙的过程当中，但究竟是母亲一方所做的贡献大还是父亲一方贡献大？过去流行的意见认为，母亲在孩子的成长过程中扮演了更重要的角色，所以母亲的贡献大，这就是为什么大部分民族都用"母语"这一称谓。但是，来自遗传学家的研究显示，这个看法很有可能是不正确的。

2011 年 9 月 9 日出版的《科学》杂志刊登了英国剑桥大学的遗传学家皮特·福斯特 (Peter Forster) 和考古学家科林·伦弗尤 (Colin Renfrew) 联合撰写的一篇文章，通过分析 Y 染色体和线粒体 DNA 的办法得出了相反的结论：所谓"母语"其实是来自父亲的语言。

众所周知，只有男人才有 Y 染色体，通过分析 Y 染色体的特征可以追踪一个人的父系遗传链。与之类似，线粒体DNA只能从母亲那里得来，所以分析线粒体DNA可以画出母亲一方的家谱。遗传学家福斯特教授在北美和中北美洲、冰岛、澳大利亚和新几内亚群岛等地找到了很多原住民，分析了他们的Y染色体和线粒体DNA，然后和考古学家伦弗尤的研究结果加以对照，得出了上述结论。

举例来说，冰岛人的Y染色体基本上都来自古老的维京人，而线粒体DNA则大都来自英伦三岛，这说明当时的维京男子驾驶海盗船袭击英国，并把抢来的英格兰妇女运回了冰岛，现在的冰岛人就是维京男子和英格兰妇女的后代。但是，冰岛语几乎没有受到英语的影响，而是和北欧语系相当接近，这说明维京父亲对孩子语言的影响远胜于英格兰母亲。

冰岛人的起源问题早已有人研究过，基因分析的威力在这个案例里不算明显。真正体现出基因分析威力的是两人在新几内亚岛上的研究，这个岛的原住民是马来人，在历史的某个时期，周边诸岛上生活着的波利尼西亚人入侵新几内亚岛，改变了岛上的语言环境。如今这个岛上生活着很多部落，有些说马来语，有些说波利尼西亚语，部落成员们的身形相貌几乎毫无区别，也没有任何文字记录能够表明他们的来历，考古学家们一直不知道造成这种差别的原因是什么。

通过基因分析，谜底终于揭晓。线粒体的分析显示，无论一个部落说什么语言，来自马来人和波利尼西亚人的线粒体都是各占 50%，但是 Y 染色体的类型则和语言密切相关，说马来语的部落其 Y 染色体大都来自马来男人，说波利尼西亚语的部落其 Y 染色体则大都来自波利尼西亚男人。这个结果同样说明父亲才是决定孩子语言的关键因素。

来自美洲和印度等地的分析结果同样支持上述结论，看来"母语"这个说法需要变一变了。

男女有别

科研领域不光要尊重事实，还必须考虑人的因素。

最近国际学术界出了两件新闻，都和性别差异有关。第一件，著名科学期刊《自然》（*Nature*）在 2010 年 6 月 9 日出版的那期杂志上刊登了一篇社论，题目叫作《将性别差异摆上议事日程》。社论称目前医药研究领域所使用的实验动物性别比例严重失衡，比如在神经科学研究中使用的雄性实验动物是雌性实验动物的 5.5 倍。这篇社论认为，这种失衡的后果非常糟糕，将直接导致新开发的药物更适用于男性。

第二件，美国众议院在 2010 年 6 月初通过了一项议案，要求科学界"彻底开发女性在科学和工程学研究领域的潜力"。这项议案目前正在参议院进行辩论，如果被通过并成为法律的话，美国政府将采取一系列措施，减少科研界的性别差异，提高女性科研人员在研究所和国立大学中所占的比例。

这两件事貌似都在抗议性别歧视，但如果仔细推敲的话，这两种歧视似乎都是有科学依据的。对于前者，过多采用雄性实验动物貌似不妥，但从科研的角度看却很有道理。首先，雄性动物既有 X 染色体又有 Y 染色体，可以同时测量这两条染色体对新药的反应。其次，雌性哺乳动物因为月经的关系，体内的激素水平经常会发生变化，不利于控制实验条件。举例来说，雌激素能够对心血管系统起到某种保护作用，如果实验对象的雌激素一直在不停地变化，就将加大心血管领域的研究难度，使科研人员很难得出干净漂亮的数据。

对于后者，不少人相信这和男女在智力上的先天差异有关，就连不少身处高位的科学家也都持此看法。比如曾经担任过哈佛大学校长的著名经济学家劳伦斯·萨默斯（Lawrence Summers）就曾经在 2005 年的一次会议上发表讲话说，女性之所以很少担任理科和工程学系教授，是因为"女孩不擅长数学"。这个讲话遭到女科学家们的一致抗议，最后萨默斯不得不辞去了哈佛校长的职务。

那么，萨默斯的这个说法到底有没有科学根据呢？答案远不如你想象的那样简单。能够去大学任教的人肯定是同龄人当中最聪明的那个，要想知道女教授为什么偏少，就必须从尖子生中寻找差别。美国杜克大学的心理学家马修·马克尔（Matthew Makel）及其同事们研究了 1981 ～ 2010 年所有参加高考的初一学生的考试成绩，这种提前安排的大学入学考试是美国的一项传统，目的是发现顶尖人才，只有学习成绩在班级里排前 5% 的初中生才有机会参加，男女生数量相近。马克尔教授的研究小组统计了这三十年间近 160 万名考生的数学考试成绩，如果只统计平均分的话，男女生相差不大，但如果只统计前 0.01% 的学生，也就是尖子中的尖子生，结果就不一样了。研究人员发现尖子生中男生的数量在这三十年来一直高于女生。

如果统计语文考试的成绩，那么尖子生当中女生的比例则会明显高于男生。

这项研究结果发表在 2010 年 7 月初出版的《智慧》（*Intelligence*）杂志上，这篇论文为"理工科女教授为什么数量偏少"提供了科学依据。

两件事都有数据支持，但科学界的反应却截然不同，究其原因就是一个字：人。生命科学领域的研究不光是为了探索真理，更是为了给人治病。如果大部分数据都是从雄性实验动物身上取得的，势必将对女性患者带来不利影响。所以，《自然》杂志那篇社论认为，科学家应该知难而上，加大雌性实验动物的比例，让女性患者得到同样有效的药物。

对于后者，美国众议院认为，即使这个说法是正确的，也不应该刻意渲染，因为早有证据表明，老师和家长对不同性别孩子期许的不同会直接导致他们学习成绩的差别。就拿《智慧》杂志上发表的那篇论文来说，马克尔教授发现，尖子生中男生的数量虽然高于女生，但程度却发生过变化。上世纪 80 年代初期，每 13 个尖子男生才有 1 名尖子女生，但到了 1991 年，这个比例降到了每四名尖子男生出一名尖子女生。这个比例的下降显然不是因为 90 年代的男女生在基因上发生了变化，而是因为在社会各界不断的努力下，女生们提高了自信心，开发出了自己的潜力。

众议院通过的那项法令就是为了巩固这一成果，用法律手段保护女性的自信心，让她们获得和男性同样的教育环境和晋升机会。换句话说，为了发挥女生们的潜力，有必要对"科学根据"做一定程度的修正，达成某种妥协。相比之下，没人对男生的语文成绩低于女生提出同样的议案，因为文科领域的男教授们并没有因此而被歧视。

当然，这种修正也不能矫枉过正。马克尔教授的研究发现，尖子男生比例在下降了十年之后趋向稳定，近二十年内基本没有变化，依旧维持在 4∶1 的水平上。不过，据统计，美国大学理工科教授中女性仅占 10%，从这个数据看，女生们还有上升的空间。

语言与创造力

语言不但能够影响人的思维方式，也能
影响人的创造力。

全世界现存上千种语言，彼此间差异很大。那么，一个人的思维方式会受到他所使用的语言的限制吗？一位名叫本杰明·沃夫（Benjamin Whorf）的业余人类学家认为答案是肯定的。他在《麻省理工科技评论》（*MIT Technology Review*）杂志上撰写过一篇文章，题目叫作《科学与语言学》（*Science and Linguistics*），文章用美洲印第安原住民做例子，试图证明印第安人的母语妨碍了他们理解某些现代概念，比如时间的流逝，以及"物体"和"运动"之间的区别等等。

问题在于，这篇文章发表在七十年前。众所周知，上世纪 40 年代的科学界受纳粹思想影响很深，对"人种"这个概念的解释存在很多误区。当时的人类学研究带有明显的种族歧视色彩，沃夫的这篇文章就是明证。该文后来被证明存在大量错误，最根本的一条就是认为人类无法理解母语中没有的概念。反驳这个论点的证据太多了，举不胜举。

但是，这并不等于说语言对思维方式完全没有影响。著名的俄罗斯语言学家罗曼·贾克布森（Roman Jakobson）在上世纪 60 年代曾经说过一句很有名的话："不同语言之间的区别不在于它们能够表达什么，而在于它们必须表达什么。"换句话说，语言并不会限制人们的思维方式，却能以一种潜移默化的方式影响人们的世界观。

　　举例来说，中文的"哥哥"和"弟弟"在英文里通通被简化成了"兄弟"（brother）一词，这并不等于说英国人不知道哥哥和弟弟的区别，但是两种语言的不同却以一种微妙的形式影响到了两种文化的特质，中国人似乎对家庭成员的年龄顺序更加敏感些，因为这体现了他 / 她在家中的地位。

　　再举一个例子。一个澳大利亚原住民部落（Guugu Yimithirr）至今仍在使用的母语里完全没有"前后左右"这些常见的代表方位的词，一律代之以"东西南北"，所以当一位原住民走进一间屋子后他必须立刻判断出方向，否则就没办法和同屋交流。比如，他会说："请把你东边那双拖鞋递给我。"这在其他民族的人看来简直是一件不可思议的事情。研究表明，这个部落的成员在回忆过去发生的事情时对细节的记忆力比其他人更强，也更准确，因为他们习惯于使用绝对参照系来描述事物。

　　再比如，一个秘鲁原住民部落（Matses）在陈述一件事实时必须同时表明该事实的来源。我们说："一只羊从这里走过。"他们则必须说："我看见一只羊从这里走过。"或者

"我从足迹判断，一只羊从这里走过。"这是因为该民族的语言中对于事实的描述有好几种不同的表述方式：到底是亲自看到的？还是根据足迹猜的？还是根据经验判断出来？它们各有不同的语法。语言学家们对这个部落很感兴趣，他们试图回答下面的问题：该部落的成员们在生活中是否事事都这般"古板"？语言是否对这个部落成员之间的诚信度，乃至该部落的社会结构产生了某种影响？

心理学家们对语言同样很感兴趣，他们想弄清另一个问题：语言是否会限制一个人的创造力？这个问题十分重要，因为创造力是人类进步的源泉，但是创造力却很神秘，他的本质是"无中生有"，因此也就无迹可循。没人知道下一个新主意什么时候来，也没人知道如何才能加快它的脚步。

以色列海法大学（University of Haifa）心理学家西蒙妮·莎美·特苏里（Simone Shamay-Tsoory）教授决心接受这一挑战，研究一下创造力的来源。她的思路很简单：创造力肯定来自大脑中的某一部位，那么只要想办法测量脑受伤病人的创造力，就能判断出创造力究竟来自哪里。为此她招募了40名脑部受伤的志愿者，给他们每人一张印着30个圆圈的白纸，让他们在5分钟的时间里在圆圈里任意作画，想画什么就画什么，最后按照完成作品的数量和特异性打分，越是其他人没想到的创意分数就越高。

当然，她还同时招募了40名健康的志愿者作为对照。

研究结果显示，人的创造力差异确实很大，那些左脑受到损伤的志愿者得分最高，尤其是左脑中负责语言的部分受损后，创造力达到了顶峰。而在那些得分较低的人当中，通常是右脑负责计划和决策的部分受到了损伤。

莎美·特苏里教授认为，这个结果说明人的创造力来自右脑。正常情况下人的右脑是被左脑所控制的，一旦左脑受伤，右脑失去了制约，创造力便如脱缰野马般涌现了出来。这个结论似乎很合理，因为语言的作用就是为思想的表达提供载体，这就相当于为思想加上了某种限制条件。

这是人类第一次把创造力和大脑的某一特定部位联系在一起，但显然这个实验太过简单，其结论并不十分可靠。莎美·特苏里教授下一步打算拿正常人做实验，看看如果暂时抑制正常人的语言功能是否会提高他们的创造力。

人为什么喜欢吃辣椒？

研究表明，辣椒确实有某些实实在在的
好处，但这并不能解释人为什么会喜欢
吃辣椒。

众所周知，"辣"不属于味觉，而是一种和温度有关的触觉，但这里面的科学道理直到1997年才被加州大学旧金山分校（UCSF）的大卫·朱利叶斯（David Julius）博士弄清楚。他发现辣椒中的主要成分辣椒素（Capsaicin）能够和人体神经细胞表面的TRPV1受体结合，这个受体本来的功能是感受高温，一旦遇到37℃以上的高温，TRPV1的结构就会发生变化，从而发出警报，让人赶紧躲开高温源，比如把手从热水里拿开。

既然辣椒素模拟的是一种危险信号，为什么还会有那么多人喜欢吃辣椒呢？重庆第三军医大学大坪医院的祝之明教授找到一个可能的解释，他和同事们用含有辣椒素的食物喂养一群天生患有高血压的大鼠，喂养了七个月后这些大鼠的血压和对照组相比有了明显的下降。

研究人员进一步分析了血压降低的原因，发现辣椒素可以和血管细胞壁上的TRPV1受体结合，这种结合不但增加了 TRPV1 受体的数量，还会释放一氧化氮，正是这种小分子化学物质降低了血压，并改善了血管的舒张功能。

这篇文章作为封面故事发表在 2010 年 8 月 4 日出版的国际著名学术刊物《细胞—代谢》（*Cell Metabolism*）上，引起了媒体广泛关注。有专家认为，辣椒的这一功能很好地解释了为什么我国北方地区的心血管发病率比南方高近一倍。当然，这一差别也很可能与北方人吃饭口味重（放盐多）有一定的关系。

但是，即使这个理论是正确的，也不能解释人为什么喜欢吃辣。高血压基本上算是一种"新病"，降血压更是个现代的概念，但辣椒早在 6000 年前就被南美原住民栽培成功了。自从哥伦布发现美洲之后，辣椒更是以惊人的速度迅速传遍了世界的每一个角落，以至于很多地方的老百姓都没有意识到它其实是一种外来作物。

在此之前，也有科学家提出过另一种假说。美国华盛顿大学生物学家约书亚·图克斯伯里（Joshua Tewksbury）在南美洲的玻利维亚找到了一种分布很广的野生辣椒，学名是 *Capsicum chacoense*。这种辣椒的辣度差异很大，有的非常辣，有的却一点辣味也没有。图克斯伯里博士研究了这种辣椒在玻利维亚的分布情况，发现越是湿热的地区辣椒的辣度就越高，而半翅目昆虫越是活跃的地区，辣度同样也越高。图克斯伯里博士认为这两个结果都和真菌有关，半翅目昆虫喜欢吃辣椒，在辣椒表面留下很多孔洞，容易导致真菌感染，而真菌在湿热条件下也更容易繁殖，所以图克斯伯里博士认为辣椒素的作用是为了防止真菌感染辣椒子。后来的实验也证明辣椒素确实能杀死真菌。

这篇文章发表在2008年8月11日出版的《美国国家科学院院报》（PNAS）上，图克斯伯里博士的本意是想弄清一个困扰了科学界很多年的问题：既然植物进化出果实是为了让动物们帮它们传播种子，为什么有些果实会进化出苦味和辣味，甚至有毒的化学物质呢？他认为这是为了抵抗微生物感染而进化出来的防御机制，辣椒就是一个很好的例子。

这篇文章还推翻了此前流传很广的一个假说，那个假说认为辣椒素是为了防止哺乳动物吃辣椒，而鼓励更善于传播种子的鸟类去吃，因为鸟类没有TRPV1受体，感觉不到辣，哺乳动物体内则都有这个受体。图克斯伯里博士不认同这个说法，他认为辣椒素的本意是抗真菌，与TRPV1受体的结合纯属偶然。

美国史密森国家博物馆的人类学家琳达·佩里（Linda Perry）认同图克斯伯里博士的这个说法，但她也不认为人类喜欢吃辣椒是为了防真菌，因为没有证据表明任何民族用辣椒做过食品防腐剂，而辣椒除了能杀死一部分真菌外，对其他腐败细菌没有任何效果。"我认为人类之所以喜欢吃辣椒，就是因为辣椒味道好。"她说。

显然，这个说法的关键在于"辣"这个和"烫"等价的感觉为什么会成为有些人心目中的"好味道"。对于这个问题，心理学家早就做出过解释。美国宾夕法尼亚大学心理学家保罗·罗岑（Paul Rozin）发现，除了人之外，没有任何一种哺乳动物喜欢吃辣椒，"嗜辣"甚至可以被看作人类和其他灵长类动物的区别之一。通过民意调查和心理实验，罗岑博士得出结论说，人类对辣椒的喜好就和喜欢过山车或者喜欢洗烫水澡一样，是一种对极端刺激的特殊癖好。

罗岑博士把研究结果写成一篇论文，发表在1980年出版的《激励和情绪》（*Motivation and Emotion*）杂志上。在罗岑看来，人的感觉分为"身体感觉"和"意识感觉"两种，身体感觉属于本能，但意识感觉则加入了理性的成分。辣椒和过山车这类刺激有个共同特征，那就是身体感到危险而心里明白其实很安全。换句话说，就是身体和理性这两种感觉被隔离开了。在这种情况下人往往会感到愉悦，就像自己真的从险境中逃离了一样。

被劫持的大脑

寄生虫不但可以改变宿主的生理状况，
还能改变宿主的心理状况。

两军交战，最聪明的一定是那个打入敌人内部的间谍，他既要在敌营中站稳脚跟，又要在关键的时候把情报送出去，难度相当大。同样，寄生虫也必须非常聪明才行，它以宿主为食，所以必须让主人好好活着，但到了繁殖期，它就必须想办法让自己的后代找到下一个宿主，否则就得和宿主同归于尽了。

寄生虫在寻找下一个宿主这方面的想象力非常丰富，可谓八仙过海，各显神通。比如，疟原虫入侵人体后，会让受害者四肢酸懒，不爱动弹，这是为了方便疟蚊叮咬，再去传染下一个受害者。流感病毒入侵人体后会让受害者不停地打喷嚏，因为这样一来病毒就可以附着在飞沫上扩散到空气中了。

上面这两个案例都是寄生虫通过改变宿主行为来实现繁殖的目的，生病只是这种改变的一个副产品而已。还有一类寄生虫更高级，它们劫持了宿主的大脑，指挥宿主做出有利于自己的决定。这方面一个广为人知的案例是弓形虫（*Toxoplasma gondii*），它的生命周期需要老鼠和猫共同参与，所以它想办法控制了老鼠的大脑，使之变得不再怕猫，于是感染了弓形虫的老鼠被猫吃掉的可能性就变大了。弓形虫通过这种"残酷"的方式进入猫的身体，完成了繁殖后代的使命。

这一过程看似很神秘，其实并不复杂。科学家经过多年的研究，已经弄清了整个过程的所有细节。原来，弓形虫提高了老鼠大脑中杏仁核（Amygdala）部位的多巴胺水平，正常情况下这个部位的功能是让老鼠产生恐惧感，这对于老鼠来说是能够保命的。但是当这个部位的多巴胺水平上升后，原来的恐惧感就变成了愉悦感，于是老鼠在发现猫的踪迹后感到的不是恐惧，而是开心！可想而知，这样的老鼠会是怎样一个下场。

2011年3月2日出版的《科学公共图书馆·综合》（*PLoS ONE*）杂志刊登了一篇由巴西和美国科学家合写的论文，为我们描述了一个更加恐怖的故事。在巴西的热带雨林里生活着一种僵尸真菌（*Ophiocordyceps unilateralis*），它们分为四个不同的种群，分别以四种不同的蚂蚁为宿主。它们在侵入蚂蚁的身体后会让蚂蚁的肌肉变弱，但不会立刻杀死蚂蚁，而是保证蚂蚁们能够正常地吃饭睡觉。等到僵尸真菌性成熟之后，它们便用一种神秘的方式接管了蚂蚁的大脑，蚂蚁就像鬼魂附体的僵尸一般，爬到蚂蚁交配的地方，找一棵草爬上去，把身子倒挂在叶子的背面，用自己的爪子紧紧地抓住叶子，一动不动。当这一切都做完后，僵尸真菌便吃掉蚂蚁的大脑，并从脑壳中爬出来，把孢子喷洒下去，粘在叶子下面那些正在交配的蚂蚁身上。

怎么样，僵尸真菌很聪明吧？其实呢，真菌没有大脑，设计不出如此复杂的桥段，这完全是一种本能行为，是多年进化的结果。科学家们之所以花费这么多时间和精力研究它们，就是为了借用它们的力量劫持昆虫的大脑，从而达到控制害虫的目的。这可比农药什么的好用多了，既高效又安全。

那么，人类的寄生虫是否有能力控制我们的大脑呢？答案似乎是肯定的。2011 年 8 月 29 日出版的《美国国家科学院院报》(*PNAS*)上就刊登了一篇由爱尔兰和加拿大科学家合写的论文，发现一种肠道细菌能够操纵小鼠的大脑，改变小鼠的心情。

这种细菌学名叫作鼠李糖乳杆菌(*Lactobacillus rhamnosus*)，是哺乳动物肠道共生菌群的一名重要成员。早有大量研究表明，哺乳动物的肠道和大脑之间有一条直达的双向通道，双方一直保持着密切的联系，科学家称其为肠—脑轴 (Gut-Brain Axis)。后来科学家们又发现，肠道中的共生菌群也对这个中轴线有贡献，三者一直在互相影响，所以把肠道菌群也包括进来，称其为菌—肠—脑轴 (Microbiome-Gut-Brain Axis)。

但是，这个中轴线的具体细节一直没有搞清楚。于是，科学家们用健康小鼠做实验，每天喂以一定剂量的鼠李糖乳杆菌，然后观察它们的行为，和对照组相比较。然后再对小鼠进行解剖研究，分析到底是哪个神经递质或者受体发生了变化。

结果表明，喂了鼠李糖乳杆菌的小鼠明显比对照组少了很多焦虑和忧郁症状，显得更加健康活泼。进一步分析表明，鼠李糖乳杆菌能够直接作用于一种神经递质 - γ - 氨基丁酸（GABA）的受体，影响其表达，并通过这种方式改变小鼠的心理状态。

虽然这只是用小鼠做的研究，但研究人员相信这个结果有助于帮助科学家们开发出一种基于肠道寄生菌的心理治疗药物，帮助焦虑症和抑郁症患者尽早摆脱病魔。

十分之一的反对派

研究表明，只有当反对派的人数达到总人数的 10% 时，革命才有可能成功。

　　一场飓风悄然来临，如何劝说蒙在鼓里的民众赶快从海边撤离？一种传染病入侵一个原始村落，如何说服毫无科学知识的村民接种疫苗？种族平等的星星之火，为何在上世纪 50 年代突然变成熊熊火焰，成为一场声势浩大的民权运动？

　　上述这几个案例是当今社会学研究的热点之一，如果翻译成学术语言的话，那就是：一种全新的主张是如何在人群中扩散并最终成为共识的。

　　显然，这里所说的扩散不是强权逼迫下的违心皈依，而是正常状态下的信息传播，其基础就是人类社会共有的社交网络。一提起"社交网络"，很多人会立刻联想到"脸书"或者"微博"这些网上社交工具。其实在真实世界里，社交网络早已存在，每个人都会有家人、朋友、邻居、同学和同事，他们构成了大小不一的社交网络，任何人在做决定的时候，不管这决定是政治态度，还是买哪种电视，看哪部电影，都会多多少少受到这个网络的影响。

社会学家们提出过很多数学模型，用来解释社交网络对群体共识形成过程的影响。其中最有名的模型有两个，一个叫作门限模型（Threshold Model），大意是说，群体共识的形成存在一个"门限"，一旦超越这个阈值，改变就会迅速发生。另一个叫作巴斯模型（Bass Model），大意是说，群体共识的形成过程受到若干参数的影响，但不管参数怎么变，变化曲线的形状都会是一条巴斯曲线（S形曲线）。

这两种模型有个共同点，那就是假设一个人被说服之后，其观点就不会再次发生动摇了。在新观念非常少见的古代社会，这个假设基本是成立的，但在今天的社会，各种新思潮层出不穷，并在互联网的帮助下充分交流，相互碰撞，上述假设就显得有些过时了。

为了适应新的时代，美国伦斯勒理工学院（Rensselaer Polytechnic Institute）社会认知网络学术研究中心（Social Cognitive Networks Academic Research Center，简称SCNARC）副研究员萨米特·斯林瓦桑（Sameet Sreenivasan）及其同事们决定使用二元一致性模型（Binary Agreement Model）来研究一下这个问题。该模型假定一个人的主张是会随着周围社交网络的变化而变化的，比起旧模型来，新的模型显然更加符合实际。

研究人员用计算机虚拟了一个社区，所有成员全都相信某个理论（假设为B）。这个社区内的成员遵循三种联系模式，第一种是每个人都和每个人有联系，第二种是只有少数意见领袖具备联系更多人的能力，第三种是每个人都有大小不一的社交网络。这三种行为模式代表了当今社会的三种结构，在实际生活中都能找到。

接下来，研究人员在这个社区内安插少数"反对派"，他们全都相信另一种理论（假设为 A），然后所有成员按照上述三种联系模式进行交流。简单来说，当 B 遇到 A 时，B 的状态会转变成 AB，说明 B 心里开始存疑了。当 AB 再次遇到 A 时，则会转变成 A，说明 B 被说服了，改变了看法。这个过程是可逆的，也就是说，如果一个被转变了的 A 再次遇到 B 时，又会变成 AB（心里存疑），然后如果他又遇到了 B，则会被扭转回来，重新相信 B。

在整个模拟的过程中，只有最先安插进去的少数反对派是不会改变的，他们坚定地相信 A，永远不会变成 B。

研究人员随意变换反对派的人数，结果证明当反对派所占比例小于 10% 时，整个社区的共识发生改变（即全部变成 A）的时间会变得非常漫长，甚至比宇宙的生成时间还要长。但当这个比例大于 10% 时，情况发生了天翻地覆的变化，共识的转变在很短的时间里就完成了。"就好像着火一样，火势一下子就蔓延开来。"

值得一提的是，反对派的比例不受联系模式的影响，上述三种联系模式的模拟结果都趋向于 10% 这个神奇的数字。

研究人员将研究结果写成论文发表在 2011 年 7 月 22 日

出版的《物理学评论 E 版》(*Physical Review E*) 杂志上，这是一本物理学界的权威杂志，E 版的重点就是讨论与统计物理学和非线性物理学相关的问题。

文章作者认为，虽然这只是初步的研究，有待社会学家在实际生活中加以检验，但这个结果十分有趣，它说明只有当反对派的人数达到总人数的 10% 左右时，一个全新的观念才有可能迅速传遍整个社区，改变群体的共识。

回到文章开头的那几个问题。统计数据表明，美国黑人占总人口的比例正是在上世纪 50 年代首次超过 10% 的。文章作者认为，这并不是巧合，而是有科学根据的。

辑 三

健康小贴士

卫生假说

生活环境越干净，就越容易过敏。

　　每年春天，北京都会出现"春城无处不飞花"的风景。可是，漫天飘舞的柳絮对于某些人来说却意味着一年一度的过敏性鼻炎又要犯了。他们会整天打喷嚏，鼻塞，头晕，苦不堪言。

　　根据卫生部门统计，目前我国大城市居民过敏性鼻炎的发病率已经上升到了10%左右，其他类似的过敏性疾病，包括枯草热、湿疹、哮喘和食品过敏等的发病率也逐年上升，正在向发达国家的水平逼近。西方国家工业化之前，过敏性疾病同样也是十分罕见的。可如今在英国、澳大利亚和新西兰等国，哮喘的发病率已经上升到了20%，成为医疗系统的一大负担。

　　过敏是一种免疫系统的疾病，病人会对花粉、空气尘埃，以及动物毛发等无害物质产生强烈的免疫反应。这些无害物质（抗原）随处可见，因此病人的免疫反应就会持续很久，免疫系统永远处于亢奋状态，导致一系列不适症状。

为了解释工业化国家过敏性疾病发病率的持续上升，一位名叫戴维·斯特拉汗（David Strachan）的英国医生于1989年写了一篇论文，用严格的统计数据作为论据，提出了"卫生假说"（Hygiene Hypothesis）。斯特拉汗统计了枯草热和湿疹的发病率，发现兄弟姐妹越多的人，得这两种病的几率就越低。他认为对这一现象的最好解释是：来自大家庭的孩子因为从小和兄弟姐妹接触多，交叉感染的机会也多，他们的免疫系统经受了锻炼，学会了识别真正的敌人。

　　这个假说听上去很有道理，而且也确实得到了越来越多的证据支持。不过，"卫生"这个词太过简单化，免疫系统经受的锻炼和卫生条件并没有直接的关系。如果你相信这个理论而不注意自己孩子的卫生，肯定是错误的。发展中国家的婴幼儿死亡率之所以远比发达国家高，就是因为前者的卫生条件不好，婴幼儿患传染病的几率高于后者。

　　凡事都必须有个度。要想让自己的孩子健康成长，就必须搞清楚新生儿的免疫系统究竟是如何发育成熟的。原来，新生儿刚出生时体内的免疫球蛋白全部来自母亲，直到孩子长到一两岁时自身的免疫系统才会逐渐发育成熟，独当一面。成熟的免疫系统针对不同的入侵者会启动不同的反应机制，一种名为T辅助细胞（T Helper Cell）的淋巴细胞扮演了扳道工的角色。目前已经发现了两组不同的T辅助细胞，分别叫作Th1和Th2，分别启动两类不同的免疫反应。Th1负责激活巨噬细胞（对付病菌），促进干扰素的分泌（对付病毒）。Th2 负责刺激免疫系统大量生成免疫球蛋白 E（IgE），IgE 是介导过敏反应的抗体，因此 Th2 与过敏反应有很大的关系。这两个系统就好像是免疫系统的阴阳两面，大多数情况下它们互相牵制，此消彼长。

新生儿体内含有大量来自母亲的 IgE，所以说孩子的免疫系统偏向于 Th2。婴儿出生后不久，外来细菌和寄生虫便开始在孩子的肠道内聚集。它们的存在刺激了新生儿的免疫系统，使之向 Th1 的方向倾斜，直到孩子大约两岁的时候两个系统达到某种平衡为止。原始社会人类的卫生条件不好，孩子在很小的时候就会接触到很多脏东西，他们的免疫系统必须学会适应这种变化，换句话说，孩子的免疫系统一直"期待"着来自肠道寄生生物的刺激。但是，随着卫生条件的改善，这种刺激被大大削弱了，尤其是某些家长在孩子还很小的时候就滥用抗生素，不分青红皂白地杀死了大量肠道细菌，使得孩子们的免疫系统更加缺乏锻炼。于是，这些孩子长大后他们的免疫系统便会偏向 Th2，这就是人们常说的"过敏体质"。

上述这些研究成果大都来自实验小鼠，但它们都生活在干净的饲养室里，与野生小鼠有着天壤之别。英国诺丁汉大学的科学家简·布拉德利（Jan Bradley）决定研究一下野生小鼠，她从诺丁汉周边的森林里抓来 100 只野鼠，分析了它们体内寄生虫的种类和含量与免疫系统之间的关系，果然发现这些野生小鼠肠道内的一种寄生线虫（Heligmosomoides polygrus）和它们的过敏潜质呈负相关关系。也就是说，虫子越多，过敏潜质越低。

布拉德利又分析了其他种类的肠道寄生虫，以及螨虫、蜱虫、跳蚤和虱子等皮肤寄生虫，结果意外地发现一种虱子（Polyplax serrata）与野鼠过敏潜质的关系甚至比线虫还要大。而且，除了上述这两种寄生虫之外，其余的寄生生物则和过敏潜质没什么关系。

布拉德利的这项实验结果发表在 2009 年 4 月 22 日出版的《BMC 生物学》杂志上，这个实验再次证明卫生假说是有道理的。现在的孩子恐怕很少有长虱子的了，可在古代，虱子是人类最常见的一种寄生虫，孩子们从小就要和它们打交道，免疫系统早已适应了它们的存在。

不过，这个实验更重要的意义在于，起码对于野生小鼠来说，并不是每一种寄生虫都能促进免疫系统的发育成熟。也许将来人类能够搞清这种促进作用的机理，从而安全地模拟这种刺激，达到同样的效果。

新时代的育儿经

爬行到底是不是婴儿发育过程的必经阶段呢?

说起养孩子,不同文化各自有不同的育儿经。中国传统的育儿经有很多都带有明显的迷信色彩,比如"怀孕时不能用剪刀,否则生出的孩子是兔唇"等等。所幸随着民众的觉悟越来越高,这类禁忌已经没有多少人相信了。

还有一类育儿经貌似很有道理,但后来被证明是不对的。坐月子就是一个典型的例子。严格意义上的"坐月子"要求孕妇在生完孩子后一个月内不能起床,不能洗澡,不能刷牙,不能吃凉性食物(比如蔬菜、水果),否则孕妇将来会牙疼,甚至四肢酸疼,俗称得了"月子病"。但是,如今的中国孕妇受西方文化影响,已经很少有人还在坚持坐月子了,但也没见她们得什么月子病。大量科学研究也证明,只要休息适当,坐不坐月子对孕妇的身体没什么影响,反而是坚持坐月子的孕妇更容易生病。

如今,起码在大城市,来自西方发达国家的育儿经越来越流行。比如,白人的孩子从很小的时候起就离开妈妈单独睡觉了，现在有条件的中国妈妈也在学着做。但是一直有人争辩说，西方人的做法也许培养了孩子的独立性，但却忽视了对亲情的培养，并不见得就是正确的方法。

还有，西方人流行给新生儿割包皮，认为这样做比较卫生，甚至拿出很多科学证据证明割比不割好。但是如果我们溯本求源的话，不难发现割礼最早是出于宗教的目的进行的。再加上古时人们的生活条件不好，洗澡不方便，包皮确实容易成为藏污纳垢的所在。但是现代人一天洗一次澡，这个问题就不那么重要了，割包皮反而会给婴儿带来不必要的精神痛苦，或者增加感染的几率，其利弊是很难衡量的。

由此可见，无论是来自西方文化还是东方文化，传统的育儿经都必须重新加以审视。甚至某些东西方国家普遍的做法，也并不都是顺理成章的。

比如，东西方文化大都认为，婴儿在学会走路之前一定要先经过爬行这一步。中国有句谚语叫作"七坐八爬"，就是说七个月大的婴儿一般都会坐了，八个月就应该开始练习爬了。如果晚于这个时间，就说明孩子发育迟缓。西方人则认为，练习爬行有助于提高婴儿的手眼协调性，对婴儿运动系统的发育很有好处。因此，如果孩子到了八个月的时候还不会爬，妈妈们就会很着急。

但是，新的证据表明，爬行并不是婴儿发育过程中必须经过的一个阶段。就在 2009 年 4 月召开的全美生理人类学学会芝加哥年会上，来自美国科罗拉多大学的人类学副教授戴维·特拉瑟（David Tracer）博士发言指出，人类婴儿不会爬是很正常的，甚至是一种适应环境的做法，一点也不值得大惊小怪。

特拉瑟是怎么得出这个结论的呢？显然他不可能拿孩子做实验，这不道德。事实上，他原来并不是专门研究这个的。1988年，他申请到一笔研究经费，去巴布亚新几内亚研究儿童饮食与健康的关系。那是一个位于南太平洋上的岛国，400万土著居民直到现在还过着相当原始的生活，非常适合研究人类的进化。

特拉瑟专门研究了一个名叫"奥"（Au）的部落的情况。在部落里待了一段时间后，特拉瑟突然意识到他从来没有看到任何孩子在爬行。为了证明自己的发现不是偶然的，特拉瑟和自己的研究生一起跟踪了113对母子（女），仔细研究这些孩子在1岁前母亲对他们的看护情况，结果发现这些孩子大约有86%的时间是被母亲或者兄弟姐妹抱着到处走的，只在很少的情况下看护人会把孩子放到地上。此时孩子如果想活动，就只能坐直身体，用手撑着地慢慢移动身体。

特拉瑟询问当地人为什么不让孩子爬，当地人疑惑地看着他说：为什么要爬？难道全世界的孩子不都是这么长大的吗？

那么，没有经过爬行这一步的"奥"部落婴儿长大后神经系统发育是否正常呢？特拉瑟用一种标准的测验法对"奥"部落的儿童们进行了神经系统发育情况测试，结果没有发现任何异常。

特拉瑟又去检索一下历史资料，发现了好几个互相矛盾的结论。比如 1991 年美国泰普尔大学的研究人员发现没经过爬行这一步的孩子长大后运动系统发育有问题。但 1989 年意大利帕杜阿大学的研究人员却发现爬过的孩子运动系统反而发育得更加迟缓。

接着，特拉瑟查阅了大量人类学文献，发现还有很多国家的婴儿是不被鼓励学习爬行的。比如巴拉圭、马里和印度尼西亚的父母亲通常都不鼓励孩子在学会走路前到处爬，他们认为这是天经地义的事情，从来没有觉得这有何不妥。

特拉瑟又去询问了动物学家，发现黑猩猩和大猩猩等灵长类动物也都没有让幼仔爬行的习惯。母猩猩通常都会抱着幼仔到处走，直到它们学会了自己走路。

综合了上述发现，特拉瑟得出结论说，让婴儿学习爬行是人类很晚才学会的习惯。仔细想想，这是很有道理的。早年间人类生活的环境很脏，如果让婴儿在地上爬，肯定会吃进不少脏东西。事实上，在孟加拉国进行的一项研究表明，经常在地上爬的儿童拉肚子的几率要比对照组高。但是后来当人类用上了地板或者地毯后，爬行就变得不那么脏了，父母亲们这才允许自己的孩子到处爬。

特拉瑟认为，他的发现并不能证明爬行到底是好是坏，只是说明爬行并不是婴儿必须经过的一步。如果孩子天生不喜欢爬，而是更喜欢采用其他方式移动自己的身体，做父母的不必介意。只要最终孩子们能够站起来正常地走路，就说明他们的发育过程是没有问题的。

算出你的绝经期

也许在不远的将来，女性可以通过基因
测序来预判自己的绝经期。

现代女性生孩子的时间越来越晚了，对于孩子来说这并不是一件好事情。研究表明，孕妇的年龄越大，孩子患遗传病的几率也就越高。更糟糕的是，女性超过一定年龄后，即使月经仍按时来，但却不排卵，她便再也生不出孩子了，只能采用昂贵的特殊医疗手段才能满足当妈妈的愿望。

众所周知，女性一生下来就有 100 万～ 200 万个未成熟的卵子（卵泡），到青春期时卵泡数量会降到 40 万个左右，这就是女性"卵子库"中的总库存量，从此只出不进。每个月卵子库中都会调出一群卵泡进入发育阶段，但最终只有一两个最健康最成熟的卵子被排出卵巢，等待受孕的机会。所以说，女性的生育能力与卵子库的库存量有着直接的关系。

全世界妇女的绝经期平均为 51 岁，但大约在 43 岁就不再排卵，失去了自然受孕的能力。但是，有 10% 的妇女在 20 多岁的时候就会显示出"卵巢早衰"的征兆，卵子库的库存量下降得比正常人快，她们的绝经期平均只有 43 岁，

40 岁前就失去了生育能力。

判断卵巢功能的传统方法有很多，包括 B 超检查卵巢大小和卵泡数量，以及测量雌激素和促卵泡激素（FSH）水平等。但是这些方法都太麻烦，而且不够准确。于是，近年来临床上开始使用"抗穆勒氏管激素"（Anti-Müllerian Hormone，简称 AMH）来作为卵巢健康状况的指标，这种激素的分泌量与卵巢中正在成熟的卵子数有严格的对应关系，因此可以用来衡量卵子库的库存量。更妙的是，AMH 的水平与月经周期无关，相当恒定，检查起来更加方便。

但是，上述传统方法都有一个致命的缺点，那就是必须等到妇女到了一定年龄后才能起作用，年龄越低，检测结果就越不可靠。于是，纽约人类生殖健康中心的诺波特·格莱彻（Norbert Gleicher）医生想到，能不能通过基因测序来做判断呢？基因顺序是不会改变的，如果找到一个与卵巢成熟速度有关的基因标记，就能在妇女很年轻的时候做出预测，便于她及时调整自己的人生规划。

这个基因还真被他找到了，这就是 FMR1 基因。该基因位于 X 染色体上，DNA 序列中有三个字母（CGG）会不断重复出现（CGGCGGCGGCGG...）。正常人只重复 29～30 次，但如果重复次数在 200 次以上的话就很容易得"脆性 X 染色体痴呆症"。曾经有人发现过一个怪现象，如果这三个字母的重复次数在 55～200 次之间的话，那么病人虽然不会变傻，但她的绝经期会提前。

格莱彻医生利用工作之便，随机挑选了316名来医院就诊的妇女，一边测量她们血液中的AMH含量，一边对她们的FMR1基因进行了测序，结果发现，如果把28～33个重复当作基准值的话，那么无论比这个值多还是少，患"卵巢早衰"的概率都会增加。具体来说，每减少四个重复序列，"卵巢早衰"的概率就会增加40%，每增加五个重复序列，概率就会增加50%。

格莱彻医生把研究结果写成论文发表在2009年9月出版的《生殖医学》杂志上，他希望从今年开始为广大女性提供基因测试服务，好让她们有更充足的时间做好准备。"当一个姑娘18岁或者20岁的时候就可以来做基因测试，然后她就可以决定到底是先生孩子还是先拿博士学位。"格莱彻说，"当然还有一个办法，就是趁年轻的时候冷冻自己的卵子。"

冷冻卵子技术目前已经基本成熟。一个名叫"人类生殖细胞保存经验"（HOPE）的国际组织对过去五年来所有用冷冻卵子进行的试管婴儿做了统计，结果发现大约有90%的卵子在解冻后仍然活着，接受冷冻卵子的妇女有65%成功受孕，这个几率和使用未经冷冻的卵子的试管婴儿成功率大致相当。但是这项技术毕竟才刚刚开始，目前接受冷冻卵子的大都是经过严格筛选的健康妇女，卵子也都来自年轻女性，冷冻期都不超过两年，如果将来有更多高龄妇女参与进来，是否还能保住这个成功率就不一定了。所以"美国生殖医学研究协会"（ASRM）警告说，健康妇女不应依赖冷冻卵子。

　　由此看来，那些天生"不幸"的妇女最好还是提前做准备吧。那么，格莱彻医生的这个"基因算命术"到底有多准呢？目前还不清楚。一些同行认为，格莱彻医生的那个研究无论是样本数还是时间都不够令人满意，进入市场为时尚早。另外，或许一个基因并不能说明问题，还会有其他基因参与其中。事实上目前已经发现了几个候选者，科学家们正在加紧研究，希望能给广大妇女提供更加准确的答案。

痒算怎么回事？

科学证明，疼和痒是两种完全不同的感觉。

　　谁能用一句话解释一下痒是一种什么感觉？

　　有的痒一挠就好，有的痒越挠越厉害；有的痒无关紧要，有的痒却预示着身体有病；有的痒来自皮肤表面，有的痒却来自身体内部；有的痒来自机械刺激，有的痒来自化学刺激；有的痒是急性的，比如蚊虫叮咬后人体释放的组胺所引起的痒，有的痒是慢性的，作用机理十分复杂，至今尚未完全搞清。

　　别说解释了，就连痒这个词到底是褒还是贬都很难说清楚。有些痒让人心烦，可有些痒却会让人发笑……

　　虽说困难，可自古以来人们一直在试图解释痒是怎么一回事。以前人们一直认为痒和疼是连在一起的，文学家说一件事"不疼不痒"，就等于说这是小事一桩，不必在意。不少科学家相信，痒和疼是一回事，两者机理一样，痒只是一种轻度的疼，告诉身体有个地方出了点毛病，但问题不大。

　　不少人支持这个解释，他们举例说，痒这种感觉可以用疼来消除，正好说明两者的本质是一样的。这就好比一个杀人犯被抓住了，便没人在乎他杀人前刚刚偷了一个钱包。也有人不同意这个说法，他们举例说，一个人光凭意念就能产生痒的感觉，可谁也不会仅凭想象就感到胳膊疼，这说明两者有着本质的区别。

不管怎样，人们对痒的重视程度远远比不上疼。科学家们已经发现了好几个传递痛感的神经回路，市场上也能买到好几种广谱的止疼药。但止痒药就没那么简单了，市面上只能买到几种抑制组胺的止痒涂剂，对因气候干燥、蚊虫叮咬或者牛皮癣等皮肤疾病引起的瘙痒有一定的疗效，但对于更多的原因复杂的慢性瘙痒则无能为力。造成这种状况的原因也很好解释，一来疼痛是一种比痒更难忍受的感觉，二来疼痛往往预示着身体发生了严重的病变，研究疼的用处更大，更有商业价值。

美国华盛顿大学医学院的陈周峰（音译）教授就是一个研究疼痛机理的专家。他的研究重点是一种名叫 GRPR（Gastrin-releasing Peptide Receptor）的小分子，这个词生译过来就是"促胃液激素释放多肽受体"。你可以不去管它为什么叫这个奇怪的名字，只需知道这是脊髓神经细胞表面的一种受体分子，而且只有极少数脊髓神经细胞表面带有这个分子。

科学家们早就知道，那些带有 GRPR 的脊髓神经细胞专门负责把疼和痒的感觉传递到大脑中去，于是对它的研究已经持续了十多年。大约在 3 年前，陈周峰教授和他的实验室培育出一种失去了 GRPR 基因的小鼠，但却失望地发现它们对疼痛的刺激照样非常敏感。就在陈教授对实验结果感到疑惑不解的时候，他手下的一名博士后孙彦刚（音译）随机地给一群正常小鼠注射了一种刺激 GRPR 活性的物质，随后孙博士注意到这些小鼠像疯了一样拼命地挠痒痒。这个意外的发现提醒了陈教授，进一步研究证明，这个 GRPR 受体确实与痒的感觉有着很显著的关系，失去 GRPR 基因的小鼠对所有的痒刺激均反应迟钝，但对疼痛的感觉则一点没变。

2007 年，陈教授把实验结果写成论文发表在《自然》（*Nature*）杂志上，向全世界宣告第一个"痒基因"被找到了。

接下来，陈教授想调查一下这个基因到底是如何起作用的，首先就必须搞清楚痒的传递路线是怎样的，是否和疼的传递路线一致。陈教授找到了一种化学物质，能够特异性地杀死所有表面带有 GRPR 受体的神经细胞。当他把这种物质注射进小鼠的脊髓后，这些小鼠对痒的感觉消失了，而且消失得非常彻底，不但对由组胺引起的急性痒感觉没反应，而且对由其他物质造成的慢性痒感觉也没反应！更妙的是，这些小鼠对疼痛的感觉则一点没变，照样一扎就躲。

这个实验意义重大。因为这些小鼠不但没有了 GRPR 受体，而且连带有这种受体的神经细胞也没有了，这就意味着所有与这些细胞有关的神经回路都被隔断了。遭受如此重大创伤的小鼠照样能感觉到疼痛，这就说明负责传递疼痛信号的神经回路与负责传递痒感觉的神经回路完全不是一回事。

陈教授把实验结果写成论文，发表在 2009 年 8 月 7 日出版的《科学》(Science) 杂志上。这篇论文第一次证实，疼和痒完全不是一回事，两者有着完全不同的传递路径，这就为将来发明出一种广谱止痒药铺平了道路。

为乳酸正名

高强度运动后肌肉为什么会酸疼？是因为乳酸吗？

大部分体育老师和运动手册都会建议你在剧烈运动后不要马上停下来，而是继续慢跑 5 ～ 10 分钟。健身房里的高档跑步机在执行完一段程序后甚至不会马上停止，而是逐渐放慢速度，强制你继续慢跑一段时间。多数人对此没有异议，这似乎是个符合自然规律的做法。如果硬要刨根问底，体育老师和健身教练们会说，恢复性慢跑是为了更快地排出体内的乳酸，减缓肌肉酸疼，防止受伤。

这个说法对不对呢？这就必须先从 ATP 说起。

众所周知，葡萄糖不能直接为细胞提供能量，必须先在线粒体内转化为三磷酸腺苷（ATP）。任何细胞都可以直接使用 ATP，它很像是现实世界里的货币，谁都可以拿来用。正常情况下，肌肉细胞供氧充分，葡萄糖被氧化成二氧化碳和水，同时产生大量 ATP。这就好比你上班工作挣工资，名正言顺，皆大欢喜。

剧烈运动时，氧气供应不足，葡萄糖无法被充分氧化，只能采取无氧代谢的方式,才能继续生产 ATP。同样的葡萄糖,无氧代谢产生的 ATP 数量较少,终产物也不是二氧化碳和水,而是乳酸。这就好比你家里有急事,便把值钱的东西拿去典当。典当肯定会吃亏,谁叫你急需用钱呢?所以无氧代谢肯定是不好的,这难道不对吗?乳酸的名字里有个"酸"字,而你剧烈运动后肌肉也会感到酸疼,如果这时测量血液中的乳酸含量,肯定比安静时高出好多。于是,乳酸就是造成你肌肉酸痛的罪魁祸首,这也很好理解吧?

以上就是体育界流行了几十年的说法,直到今天都还有很多信徒。但新的研究表明,这个解释从因到果都错了。乳酸是个好东西,肌肉酸痛也和乳酸无关。

首先要澄清一个观点,上文中的乳酸(Lactic Acid)用错了,无氧代谢产生的终产物准确地说应该是乳酸盐(Lactate),没有酸性。这两种化学物质在体液中可以互相转化,很难区分,以至于体能教练们在测量运动员血液乳酸盐水平时都用乳酸代替。由于受到错误理论的误导,体育界曾经一度流行监测运动员的乳酸含量,并把这个指标当作检验训练量是否达到极限的标志。可是新的研究表明,运动员肌肉的酸碱度和乳酸没有直接关系,真正起作用的其实是ATP 的酸性代谢产物。高强度运动时 ATP 的代谢速度肯定升高,于是肌肉便会感到酸疼了。

这种代谢产物就好比是发票,无论你花的钱来自工资还是典当款,发票是不会变的。

那么，乳酸究竟是否会对肌肉造成伤害呢？加州大学伯克利分校的乔治·布鲁克斯（George Brooks）教授是最早研究这个问题的科学家之一。他把同位素标记过的乳酸注射进小鼠的肌肉细胞中，发现它很快就被分解了，其速度比任何一种能量分子都快。此后进行的一系列研究表明，乳酸其实是一种正常的能量分子，肌肉细胞内的线粒体可以随时吸收乳酸，把它变为ATP。多余的乳酸还可以经由肝脏重新转变为葡萄糖，再次进入血液循环。

　　"肌肉中的乳酸最多只需一个小时就会被排空，"布鲁克斯教授说，"而人在运动完后的肌肉酸疼往往会持续好几天，这显然说明乳酸不是肌肉酸疼的原因。"

　　运动生理界曾经对这个理论嗤之以鼻，因为它看上去太不符合常识了。但是近年来一系列新的研究提供了越来越多的证据，科学界这才转变态度，为乳酸正了名。

　　再拿典当业做个例子。我们曾经非常瞧不起典当业，认为这是资本主义的毒瘤，必须取缔。但是在一个自由的社会里，谁也没法保证不遇到紧急情况。典当业恰恰是正常社会自发进化出来的一项应急机制，是一件很自然的事情。

　　那么，剧烈运动后是否还要继续慢跑一段时间呢？这个问题并不那么容易回答。目前能够肯定的是，剧烈运动时血液会大量流向四肢，这就增加了心脏的负担。肌肉的收缩可以帮助血液重新流回心脏，有助于减轻心脏负担。如果此时突然完全停止活动，肌肉不再收缩，就等于把血液循环的重担全都压到了心脏上，容易造成内脏和大脑供血不足，产生晕眩的感觉，严重时还会突发心脏病。

关于这个问题的另一个很有名的例子就是飞机坐久了必须站起来活动活动，目的就是让肌肉的收缩帮助血液循环，助心脏一臂之力。

除此之外呢？运动生理学界认为，没有任何理由需要继续慢跑。事实上，美国康涅狄格医学院的保罗·汤普森（Paul Thompson）教授认为，除非是专业运动员进行超大运动量的运动，否则不需要进行这种恢复性慢跑。"其实一般人在运动完后大都不会立刻躺倒，而是去洗澡换衣服，或者乘车回家，这样的运动量就已经足够了。"

健康的胖子

胖，其实是人体的一种自我保护机制。

现代社会没人想当胖子。体型不美观尚在其次，胖子普遍被认为更容易生病，尤其是心血管疾病和糖尿病，更被认为是由脂肪过多而引起的"代谢症"（Metabolic Syndrome）。但是，我们周围却总能找出个把健康的胖子，他们虽然很胖，但红光满面，能跑能跳，体检指标一切正常，这是偶然的吗？

2008 年出版的《内科学档案》（*Archives of Internal Medicine*）曾经刊登过一篇文章，调查了美国胖子们的身体状况，结果发现有一半的美国胖子身体健康，各项指标都属正常。而被归类于"超胖"的人群当中也有三分之一属于这种情况。相比之下，有四分之一的瘦子却表现出明显的"代谢症"症状。如果不看体型，只看指标，这些瘦子和得病的胖人没有差别。这是怎么回事呢？

美国得克萨斯大学西南医学研究中心的罗杰·恩格（Roger Unger）和菲利普·谢尔（Philipp Scherer）博士打算

研究一下这个问题。他俩通过改变基因的方式培养出一种特殊的小鼠，它们制造脂肪细胞的能力受到损害，体内的脂肪细胞数量比对照组少。然后他俩给两组小鼠喂以同样的高脂肪食物，结果发现这些特殊的小鼠虽然比对照组瘦，但却比对照组更容易患上"代谢症"。

两人又调查了那些患有某种遗传疾病的人，他们无法像正常人那样生产出足够的脂肪细胞，因此很难发胖。但是，调查结果表明他们反而比具有同样饮食习惯的胖子们更容易患"代谢症"，而且得病的年龄更早。

两人把实验结果写成了一篇综述，发表在 2010 年 1 月出版的《内分泌与代谢研究动态》（*Trends in Endocrinology and Metabolism*）杂志上。这篇文章提出了一个新观点，认为人体脂肪并不是"代谢症"的罪魁祸首，反而是人体的保护神。正是因为脂肪细胞储存了大量脂肪，使之没有扩散到血液中去，才保护了人体免遭"代谢症"的危害。

这个解释有些费解对吧？让我们再换一个角度，看看究竟是什么东西导致了"代谢症"。

美国爱因斯坦医学院的科学家普莱蒂·基绍尔（Preeti Kishore）博士和她领导的一个研究小组曾经做过一个实验，把相当于一个汉堡包的脂肪注射进 30 名身体健康的志愿者血液中，结果发现他们体内一种名为 PAI-1 的物质的含量增高了 3 ～ 5 倍。已知 PAI-1 能够直接导致糖尿病，这个实验间接证明了血液中含有的脂肪分子能够通过诱发 PAI-1

的大量分泌而使人患上"代谢症"。

进一步说，基绍尔博士认为血液中的脂肪能够刺激人的免疫系统，导致炎症反应。炎症反应可不是一个好东西，多项研究证明，如果一个人长时间处于炎症状态，就会导致多种疾病的产生，包括"代谢症"。

总之，上述几项实验提出了一个有趣的假说：胖，其实是人体的一种自我保护机制。当一个人吃下过量的脂肪后，脂肪细胞就会开动马力，将多余的脂肪储存起来。但是脂肪细胞储存脂肪的能力是有限的，一旦超过了极限，脂肪细胞破裂，脂肪分子便会以饱和脂肪酸等形式进入血液，并通过血液循环到达肝脏、心脏和胰腺等处，刺激人体的免疫系统分泌 PAI-1 等化学物质，最终导致"代谢症"。

如果这个理论被证明是正确的，就将从根本上改变我们对待肥胖的态度。胖固然不好，但如果一个瘦子吃下了过量的脂肪很可能会更糟。胖人尚且有地方可以储存多余的脂肪，瘦子反而没了这个便利条件，更容易患病。

总之，现代人必须改变对待食品的态度，像孕妇忌口那样对高脂肪食品格外小心。高糖食品同样危险，因为胰岛素会把多余的葡萄糖变成脂肪储存起来。一旦吃糖过多，来不及储存，让这些脂肪留在血液里，后果一样糟糕。

现代社会食物极大丰富，简直让人欲罢不能。因此一些科学家甚至提出建议，借鉴对待香烟的做法，对食品中的卡路里征税。

如果你实在是太喜欢脂肪的味道，忌不了口怎么办？2010年3月出版的《国际肥胖研究杂志》（*International Journal of Obesity*）上刊登了一篇文章，提出了一个解决办法。文章指出，同样的高脂肪食品，如果当早饭吃比当晚饭吃所造成的危害要小得多，因为人的身体在早上的时候能够更快地适应这些食品，更快地启动相应的代谢机制将其处理掉。

人造甜味剂真的能减肥吗？

人造甜味剂不含热量，但它是否能减肥
呢？这可不一定。

1989 年，一家英国糖业公司委托伦敦大学伊丽莎白女
王学院的科学家进行一项实验，试图用蔗糖为原料生产出
一种杀虫剂。一天，研究生莎施康特·潘迪斯（Shashikant
Phadnis）奉导师之命去检验（test）一种刚刚合成的氯化蔗
糖，结果这位外国出生的研究生错把 test 听成了 taste（尝），
便蘸了一点粉末放进嘴里，意外地发现这玩意儿甜得齁嗓
子。后续实验表明，这种物质的甜度是蔗糖的 600 倍，但
却完全没有热量！于是，一种新的人造甜味剂——蔗糖素
（Sucralose）被发明出来了。

顾名思义，人造甜味剂是指人工合成的具有甜味的物
质。它们要么不含卡路里，要么因为甜度极大，只用一点
点就能有甜味，因此它们所贡献的卡路里可以忽略不计。
所有的人造甜味剂都像蔗糖素一样是被偶然发现的，比如
糖精（Saccharin）是在研究煤油的时候发现的，阿斯巴甜
（Aspartame）本来是为了研制治疗溃疡的药物而被合成出来

的，如今这三种人造甜味剂都被广泛用于食品工业，大家熟悉的健怡可乐就是用阿斯巴甜代替天然的"高果糖玉米糖浆"而被勾兑出来的。

人造甜味剂有很多好处，比如糖尿病人可以放心服用它们而不必担心血糖升高，口香糖爱好者可以嚼木糖醇口香糖而不必担心龋齿，爱喝可乐的人可以放心大胆地喝而不用担心发胖。

且慢！最后一条优点遭到了不少人的质疑。有人调查过喝普通可乐与健怡可乐的人群，发现健怡可乐并没起到控制体重的效果，有时还正相反。美国普度大学的科学家苏珊·斯威瑟斯（Susan Swithers）和泰瑞·戴维森（Terry Davidson）决定在大鼠身上做几个实验，看看人造甜味剂到底会增肥还是减肥。

他们饲养了大约三十只体重和年龄相仿的大鼠，把它们随机分成三组，鼠粮敞开供应，每天再加一罐低脂酸奶，只是酸奶中分别添加葡萄糖、糖精，或者什么都不加。显然，加葡萄糖的酸奶增加了热量，加糖精的那组和什么都不加的对照组则没有增加。

实验结果令人大跌眼镜，体重增加幅度最大的反而是加糖精的那组，葡萄糖组和对照组增肥的幅度相仿，但都不及糖精组。

这项实验的结果刊登在 2008 年的《行为神经科学》（*Behavioral Neuroscience*）杂志上，在西方媒体引起轰动。

为了回应某些人的质疑，两人又做了几项补充实验，用精制大豆代替酸奶，或者用另一种人造甜味剂——乙酰氨基磺酸钾（Acesulfame Potassium，商品名 AceK）代替糖精。结果和上次一样，加人造甜味剂的食品更能增肥。这篇论文发表在 2009 年的《行为神经科学》杂志上，作者得出结论说，人造甜味剂的增肥作用和食品类型无关，和人造甜味剂的种类也无关。

这是怎么回事呢？他们又设计了一项实验，测量大鼠在吃完一顿丰盛的酸奶后的第二天是否会自动节食，结果发现葡萄糖组和对照组大鼠第二天都相应地减少了摄食量，而人造甜味剂组大鼠则照吃不误。也就是说，吃人造甜味剂的大鼠失去了对自身营养状况的基本判断，从而吃掉了更多的鼠粮，总的卡路里摄取量增加了，于是它们体内的脂肪含量比对照组和葡萄糖组更高，体重当然也就更重。

论文作者用巴甫洛夫的条件反射原理解释了这一现象。众所周知，巴甫洛夫证明，如果训练小狗把摇铃和喂食联系起来，那么小狗听到摇铃后即会开始分泌胃液。与此类似，当大鼠看见美食、闻到香味，或者尝到甜味后，它们也会立即开始分泌胃液，这类因间接刺激而分泌的胃液往往会占到胃液分泌总量的 20%。生理学界把这类来自头腔内的感觉器官的信号刺激叫作"头期反射"（Cephalic Phase Responses），这些信号通过迷走神经送达消化系统，指导后者准备迎接食物的到来。

正常情况下，食品的甜味与所含热量成正比，于是每当大鼠尝到甜味后，它的消化器官便会不自觉地根据甜度调整胃液分泌量，胰腺也会相应地调整胰岛素的分泌量。人造甜味剂打乱了这一正常的反馈机制，大鼠被弄糊涂了，于是正常的能量平衡被打破，大鼠吃下更多的食物以"弥补"这种亏空的感觉。

　　科学家还做过一个实验，让大鼠吃两种热量相同的食品，一种是纯液态，另一种被做成糊状，结果前者吃得更多。原来，大鼠在多年的进化中知道，糊状的食品往往代表了更高的热值，于是"头期反射"便发出了错误的信号。

　　两位科学家认为，这个实验说明人造甜味剂并不一定能减肥，关键在于吃下人造甜味剂后是否能控制增强的食欲。经常在麦当劳听见有人喊："服务员，我要一份巨无霸汉堡，一份大号薯条，再来一杯健怡可乐。"这样的人是没办法减肥的。

举重减肥法

研究表明，高强度的举重训练是减肥的
好方法，其关键在于给肌肉细胞以足够
的刺激。

随着人民生活水平的提高，越来越多的中国人加入了减肥大军。如今市场上各种减肥法满天飞，五花八门的减肥药层出不穷，但大多数方法都没有科学根据。

其实减肥说起来很简单，那就是少吃多动。这个"动"可以分为两种，一种是有氧运动，比如跑步、快走、游泳、打球；另一种是无氧运动，比如去健身房练举重。两种运动都能消耗卡路里，但后者还有一种附加的功效，那就是增加肌肉的体积和重量。减肥之所以叫作减"肥"而不是减"体重"，就是因为人们真正想减掉的是脂肪，如果增加的体重来自肌肉，相信大多数人都不会介意。

但是中国人的审美观毕竟和国外不太一样，多数人并不想把自己练得虎背熊腰的，尤其是中国女性，更不喜欢自己肌肉凸起。中国式的审美讲究匀称，肌肉要有一点，脂肪也要有一点，所以很多人不愿意去健身房练举重，生怕自己变成肌肉男（女）。

如果再细分下去，举重训练也可以分成两种，一种是高强度力量练习，但重复次数较少；另一种是低强度力量练习，但重复次数多。很多人本能地相信前者会帮助你长肌肉，而后者只会帮你消耗卡路里，减肥效果更佳，不过这个看法是错误的。高强度举重确实可以更好地刺激肌肉细胞，促进肌肉生长，但这是以高热量高蛋白的饮食为基础的。如果你锻炼完后不去拼命地吃东西，就不会变成肌肉男。

　　接下来的问题是，这两种举重法哪种消耗的能量更多？对于上班族来说，这是个很重要的问题，因为高强度负重锻炼更省时间，而时间可以说是城市白领们最稀缺的东西了。

　　要想知道这个问题的答案，就要做实验。2002年，美国佐治亚南方大学的科学家招募了一批女性志愿者，做了一次对比实验。志愿者分别做两种举重锻炼，一种是试举个人最大重量的85%，连续举八次，另一种是试举最大重量的45%，连续举十五次。研究者仔细测量了志愿者锻炼前后的心率、血液乳酸含量、耗氧量和肺通气量，结果发现前者消耗的能量更多，锻炼效果也更好。

　　·2007年，美国宾夕法尼亚大学医学院的科学家完成了一项为期两年的研究。研究者招募了164名体重超重的中青年妇女，把她们随机分成两组，一组在研究人员的指导下每周进行两次短时间高强度的举重锻炼，对照组则只进行普通的有氧锻炼（比如快走），两年后分别测量两组志愿者的体重变化情况和腹部脂肪厚度，结果第一组志愿者的锻炼效果明显好于对照组，无论是体重还是腹部脂肪都减轻了不少。

2010 年，又有一项为期七年的跟踪研究告一段落。这次的研究者来自美国亚利桑那大学，志愿者为 122 名 55 岁左右的老年女性。研究人员把志愿者分成三组，第一组每周进行三次高强度力量训练（每次试举个人最大重量的 70% ～ 80%，连续举八次），第二组进行普通的有氧锻炼，第三组则什么都不做，结果再次证明高强度举重的减肥效果最好。

这三个研究结果都被写成论文发表在了相关领域的国际期刊上。

其实想想看道理挺简单的，高强度的举重必然要消耗更多热量，只是这样做需要咬紧牙关，需要很强的毅力，很多人怕累，就偷懒了。如果你真的想减肥，时间又有限，那就不妨试试看，去健身房练练举重。

这个原理还可以用到身体不便的老年人身上。老年人肌肉容易萎缩，防止肌肉萎缩最好的办法就是负重训练，这样可以刺激肌肉重新生长。但是不少老年人因为关节炎等各种原因而不方便进行负重训练，怎么办呢？美国得克萨斯大学医学中心的研究人员受健美运动员的启发，想出了一个巧妙的办法。健美运动员们早就发现，如果用皮筋绑住肌肉，阻止血液流动，举重时就会感觉比平时更吃力，效果也就更好。于是，医生们发明了一种可充气的橡皮圈，束在老年人的胳膊（或大腿）上，对血管形成一定压力。这样一来，老年人即使举很轻的重量也会感到很吃力，对肌肉的刺激强度超过了重物本身的重量，又不会对关节带来损伤，可谓一举两得。

这项实验结果发表在 2010 年 5 月出版的《应用生理学杂志》(*Journal of Applied Physiology*) 上，这篇论文的主要作者布莱克·拉斯姆森 (Blake Rasmussen) 教授说，这种方法还可以应用在刚刚动完手术的人身上，他们往往只能卧床休息，不便于进行负重训练，采用这个方法就可以用很轻的负重达到同样的锻炼效果。

催命生物钟

动物实验表明,正常运行的生物钟有助
于帮助生物体抵抗压力,延长寿命。

不光人需要倒时差,大自然中的很多生物也有这个需要,因为它们体内都有一座生物钟。

已知最简单的一种需要倒时差的生物名叫红色面包霉,它的学名叫作粗糙脉胞菌(*Neurospora crassa*),是一种原产于热带地区的霉菌,因为人类最早是在烤好的面包上发现的这种橘红色霉菌,故此得名。这种菌很容易培养,对人体无害,因此很早就被科学家当作生物学研究的实验材料。

正常情况下,红色面包霉菌每 24 小时制造一批孢子,即使将它们培养在完全无光的环境里它们也照样维持这个节律,只是其周期会缩短至 22 小时左右。如果用人造光来打乱面包菌的节律,它们一开始会混乱一阵子,但很快就会适应新的周期,和人类的倒时差过程非常相似。倒过时差的人都知道那滋味不好受,所以科学家一直想发明一种药来帮助人们更快地倒时差,这就必须首先弄清楚生物钟计时的原理。通过对红色面包霉等单细胞生物的研究,科学家们已经大致弄清了生物钟计时的秘密。

众所周知，早期的机械钟表依靠钟摆来计时，后来的机械腕表则换成了体积更小、对自身位置不敏感的擒纵器，它的本质和钟摆是相似的，都是利用振动的内在规律性来计时。

那么，生物钟的擒纵器是什么呢？答案是基因。几乎每种生物体内都有若干个生物钟基因，它们负责提供时间标尺，指导生物体的生理节律。这些基因依靠"负反馈"机制来实现擒纵器的功能，具体来说，该基因会以恒定的速度生产"信使核糖核酸"（mRNA），然后再以它为模板生产蛋白质，而蛋白质反过来又能阻止 mRNA 的合成，这就形成了一个负反馈。当蛋白质聚集到一定量的时候，mRNA 就停产了，直到蛋白质以恒定速度被消耗光，这个循环再重新开始。整个过程很像是装了虹吸管的抽水马桶，水箱里的水位上升到一定高度后进水口逐渐被堵死，等水位高过虹吸管后水箱里的水被清空，进水口打开，再接着灌水，周而复始。

由此可见，生物钟基因通过控制相应蛋白质的含量来控制生命的节律，这些蛋白质相当于交响乐团的指挥，能够让生命体内的各种生化反应按照同一种节奏来进行，这样可以提高生理活动的效率。这就是为什么几乎所有的生物钟都是以 24 小时为周期，因为生物必须按照这个节奏来调整自己的生理活动，才能更好地适应环境。

如果生物钟的节奏因为某种原因被打乱，其结果就是各种生理活动不匹配, 乱子就出来了。科学家们之所以花精力去研究霉菌如何倒时差, 就是为了解决人体生物钟紊乱所带来的各种问题。比如, 人类有一种精神性疾病叫作"双向情感障碍"(Bipolar Disorder), 病人的睡眠机制出了问题, 可以整宿整宿地不睡觉。医生们意外地发现锂盐可以缓解这种病的症状, 但一直不知道为什么。后来有人将锂盐加入到红色面包霉当中, 发现后者的生物钟变慢了。进一步分析表明霉菌细胞内的一种名为"频率"(Frequency)的生物钟基因起了变化, 与其对应的"频率"蛋白质在锂盐的作用下分解速度变慢了, 这就好比水箱的出水口变窄了, 换一次水的时间自然也就延长了。锂盐正是通过这个办法调整了人体内的生物钟, 缓解了病情。

另一种被研究得很透彻的模式生物果蝇也有时差问题, 这甚至影响到了果蝇的寿命。美国俄勒冈州立大学的科学家曾经做过一个实验, 将一群生物钟基因天生有缺陷的果蝇按照年龄分成老中青三组, 然后分别用高浓度的氧气短暂地刺激它们。高浓度氧对果蝇有一定的伤害作用, 相当于为果蝇制造了一种生存压力。实验结果表明, 如果刺激发生在青年组, 则对果蝇的寿命没有影响。但如果刺激发生在中年组和老年组, 则果蝇的寿命就会相应地降低。其中中年组的平均寿命降低了12%, 老年组的平均寿命降低了20%。

不但如此, 中老年组果蝇的运动能力也受到了不同程度的影响, 它们的中枢神经系统发生了退行性损伤, 类似人类的阿尔茨海默病。

这篇文章发表在 2009 年 11 月出版的《衰老》(*Aging*)杂志上。该文的主要作者贾维佳·吉布托维茨(Jadwiga Giebultowicz)教授认为这个实验说明不规律的生活对生物体适应环境的能力有负面影响,生物体在年轻时也许能够抵抗这种负面影响,可一旦进入中年,各种生理机能逐渐退化,此时如果生活再不规律,后果就很容易显现出来。

这方面的人体试验尚未完成,但我们有理由相信人类也遵循类似的规律。换句话说,一个人年纪越大,生活就应该越规律,让生物钟保持稳定。

除了长途飞行外,还有什么会破坏一个中年人的生物钟呢?根据台北医学院吕思洁教授所做的研究,过量的酒精能够破坏生物钟基因的 mRNA 生产过程,从而打乱人体正常的生物钟节律。

这篇文章发表在 2010 年 10 月的《酒精中毒》(*Alcoholism*)杂志上。看看自己的生活,你知道该怎么做了吧?

无须基因的生物钟

生物钟领域的研究进展神速，上个月刚
出炉的新证据推翻了旧理论，生物钟无
须基因的帮助即可定时。

科学最大的特点就是会不断地修正自己。《寻找人类的
近亲》曾经介绍人类考古学的一项重大发现，来自德国的科
学家在比较了尼安德特人和现代智人的 DNA 后得出结论说，
两者不存在基因交流。可一年后，同一位科学家再次发表论
文，用新的证据推翻了早先的结论，现代人身体里确实流淌
着一点点尼安德特人的血液。

同样的事情再次发生，而且更新的速度更快了。刚
刚介绍了生物钟的计时机理，世界著名科学期刊《自然》
（*Nature*）就在 2011 年第 4 期上发表了两篇论文，对此前公
认的理论提出了挑战。

旧的理论认为，生物钟的"振荡器"（相当于钟表的擒
纵器）就是位于细胞核内的"生物钟基因"，或者更准确地
说，就是该基因的转录与蛋白质合成过程中的负反馈机制。
这个结论来自对突变体的研究，某些生物体内的基因突变会
导致生物钟变长、变短或者紊乱，而且这种改变可以随着这

个基因遗传给下一代，这一点进一步证明了生物钟的确和基因有关。

推翻一项科学定理，只需要提出一个反例即可。《自然》杂志一下子提出了两个反例，一个比一个有说服力。分析一下这两篇论文的思路，可以帮助我们更好地了解科学家的工作方式。

首先，来自苏格兰爱丁堡大学的科学家安德鲁·米勒（Andrew Millar）博士及其团队研究了一种绿藻的生物钟，发现它完全不需要基因的存在就能正确计时。研究人员向绿藻细胞内注射了一种化学药物，把基因的转录功能彻底关闭，切断从基因到蛋白质之间的传递链条，因此也就切断了基因的负反馈机制，结果发现绿藻仍然保持了正常的生活节奏，生物钟没有受到干扰。

这个实验虽然很能说明问题，但仍然会有人提出质疑。比方说，也许这种药物并没有将所有基因的功能全部关闭，仍有漏网之鱼，或者药物本身产生了某种具有计时功能的副作用，等等。更糟的是，关闭了基因功能的细胞很不健康，活不了多久，这就大大影响了生物钟实验的时间尺度，得出的结论就显得不那么可靠了。

解决这个问题的难点在于实验材料很不好找。众所周知，基因是生命的基础，只要拿活细胞做实验，就很难彻底避免基因的干扰。为了解决这个难题，英国剑桥大学的科学家阿吉莱什·雷迪（Akhilesh Reddy）博士想到了哺乳动物体内都有的血红细胞。众所周知，血红细胞是一种功能单一的特殊细胞，没有细胞核，甚至连线粒体都没有，因此也就不含任何 DNA 片段，不存在基因的干扰。血红细胞在适当的条件下可以在体外存活一段时间，足以用来研究生物钟。

研究人员从三名健康人的血液中分离出血红细胞，把它们培养在完全黑暗的环境里，然后每隔四小时取出一批细胞，分析细胞内含有的一种抗氧化蛋白（Peroxiredoxins）的分子结构。这种分子在自然条件下存在某种节律，即从单一分子两两相连变成双分子，进而连接成长链，然后再逐一分解成单一分子，如此循环往复。

分析结果显示，血红细胞含有的"Ⅱ型抗氧化蛋白"的结构变化确实存在周期性，而且周期大约为 24 小时，这一点很像传说中的生物钟。但是，光有这一个实验还不行，科学家还必须想办法证明这套系统符合生物钟的其他特点。原来，一座标准的生物钟还必须满足两大特征：第一，不受温度影响；第二，能够被轻易地矫正。第一条对于恒温动物也许没用，但对于变温生物而言却是至关重要的，否则生物钟就不可能准确。第二条也很容易理解，倒时差虽然痛苦，但毕竟不是一个不可以克服的难题，一个出差的人只要在居住地生活一段时间，时差很自然地就会被调整过来。

这两个实验都不难做，实验结果也证明血红蛋白内的这个生物钟在低于 37℃的条件下仍然维持原样，而且在光照和变温等外部信号的刺激下，其周期也很容易被调整过来。

抗氧化蛋白的周期性到底有什么用处呢？研究人员发现，这种蛋白的结构与血红细胞携氧量有直接的关系。换句话说，血红细胞的携氧量也是被生物钟所控制的，每天各个时段都不一样。这个结果也许可以说明为什么运动员在客场容易发挥失常，他们的生物钟还没适应当地的比赛时间，体内的血红细胞还没有做好大运动量的准备。

抗氧化蛋白是一类非常古老的蛋白质，存在于几乎所有已知的生命体内。这个实验结果具有重大的意义，它说明也许早在基因出现之前，生物钟就已经存在了。

为什么有那么多科学家热衷于研究生物钟？他们可不光是为了发明倒时差的药物。研究表明，生物钟与人的健康状况有很大关系，现代人的生活节奏越来越快，生活方式也越来越国际化，长途飞行和三班倒正在成为职场的普遍现象。从这个意义上说，生物钟紊乱也许是现代人健康状况普遍下降的原因之一，必须加以重视。

卡路里不是唯一的标准

在真实的世界里，减肥是一项系统工程，
光算卡路里是不行的。

表面上看，世界上没有比减肥更简单的事情了，只要吃进去的卡路里比消耗掉的卡路里少，肯定就能减肥了，对吧？于是很多志在减肥的人按照食物的热值制定每天的食谱，可惜依然不成功，这是为什么呢？美国哈佛大学五位营养学和医学专家给出的答案是：卡路里不是唯一的标准。

这可不是凭空想象出来的结果，而是专家们经过长时间调查研究得出的结论。这项研究一共用了二十年的时间，涉及 120877 名受过高等教育的健康男女，是有史以来时间跨度最长、涉及人数最多的关于体重问题的研究。研究刚开始时这些志愿者的体重全都处于正常范围，没有特殊的遗传病。研究者每四年收集一次数据，除了身高体重等硬性指标外，还对志愿者们的生活习惯进行统计，包括锻炼方式、睡眠习惯、看电视时间、是否吸烟或者饮酒等等。换句话说，这是一次关于真实世界的研究，具有很高的实用价值。

这项研究的结果被写成论文发表在 2011 年 7 月 23 日出

版的《新英格兰医学杂志》上，引起了广泛的关注。其中最重要的结论就是，卡路里不是决定体重的唯一因素，食品的种类往往能起到更关键的作用。

"很多流行了多年的建议，比如不要暴饮暴食，计算卡路里，少吃油腻食品等等都不是最好的减肥方式。"论文的主要作者，哈佛大学公共卫生学院心血管和流行病学教授达里奥什·莫扎法里安（Dariush Mozaffarian）博士总结道："从减肥的角度看，食品是有好坏之分的，即使两种食品的卡路里一样，减肥的效果也大有区别。"

莫扎法里安博士的这番话是有数据作为支持的。为了方便比较，科学家们对来自真实世界的海量数据进行了统计分析，把各种食品对体重的贡献率进行了量化。具体来说，志愿者的体重平均每四年增加 3.35 磅（1 磅约等于 0.45 公斤），不同种类的食品对增重的贡献不一，其中炸薯条最糟糕，贡献了 3.4 磅，炸薯片为 1.7 磅，含糖软饮料为 1 磅，红肉为 0.95 磅，加工肉类为 0.93 磅，其他土豆类食品为 0.5 磅，甜食和饭后甜点为 0.41 磅，精制谷物为 0.39 磅，其他油炸食品为 0.32 磅，纯果汁为 0.31 磅，黄油为 0.3 磅。

从这份表单可以看出，糖类以及去除纤维素的精制淀粉最糟糕。研究者认为，这些食品降低了人的基础代谢率，也就是说，常吃简单碳水化合物的人在安静时消耗的能量较少，这显然不利于减肥。粗粮则没有这个问题，常吃粗粮的人基础代谢率不受影响，一直维持在一个较高的水平。也就是说，当两者的卡路里一样的时候，吃粗粮比吃细粮更不容易长胖。

还有一些食品对体重增加的贡献率为负值，说明它们是有利于减肥的好食品。比如蔬菜的贡献率为 –0.22 磅，粗粮为 –0.37 磅，水果为 –0.49 磅，坚果为 –0.57 磅，酸奶为 –0.82 磅。

这个榜单中的蔬菜水果和粗粮不会让人惊奇，但酸奶竟然有如此大的减肥功效却着实让人吃惊。事实上，研究者认为，奶制品，无论是纯奶还是低脂奶，都与体重增加无关，这一点和传统的观念正相反。另外，酸奶之所以能减肥，原因可能在于酸奶中含有的细菌能够分泌肠道荷尔蒙，让人产生饱足感，从而降低食欲。

另外一种值得注意的食品是坚果。虽然坚果富含脂肪，但主要是植物性脂肪，和动物性脂肪有很大的不同。其中，花生酱被证明是一种很好的减肥食品，原因在于人在吃了花生酱后不容易产生饥饿感。

这篇论文还发现，其他一些生活习惯也会对体重产生较大影响。有些不必解释，比如常运动的人体重比较恒定。有些需要解释，比如看电视越多的人越容易长胖，这不光是因为看电视会减少运动量，更重要的原因在于常看电视的人比较容易受到电视食品广告的影响，导致多吃。

烟酒消费对体重的影响比较复杂。其中，葡萄酒被认为对体重没有影响，但其他酒类消费过量却有可能增加体重。

抽烟的人体重往往较轻，但这很可能是因为吸烟使人产生了其他一些疾病，导致体重降低。戒烟的确会让人长胖，志愿者们戒烟后的头四年体重平均增加了5.17磅。但如果坚持下去的话，再往后就没有多大影响了。

总之，在真实的世界里，减肥绝对不是一件简单的事情。该论文的另一位作者，哈佛大学公共卫生学院营养学教授弗兰克·胡（Frank Hu）博士认为，过去人们常把减肥看得太过简单，以为只要算好卡路里就行了，可实际情况远比人们想象的更加复杂，需要从多方面加以考量。

菠菜铁含量小数点事件

当一个故事听起来特别传奇的时候，你
要小心了。

一个故事要想流传开来，根本不必是真实发生过的。它
只要有一个绝妙的卖点，再加上一点大道理就行了。太空笔
就是这样一个故事。

光明日报出版社曾经出版过一本《小幽默大道理》，收
集了396个笑话并逐一总结中心思想，其中一个笑话是这样
说的：

加拿大航天部门首次准备将宇航员送上太空，但他
们很快接到报告，宇航员在失重状态下用圆珠笔根本
写不出字来。于是，他们用了十年时间，花费120亿美
元，终于发明了一种新型圆珠笔（太空笔）。

而俄罗斯人在太空中一直使用铅笔。

该书为这个故事总结的大道理是："如果抓不住问题的
本质，就难免做出舍近求远事倍功半的傻事。"

这个故事流传很广，而且衍生出了很多不同的版本。其中一个版本把铅笔的发明人改成了小学生，把大道理改成了嘲讽某些科学家死脑筋。但不管怎么改，铅笔都是一个出乎意料的绝妙卖点，最后的大道理看上去也都很正确，让人挑不出什么毛病。

　　可惜的是，这个故事是编造出来的。铅笔因为笔芯容易折断等原因，不适合在太空使用。太空笔是一家私人公司发明的，据说只花了100万美元。因为这种太空笔很好用，如今美国和苏联的宇航员都已经改用太空笔了。

　　另一个流传更广的故事是关于菠菜的。记得小时候曾经听到过一个说法，因为菠菜富含铁元素，所以是补铁的最佳食品。但是今天恐怕只有老人还相信这个故事了，年轻人估计都听说过一个关于菠菜铁含量的"小数点事件"，据说最初测量菠菜铁含量的科学家点错了小数点，把数据无缘无故地扩大了十倍。这件事被美国卡通画家席格（E. C. Segar）知道了，当时他刚刚创作出一个漫画人物Popeye。Popeye是个海员，小臂很粗，翻译成中文时便改称其为"大力水手"。席格对营养学很关注，遂决定让"大力水手"在漫画里每天吃一罐罐装菠菜。随着"大力水手"卡通系列的流行，菠菜富含铁的故事迅速传遍整个西方世界，但营养学家们谁也没有想到去核实一下当初的实验数据，终于让菠菜莫名其妙地流行了很多年。

　　这个故事同样有一个黑色幽默风格的绝妙卖点，以及一个听起来非常正确的大道理。有相当多的文章都提到过这个"小数点事件"，并教育读者不要轻信传言，任何事情都要以事实为依据。有意思的是，写这些文章的人谁也没有想过去核实一下这个故事本身的事实依据是否准确，直到今年才终于出现一位较真的人，为我们揭开了谜底。

此人名叫麦克·苏顿（Mike Sutton），是英国诺丁汉特伦特大学（Nottingham Trent University）犯罪学系的一名助理教授。有一天他在备课的时候决定引用一下这个故事，便顺手打开谷歌，搜了搜这个"小数点事件"的原始出处。搜索的结果全都指向 1981 年出版的《英国医学杂志》（BMJ）上的一篇文章，作者是英国南安普顿大学（University of Southampton）的生物学家汉布林（T. J. Hamblin）。汉布林声称点错小数点的那个化学家名叫沃夫（Wolf），时间是 1870 年，这个错误直到上世纪 30 年代才被德国科学家发现并改正。

苏顿去图书馆找来这篇文章，惊讶地发现文章没有列出涉及这个事件的引文。苏顿给汉布林发邮件询问，后者很快回复说自己也记不清了，只记得这篇文章是应 BMJ 主编的邀请写的。因为文章计划刊登在 BMJ 的圣诞特刊上，所以主编要求他"写得幽默一点"。身为犯罪学家的苏顿博士觉得这事有些蹊跷，决定把它作为一个案例好好研究一番。

此后苏顿花了很多时间泡图书馆，查阅了大量相关文献，结果令人失望，既没有找到传说中的这个粗心大意的沃夫，也没有找到布林所说的上世纪 30 年代的德国科学家。反而是在一篇上世纪30年代发表的论文中看到美国威斯康辛大学的科学家曾经误把菠菜铁含量数据增加了二十倍，不过这个错误两年之后就被来自同一所大学的科学家改正过来了。

有趣的是，苏顿调查后发现，"大力水手"吃菠菜并不是因为铁含量高，而是因为维生素A含量高。苏顿找到了这个漫画系列早期的一幅画，"大力水手"亲口说他认为维生素A能帮助他长肌肉。那么，为什么大家都认为"大力水手"觉得菠菜含铁多才吃呢？苏顿认为这是因为"大力水手"体力超群，曾经被人叫作"铁人"，也许正是这个外号被误读，以讹传讹，最终把"铁"这个字安到了菠菜的头上。

那么，菠菜的铁含量到底多不多呢？根据美国农业部提供的数字，每100克煮熟了的菠菜含铁3.57毫克，和大部分绿色蔬菜差不太多，比牛肉高。不过，蔬菜中含有的铁元素不如肉中的铁元素容易被吸收，所以如果你只想补铁的话，吃菠菜并不一定就是最佳方案。

苏顿把自己的研究成果发表在2010年初出版的《犯罪学互联网杂志》（*Internet Journal of Criminology*）上。这是一本需要同行评议才能发表文章的杂志，文章质量有一定的保证。

苏顿在文章的开头引用了英国皇家学会的一句名言：不相信任何人的话（Nullius in verba，英文大意是On the Word of No One）。在这个互联网时代，这句话显得尤为贴切。很多网上流传的故事听起来都无比正确，无比传奇，但如果不认真核查消息来源的话，它们很可能都是假的。

白日梦的代价

人在做白日梦的时候往往是不幸福的。

梦是一个很有意思的概念，它经常被认为是心灵自由的象征，每每被艺术家们拿来表现思想解放的主题，但其实梦的一个最重要的性质就是无法控制，梦的本质是一种"无法自我控制的思想"，因此梦的内容可好可坏，难以捉摸。

梦是最难研究的一种大脑活动，因为人睡着了才会做梦，因此也就很难收集证据。白日梦有些不同，它是梦的一种，但却在某种程度上可控。又因为是白天，也就是在清醒状态下做的，因此研究者能够想出很多办法来收集证据并研究它。问题在于，把实验对象关在"小黑屋"里做心理测验是一种很不自然的状态，受试者的心理状态难免受影响。另外，这种方法的成本也太高了，所以心理学家们过去做过的类似研究往往存在样本量过小的毛病，其结论也就不太可信了。

通信技术的发展为心理学家们提供了一个新工具，研究人员可以随时和实验对象保持联系，避免了"小黑屋"对受试者心理的负面影响，同时也降低了数据采集的成本，为心理学研究领域带来了一场革命。

美国哈佛大学心理学家丹尼尔·吉尔伯特（Daniel Gilbert）教授就是这场革命的获益者。他一直对白日梦和幸福的关系感兴趣，在他看来，白日梦是人类和其他动物最大的不同，动物在清醒的时候只会关注眼前发生的事情，只有人类才会经常去动一些"和感官刺激无关"的念头。虽然白日梦的出现帮助人类获得了学习和逻辑思维的能力，被公认为是人类进化史上很关键的一步，但这种能力是否会让人更幸福？这个问题却一直没有准确可靠的答案，原因就在于搜集数据太困难了。

吉尔伯特教授想到了目前正流行的苹果手机 iPhone，决定利用这个热门通信工具帮助他搜集数据。他建立了一个网站 http://www.trackyourhappiness.org/，请 iPhone 用户毛遂自荐成为一项"幸福指数研究计划"的受试者。对于符合条件的签约者，吉尔伯特教授会在他们清醒的时候随机发送短信，询问他们接到短信时正在做什么，正在想什么，同时为自己的幸福状态打分，0 代表不高兴，100 代表很幸福。

这个计划得到了苹果粉丝们的热烈相应。截止到 2010 年 5 月，吉尔伯特教授一共征集了超过 5000 名志愿者，他们来自 83 个不同的国家，平均年龄 18 ～ 88 岁，从事的职业有 86 种之多。吉尔伯特教授从中挑选出 2250 人作为受试者，其中 73.9% 来自美国，58.8% 为男性，平均年龄 34 岁。

很显然这个群体并不足以代表整个人类，但研究人员从他们身上一共收集到了超过 50 万份答案，而且这些回答都是在正常的生活状态下得到的，所以还是很有价值的。

吉尔伯特教授对这些数据进行了统计学分析，得出了几个令人惊讶的结论。首先，受试者有 46.9% 的时间在做白日梦，这个比例远大于之前一些在"小黑屋"里研究出来的结果。而且，一个人正在做的事情和他是否在做白日梦没有关系，换句话说，人只要醒着，不管他在做什么，总是有将近一半的时间在想一些别的事情。

其次，统计结果显示，人最幸福的时候是在做爱的时候，平均幸福指数高达 90%，排第二位的是锻炼身体，但幸福指数骤降到 75%。紧随其后的是聊天、听音乐、散步、吃饭和宗教活动，平均幸福指数都超过了 70%。排名最后的是工作、在家里上网和上下班的路上，幸福指数只有 60% 左右。上述结果应该说很容易理解，真正让研究者感到惊讶的是幸福指数与白日梦之间的关系。吉尔伯特教授对白日梦的种类和幸福指数之间的关系做了统计分析，结果发现受试者有 42.5% 的白日梦是令人愉悦的，31% 的白日梦是中性的，只有 26.5% 的白日梦是让人不高兴的。但当受试者精力集中做事情的时候，其幸福指数和做愉悦白日梦时一样高，远远超过了中性和恶性的白日梦。也就是说，人在做白日梦的时候比"清醒"时更不幸福。

吉尔伯特教授把研究成果写成了一篇论文，发表在

2010 年 11 月 12 日出版的《科学》（Science）杂志上。这个结果也许听起来有些让人意外，但却与很多古老的宗教以及很多哲学家的教诲相吻合。相信很多人都听到过"活在当下"这句话，说的就是这个意思。吉尔伯特教授的研究从科学的角度证明了哲人的一些话还是很有道理的，白日梦赋予了人类一个极富想象力的大脑，但同时却让人类在情感领域付出了代价。

食评家的三道门槛

食评家这份工作不是每个人都可以做的，
需要过三关。

　　食评家似乎是个很好的职业，他们尝遍天下美食，却又不用花钱，只要尝完了写点什么就行了。但是这个行业门槛很高，你要是没有那个金刚钻，还真揽不了这个瓷器活。

　　简单来说，食评家要过三道门槛：第一味觉要正常，第二不能对食物过敏，第三要能控制自己的食欲。任何一道门槛过不去，食评家都当不成。

　　先来说说味觉。人有五种味觉细胞，分别负责酸甜苦咸鲜，缺一不可，这个自不必说。除了五味之外，还有很多其他因素也能影响食物的味道，口感就是其中之一。这里所说的口感，特指淀粉类食物在口腔中表现出来的性质。用文学的词汇描述，就是细腻、粗糙、黏稠或者清爽等等主观感觉，用科学的词汇来描述，就是指淀粉分子长链断裂的程度。

　　众所周知，淀粉是人类最主要的食物成分。淀粉分子是由葡萄糖彼此相连而成的长链，链的长短决定了淀粉的溶解度，直接导致了食物口感的不同。人的唾液中含有唾液淀粉酶（Salivary Amylase），负责催化淀粉分子的降解。彻底降解后淀粉就变成了葡萄糖，这就是馒头越嚼越甜的原因。

那么，这种酶的含量和活性是否会因人而异呢？这个问题以前从来没人研究过。莫奈中心（Monell Center）的分子生物学家保罗·布雷斯林（Paul Breslin）博士决定尝试一下，这个莫奈中心位于美国费城，是全世界唯一一所专门研究人类味觉和嗅觉的独立研究机构。布雷斯林博士招募了73名志愿者，收集他们的唾液并测量其对淀粉分子的催化速率，结果发现差异很大。研究人员又让这些志愿者在规定时间内品尝淀粉类食物，并记下自己的感受，其结果和唾液淀粉酶的活性完全吻合。

接下来，布雷斯林博士又分析了这些人的基因，发现负责编码唾液淀粉酶的基因（AMY1）拷贝数因人而异，少的只有两份拷贝，多的竟然可以有十五份拷贝！进一步分析表明，AMY1基因的拷贝数和唾液淀粉酶的活性也是直接相关的，拷贝数越多，酶的分泌量也就越大，活性自然也就越高。

这篇论文发表在2010年10月13日出版的《科学公共图书馆·综合》（PLoS ONE）杂志上。这个有趣的结果说明，如果你的基因拷贝数和人类平均值相差过大，你对食物口感的描述就会和大家很不一样，那你恐怕就做不了食评家了。

再来说说食物过敏。很多食品成分都能引起过敏，比如花生、牛奶、大豆和小麦等等，如果你不幸中招，自然也当不成食评家。那么，当个品酒师总可以吧？这可不一定。就拿葡萄酒来说，统计表明，人类当中对葡萄酒过敏的比例高达 8%，这些人只要喝一点葡萄酒就会引发头痛、鼻塞和皮疹，严重的甚至会导致呼吸困难。以前人们曾经认为造成过敏的罪魁祸首是酒商为防止葡萄酒变质而添加的亚硫酸盐，但后续研究表明亚硫酸盐导致的过敏只占 1%，剩下的 7%原因不明。

丹麦南方大学生物化学系教授居瑟佩·帕米萨诺（Giuseppe Palmisano）决定研究一下这个问题。他采用蛋白质组学分析的方法分析了一种意大利生产的霞多丽（Chardonnay）白葡萄酒，发现了 28 种结构特殊的糖蛋白。所谓"糖蛋白"指的是表面连接了很多糖分子的蛋白质，葡萄酒中的糖蛋白是葡萄发酵的副产物，成分很复杂。帕米萨诺发现其中一些糖蛋白和已知的过敏原结构非常相似，比如他找到了和乳胶分子，以及一种豚草蛋白结构类似的糖蛋白，而乳胶和豚草是两种很常见的过敏原。

这项研究有助于葡萄酒商开发出不含过敏原的葡萄酒。但在此之前，如果你不幸成为 8% 中的一员，那你就只能放弃做一个葡萄酒品酒师的梦想了。

最后再来说说食欲。食欲和这个世界上的绝大部分欲望一样，不能没有，但也不能太多。食欲归根到底是由血清素控制的，这个血清素又名五羟色胺（Serotonin），它还有一个外号叫作"快乐荷尔蒙"。顾名思义,这是一种能让人感到愉悦的小分子神经递质,抑郁症患者的病因就是体内缺乏血清素,导致他总是高兴不起来。

人脑中负责分泌血清素的神经细胞基本上是受食物控制的。更准确地说,当一个人刚吃完饭时,食物中的碳水化合物导致血液胰岛素水平升高,进而刺激脑细胞分泌血清素,"食欲"就是这么来的。

有趣的是,人体内大部分血清素并不在脑内,而是在消化系统里。大约有80%血清素都是由肠嗜铬细胞(Enterochromaffin Cell)分泌的,这种细胞长在小肠壁上,每当食物经过小肠的时候肠嗜铬细胞就会分泌血清素,诱导小肠发生蠕动,把食物推下去。如果食物中含有不良成分,或者小肠细胞对血清素过于敏感,都会导致小肠蠕动速度过快,结果食物还没有完全被消化就被排出了体外,这就是腹泻,俗称"拉肚子"。

食评家体内的血清素代谢一定得在正常范围内,否则的话,要么很容易吃成一个大胖子,要么吃什么陌生食品都会拉肚子,这份工作也就干不长啦。

手性与生命

生命的一个最基本的特征就是分左右手。

手套分左右手，戴错了就戴不上，这个道理谁都懂，但仔细研究一下这个问题你会发现，这里面的学问还真挺多呢。

数学家喜欢用"镜像"的概念来帮助定义左右手现象。他们会说：凡是不能和自己的镜像完全重叠的东西都是有"手性"的。之所以用"手性"这个词只是为了解释起来更方便，世界上最简单的具有"手性"的东西不是手，而是金字塔。想象一个三面金字塔，如果塔的四个角都不同的话，这个金字塔是没法和自己的镜像重叠的。

最像金字塔的化学元素是碳，碳原子有四个化学键，如果这四个键分别连接了不同的原子，它就成了一个具有手性的金字塔。碳是所有生命的基础，无论是糖还是氨基酸都是由一连串碳原子为骨架组成的分子，因此它们大都具有手性。

数学家按照一定的规则把这些有机分子分为"左手性"

和"右手性"，地球上几乎所有的生命使用的氨基酸都是左手性的，右手性的氨基酸看上去貌似是一样的，但都没法用。事实上，手性正是生命的重要标志之一，如果化学家采用无机的方法合成氨基酸，其结果肯定是左手右手各占一半，但如果采用有机的方法合成氨基酸，那结果肯定全都是左手性的。这是为什么呢？这就要用到"手套"的概念了。所有生命体都需要蛋白酶，而蛋白酶的作用方式很像是给催化物戴手套，如果不合手是戴不上的，因此也就没法起到催化作用了。

别小看这个发现，它是探索宇宙生命起源的一个重要手段。有科学家建议发射一个特殊装置去火星，看看火星土壤里的大分子到底是"左右手"各占一半还是有偏好，如果是后者，那就说明火星历史上很可能有过生命存在。

下一个很自然的问题就是：为什么氨基酸都是"左手"的，不是"右手"的呢？这个问题有过多种解释，目前仍然没有定论。以前科学家大都认为这种偏好是随机产生的，但近年来有不少科学家相信原因来自宇宙射线。有一部分宇宙射线是有手性的，这些射线把太空中的右手性氨基酸分子消灭了，只剩下左手性的。这些左手性氨基酸落到地球上，成为第一个诞生的生命的粮食，并一举奠定了地球生命的手性。美国 NASA 科学家丹尼尔·格拉文（Daniel Glavin）及其同事曾经花了四年时间研究了六块寿命超过地球年龄的陨石，发现它们内部含有的左手性氨基酸都比右手性的多。

不管真正的原因是什么，有一点可以肯定，那就是不管是"左手"分子还是"右手"分子，它们本身的化学性质都是一样的。可是，人类的手性就不同了，大多数人的右手都比左手灵活，这是怎么回事呢？

要想搞清这个问题，必须从大脑着手。众所周知，高等动物的大脑分为左右两个半球，左脑控制右边身体，右脑控制左边身体。半个世纪前的科学家们普遍认为只有人类的脑子左右有别，因为人类的左脑负责语言，不能太过操劳，因此右脑管起了其他功能。换句话说，过去的科学家们认为只有人类有手性，其他高等动物都是左右手并用的。

上世纪 70 年代，澳大利亚科学家莱丝丽·罗杰斯做了一个精妙的实验，推翻了上述结论。她找到一种化学物质，能够干扰鸡的学习过程。她发现只有当她把这种物质注射进鸡的左脑时才有效，这些鸡突然变得不会识别夹杂在小石子中的米粒了。如果注射进右脑则没有影响。这个实验充分说明鸡的大脑也是有分工的。

后来罗杰斯又做了一个更加精妙的实验，证明鸡的左脑适合辨别食物，右脑适合观察捕食者。她一边喂鸡吃混有石子的米粒，一边用假的老鹰去吓唬它们，结果发现只有当鸡用右眼看地上、左眼看老鹰时才更有效率，反之则不灵。

进一步研究表明，大多数动物都需要一边捕食一边防止被捕食，所以需要对左右大脑进行分工。比如鱼类在逃跑时通常用一侧眼睛面对敌人，因此它们只会向一边游。但是，这样做不就等于把自己的行踪事先暴露给敌人吗？鱼类为什么进化出这么一个愚蠢的模式呢？

来自瑞典斯德哥尔摩大学的科学家给出了解释。他们用"博弈论"加"进化论"的分析方法分析了各种可能的模式，结果发现只有当一个种群中的大多数成员都偏好一侧，而少部分成员偏好另一侧时，才是最稳定的结构。这个结果正好和观察到的现象相吻合，比如人类大多数都是右撇子，但也存在少量左撇子，看来左撇子很可能是由基因决定的。

左撇子还有一个好处，那就是在种群内的搏斗（比如争夺配偶）中突出奇兵，容易占到上峰。法国科学家曾经研究过八个未开化的土著部落，结果发现杀人最多的往往是左撇子，这个现象也许可以解释为什么在对抗类的体育比赛中左撇子更有优势。

安全香烟

....

有没有可能生产出"安全"的香烟？谁
来检验"安全"香烟是否真的安全？

2009 年 5 月 22 日，美国食品与药品管理局（FDA）新
一任掌门人玛格丽特·汉堡（Margaret Hamburg）在华盛顿
正式宣誓就职。汉堡上任后面临的第一项任务就是在 FDA
现有的九个部门之外单独成立一个烟草管理部，美国国会刚
刚于 6 月 11 日投票批准了这一计划，这就意味着烟草业历
史上第一次划归 FDA 管理。

说来也奇怪，成立于 1927 年的美国 FDA 最初就是专门
用来对付食品与药品行业里的不法奸商的，烟草业似乎很符
合"不法奸商"这个定义，为什么直到现在才划归 FDA 管
辖呢？原来，自从烟草对人体健康的危害被证实之后，反对
吸烟的一方一直号召政府把烟草行业完全禁掉，不给烟草商
人任何机会。从某种意义上说，禁烟组织的努力是有成效
的，起码在美国，吸烟人口所占比例已经从上世纪 60 年代
的 50% 下降到了目前的 20%。美国政府原本希望到 2010 年
时能够下降到 12%，但显然这个目标是不太可能实现的。

在中国，情况就更不乐观了。中国大约有3.5亿烟民，占世界总数的三分之一，中国烟草税在中国总税收中所占的比例为7%，任何人都不会轻易丢掉这块肥肉。所以说，要想实现全面禁烟，几乎是一项不可能完成的任务。

于是有人提出，我们必须现实一点，承认烟草的消费品地位，然后顺理成章地把它交给有关专家（比如FDA）统一管理，尽量减少吸烟对健康的危害。这个提案看似对烟草行业有利，但自从1998年被提出之后，美国烟草行业一共投入了3.08亿美元用来游说美国国会，试图阻止这项法案的通过，这是为什么呢？

首先，烟草业一旦被纳入FDA体系，就必须严格服从FDA多年来形成的一套科学的管理办法，其中最重要的一条就是对食品和药品这类进"口"的东西进行严格的定性定量分析，并向消费者公开检测结果。现在任何一种工业化食品的外包装上列出的营养成分列表就是FDA的杰作。但是，你能想象今后所有的香烟壳上都印出所有有害物质的清单吗？那将会是一个令吸烟者心惊胆战的长长的名单。

不过，也有不少吸烟者认为，他们早就知道烟草有害，是否列出名单对他们来说根本无所谓。所以，有行家认为，一旦烟草行业纳入FDA，受影响最大的是那些所谓的"安全香烟"品种，比如低焦油、活性炭过滤嘴，以及号称"无烟"的电子香烟。在此之前，一种香烟是否更安全，完全是烟草公司说了算，可一旦FDA介入，就必须严格按照科学标准进行实验，而且必须委托中立的第三方来做。

说来也许令人难以置信，以前所有关于"安全香烟"的说法全都来自烟草公司。他们的做法就是用机器（吸烟机）抽取样本，化验其中的有害物质含量。但是，这个方法有一个明显的漏洞，因为很多人在抽这种低焦油的"安全"香烟时往往会比普通香烟吸得更深更频，吸入的有害物质并不一定会比普通香烟更少。

解决这个问题最好的办法就是直接分析吸烟者的尿样，看看其中含有的有害物质浓度是否有所变化。最近，由英美烟草公司资助的一项小规模人体试验证明，吸烟者尿液中的有害物质含量确实和过滤嘴的过滤效果成反比。另一家知名烟草企业菲利普－莫里斯烟草公司资助的一项类似实验也得到了相同的结果。

烟草公司资助的实验结果可信吗？弗吉尼亚州立邦联大学的科学家托马斯·艾森伯格（Thomas Eissenberg）提出了自己的看法："烟草公司也希望减少烟草对吸烟者健康的危害，一个活到 80 岁的吸烟者肯定要比一个 60 岁就死于癌症的吸烟者购买更多的香烟。"

这话虽然有一定的道理，但仍然无法让人相信烟草公司在这方面的中立立场，由他们资助的科学实验的可信度仍然会受到广泛的质疑。解决办法只有一个，那就是按照科学界公认的程序，让第三方对实验结果进行审查，并委托中立的实验机构进行重复。

FDA 的野心还远不止这些。他们打算模仿新药的审批程序对这类"安全香烟"进行检查，也就是说，不光是分析吸烟者的尿样，而是采用随机双盲对照试验的办法检验新产品是否能够真正减少香烟对吸烟者健康的危害。但是，一旦采用这一标准，就意味着新型"安全香烟"的审批过程必将变得无比漫长，其结果的可信度也会相应提高。

有人担心，一旦某个产品被 FDA 批准，就会给吸烟者一个错误信号，认为该产品是"安全"的。但也有一部分认为这是件好事，既然我们无法做到绝对禁烟，就应该退而求其次，尽量减少香烟对吸烟者健康的危害，这才是更加人道的做法。

香烟替代品的逻辑

一些人认为，戒烟的最终目的不是打击
烟草商，而是减少烟草的危害，所以香
烟替代品是一个不错的选择。

俗话说，任何事情都有两面性。这句话的潜台词就是，一件事只要好处大于坏处就可以去做。比如，抗生素能让病菌产生抗药性，但该用的时候还是得用它。这道理恐怕没人反对吧？

再举一个例子。2010年5月，美国儿科医生协会向美国政府提交了一条议案，建议相关立法部门放开对女童实施替代割礼手术的限制。所谓"替代割礼"，就是象征性地在女童私处刺一针，微微出点血而已，不会影响其正常的生理功能，但却给那些坚守传统的家长一个台阶下。儿科医生协会认为，如果美国政府不允许进行任何形式的割礼手术，不少家长就会偷偷把孩子带出美国，到那些依然实行割礼的国家去做真正的手术。

此事一经媒体曝光，立刻引起了激烈的争论。反对派认为如果美国政府开了这个口子，就会向公众传递错误的信息。他们相信，正确的方法应该是加强管理，一旦发现就施以重罚。但美国儿科医生协会经过调查后认为，目前全世界仍有130万妇女儿童被实施了割礼手术，可见这一习俗在很多传统文化中依然很强势，硬堵是堵不住的，只有采取变通的办法，用替代割礼手术来代替真的割礼，尽量减少女童受到的伤害。事实上，一些非洲国家的政府就是这么做的，效果还不错。

如果让你来替美国政府做决定，你会怎么做呢？答案恐怕就不那么统一了吧？

这两个案例的不同之处在于，抗生素是治疗很多疾病的唯一武器，病人没有其他选择。而替代割礼只能算是一种妥协，起码从理论上讲存在更好的解决办法，所以才会引起那么大的争议。

如果说这两个例子都太极端，不符合中国的现实，那么再举一个和国人很有关系的案例。中国是个香烟消费大国，卫生部门花费了很大力气号召戒烟，但收效甚微。一些科学家提出，我们应该换一种思路，从降低香烟危害的角度入手。

众所周知，香烟的大部分危害来自烟草燃烧后产生的有害气体，但烟草的成瘾性则来自尼古丁，如果把两者分开，就能达到减少危害的目的。如今市面上流行的"低焦油香烟"仍然需要燃烧，所以并不能减少危害。正规牌子的"戒烟贴"，以及曾经在国内流行过一段时间的电子香烟"如烟"都去掉了燃烧这一环节，直接向人体提供纯的尼古丁，从理论上讲应该很有效。但这些方法都不够自然，价格也贵，戒烟效果并不好。

其实，人类自古以来就存在很多种不同的烟草消费方式，嚼烟、烟膏和鼻烟等方法均用不着烧烟叶，只是当火柴被发明出来后，尤其是卷烟的大规模工业化生产成为现实后，抽烟才成为烟草最主要的消费方式。这种方法让肺部来负责吸收尼古丁，而这是人体吸收尼古丁最快的方法，所以迅速流行开来。相比之下，如果只是把烟草晒干后直接放在嘴里嚼，尼古丁就不太容易被人体吸收，对尼古丁上瘾的人肯定会觉得不满意。

喜欢嚼烟叶的人为了让尼古丁更好地被吸收，想出了很多办法。有人发明了发酵法，有人发明了火烧法，这两种方法都会让烟叶产生很多有害物质，并不比烧烟草好多少。19世纪初期，瑞典人发明了一种相对安全的处理方法，就是把烟草剁碎后用高温蒸汽熏，熏出来的产品就是湿烟草（Snus）。瑞典人用纱布把湿烟草包成一个口香糖大小的小包，放在上嘴唇和上牙床之间。这种方式不必像嚼烟那样需要吐口水，又能满足瘾君子对尼古丁的需求，很受瑞典男人的喜爱。

但是，欧洲大部分国家至今仍然禁止Snus在本国销售，理由是Snus会增加口腔癌发病率。但是这方面的研究已经做过很多，结论互相矛盾。这个事实说明即使Snus能导致口腔癌，其作用应该也是不大的。

对于其他癌症来说，Snus 的影响远比吸烟为轻。比如，欧洲著名科学期刊《柳叶刀》(*Lancet*) 就在 2007 年刊登了澳大利亚昆士兰大学教授 C. E. 加德纳 (C. E. Gartner) 撰写的一篇综述，认为和传统香烟相比，Snus 对于心血管疾病的影响只有 10%，消化系统癌症则是 15%，肺癌更是低到只有 2%。最后一条很容易理解，因为 Snus 不必吸入肺里，自然不会导致肺癌。

另外，Snus 还有一个传统香烟永远不可比的好处，那就是绝对不必担心二手烟的危害。

反对者还担心 Snus 会降低吸烟门槛，让原本不吸烟的青少年沾上烟草。对此疑虑，瑞典国立烟草研究所的科学家拉斯·拉姆斯特姆 (Lars Ramstrom) 在 2010 年 7 月举行的欧洲科学开放论坛 (ESOF2010) 上做了一个报告，向大家汇报了他对瑞典烟草市场所做的一次调查。结果显示，只有 5.4% 的 Snus 使用者最终改为抽烟，比例相当低，但有大约 76% 的吸烟者在改用 Snus 后最终戒掉了吸烟，改用 Snus 了。

世界卫生组织 (WHO) 的统计结果显示，瑞典男性使用烟草制品的比率和其他欧盟国家类似，但瑞典男人患肺癌的比率却是欧盟国家里最低的，其原因就在于其中一半人用的是 Snus。

怎么样，如果让你来制定相关法律，你会选择放开 Snus 市场吗？

天然的危险

....

纯天然的东西并不一定都是健康的，一
定要具体问题具体分析才行。

两根黄瓜，一根是有机农场生产的，一根是普通大田里
生产的，如果价格都一样，你会选哪根？相信很多人都会选
择有机的那根，除了有机黄瓜有可能比较好吃外，多数人都
会觉得有机黄瓜应该更安全。

可是，2011 年在德国发生的一起食品安全事件却让人
大跌眼镜。原来，5 月初德国政府宣布在德国北方爆发了严
重的食物中毒疫情。此后疫情迅速蔓延到整个德国，截止到
6 月 10 日已有 773 人染病，至少 22 人死亡。病人的主要症
状为出血性腹泻，不少人还伴随着肾衰竭。粪便化验显示，
导致这次疫情的是一种肠出血性大肠杆菌，这种细菌发生了
基因变异，产生的毒素不但能损伤小肠内壁绒毛，导致大出
血，还能让血液凝结，堵塞血管，损伤内脏器官。

德国政府一开始怀疑是西班牙进口蔬菜出了问题，为此
差点引发了一场贸易战。但后来的分析显示，源头竟然是德
国北部下萨克森州（Lower Saxony）的一家有机农场生产的

豆芽！此消息一出，舆论哗然，大家都不愿相信有机农场竟然成了散布毒细菌的元凶。

其实此事一点也不奇怪。有机农场不用化肥，大量使用牲畜粪便作为有机肥料。牲畜是大肠杆菌最好的宿主，因此有机肥中的大肠杆菌含量很高，极易导致食品污染。此前已有数个研究证实来自有机农场的农产品表面含有的大肠杆菌数量远比来自普通农场的要高，早在2006年美国加利福尼亚州的一家有机农场生产的菠菜就曾导致三人死亡。

同样的例子还有转基因农作物。肯定有人认为还是非转基因农作物更安全，可他们没有想过，种植非转基因农作物通常都必须使用杀虫剂，而转了Bt基因的农作物自己能够合成Bt蛋白质，这其实是一种杀虫剂，人类已经使用了五十多年，没有证据表明它对人类健康有任何危害。

当然，举这两个案例并不是说纯天然产品不好，而是想说明一个道理，那就是判断某种食品是否安全，不能只看它是否是"纯天然"的，还有很多其他因素需要考虑。

另一个案例就是化工厂。在很多人心目中，化工厂是危险化学污染物的主要来源，化工产品就是有毒产品的同义词，在可能的情况下一定要使用纯天然的替代品。其实，有毒的化学品无处不在，并不一定出自化工厂。比如被人类祖先使用了几千年的沥青，就是一个毒性很大的天然产品。

沥青源自石油，在一些埋层较浅的地方都很容易找到纯天然的沥青。人类的祖先很早就发现了沥青的好处，考古证据显示，美国加利福尼亚州的原始部落丘玛什（Chumash）人一直有拿沥青造船（粘船缝）的传统，很多人甚至拿它当口香糖嚼。分析显示，天然沥青中至少含有 44 种多环芳烃（PAH），其中很多都是已知的致癌物。

那么，丘玛什人的健康有没有受到多环芳烃的影响呢？这个问题不好回答，因为多环芳烃的危害大都表现在活体器官上，经过这么多年早就腐烂了。瑞典斯德哥尔摩大学的塞巴斯蒂安·华姆兰德（Sebastian Warmlander）教授决定另辟蹊径，研究一下丘玛什人的遗骨，因为有证据表明多环芳烃会影响人体骨骼发育。如果一个母亲在怀孕期间过多地暴露在多环芳烃的环境中，生出来的孩子骨架小。

华姆兰德教授和他的同事们研究了古墓中出土的 269 具丘玛什人的骸骨，对应的年代从公元前 6500 年到公元 1780 年。分析显示，丘玛什人成年男性颅腔的体积在这 8000 多年的时间里从 3370 毫升减少到了 3180 毫升，成年女性则从 3180 毫升减少到了 2980 毫升。与此相对应的是，丘玛什人的股骨长度也在不断下降。

这篇论文发表在 2011 年 5 月出版的科学期刊《环境与健康展望》（Environmental Health Perspective）上，引起了不少人的关注。有专家认为，这项研究虽然不能百分之百地把骨架萎缩和多环芳烃联系在一起，但却是一个非常有力的证据，证明源自大自然的物质照样会对人体产生危害。

也许有人会说，沥青毕竟是一种较为罕见的物质，并不足以说明天然产品一定有害。确实，现代社会接触多环芳烃的机会更多，比如柏油马路和一些建筑物表面都使用了这种物质。但是，多环芳烃并不是只有沥青中才有，烟草和天然熏香中都含有大量多环芳烃，这些纯天然的物质同样会影响人类的健康。

最后补充一句，多环芳烃可并不一定总是有害的。要知道，在生命出现之前，地球上的碳元素大都是以多环芳烃的形式存在的。换句话说，生命的演化正是从多环芳烃开始的。

体育明星的广告效应

因为管理不严，再加上体育明星的广告效应，运动医疗领域正变得越来越不靠谱。

假如老虎伍兹在电视上做广告宣传某种降压药，你会相信他吗？恐怕不会。但是，假如他在一档体育访谈节目里对记者说，自己受伤很久的膝盖在使用了某种疗法后奇迹般地康复了，然后捧出一座金光灿灿的高尔夫巡回赛冠军奖杯作为证据，你会怎么想？

确实，随着相关法律法规的不断完善，名人直接代言医疗产品的情况越来越少了，老百姓也长了心眼，不再盲目相信明星们在电视上做的药品广告。但是体育明星是个例外，一来他们可以用自己做例子现身说法，二来他们所宣传的运动医疗具有某种天生的特殊性，和普通医疗领域有着完全不同的游戏规则。

想想看，假如某种降压药只是"看上去"有些道理，便被批准上市，然后各路媒体纷纷发表由制药厂雇用的枪手炮制的软文，忽悠老百姓购买，你会怎么想？不幸的是，这种事情在运动医疗领域几乎天天在上演。这个领域面对的是运动伤，通常不涉及生死，有的甚至和生活质量也没有太大的关系，所以很多疗法不需要经过 FDA 的认证，这就给某些心术不正的医生提供了钻空子的机会。

这方面最著名的例子就是网球肘。过去的运动医疗专家们都想当然地认为网球肘是肌腱使用过多导致的炎症，于是一直把具有消炎作用的激素类药物可的松（Corticosteroid）作为治疗网球肘的首选药物。但当科学家们用严格的临床试验标准进行检验后发现，可的松疗法不但无效，而且很可能是有害的。这个错误的关键在于，网球肘在休息一段时间后往往就能自行好转，因此可的松的神话一直没有被戳穿。

最近又有一种运动疗法进入了大众的视野，这就是 PRP 注射法。PRP 指的是富含血小板的血浆（Platelets-Rich Plasma），通常从患者本人的血液中提取，再注射到受伤部位，据说可以提高运动伤的恢复速度。

这个疗法很早就有了，但直到 2009 年才被公众所了解，主因就是两位美式橄榄球运动员的现身说法。原来，那一年美国匹兹堡钢人队的两位明星级球员在赛季中期受了伤，一位是膝盖韧带扭伤，另一位是小腿肌肉拉伤。两人都去做了 PRP 注射，结果很快恢复了健康，双双在赛季末的超级碗总决赛上登场亮相。

此事被美国体育媒体报道后，PRP 注射法迅速红遍美国。下一个现身说法的体育明星来头更大，他就是老虎伍兹。伍兹在做了膝盖手术后不久，便在自己的私人医生安东尼·加利亚（Anthony Galea）的指导下接受了若干次 PRP 注射。美国的体育媒体引用加利亚医生的话说，伍兹打电话告诉他治疗效果好极了："我觉得自己能一下子蹦到厨房的餐桌上。"

有意思的是，这位加利亚医生后来因为向职业运动员提供非法的兴奋剂而接受了有关部门的调查，但这不妨碍 PRP 注射法大行其道，成为很多业余体育爱好者的首选。

必须承认，这个方法"看上去"是很有道理的。众所周知，血小板除了能够帮助血液凝结之外，还会分泌一些生长因子，比如血小板衍生生长因子（PDGF）和转化生长因子 - β（TGF beta）等。这些生长因子在实验室条件下都具有刺激细胞生长的功能，所以很多医生便想当然地认为，如果将血小板浓缩一下再注射到伤处，一定能帮助受伤部位尽快恢复健康。

问题在于，实验室条件得出的结果并不能作为实际应用的证据，中间会出现很多意想不到的问题。比如，万一浓缩后的血小板不能产生足够多的生长因子怎么办？即使产生了足够多的生长因子，万一受伤部位缺乏相应的受体细胞怎么办？上述两种情况都有可能发生，必须针对实际的病人进行大规模双盲对照试验，才能证明 PRP 注射确实有效。

可惜的是，很多医生对此采取了睁一只眼闭一只眼的态度，根本原因即在于很多运动伤都能自我修复，体育明星们根本就分不清楚到底是谁的功劳，更别说普通的体育爱好者了。

那么，PRP注射疗法到底有没有疗效呢？有人检索了发表在科学期刊上的所有相关文献，发现这方面的正规研究很少，结果有好有坏，目前尚无法下结论。

为什么这样一个未经证明的疗法如此受欢迎呢？钱是其中很重要的原因。PRP注射疗法成本低廉，医生们所要做的就是从病人身上抽血，然后放入一根无菌试管中在离心机上转几圈，血小板就会集中到试管的中部来，只要将这部分抽取出来注射到伤处，其余的血液再返还给病人就行了，整个治疗过程非常简单，成本最多不到200美元，但医生往往收取1000～1500美元的费用，可谓一本万利。再加上体育明星们经常在媒体上有意无意地炒作，医生们连广告费都省了。

在医疗领域，商家和消费者的信息是不对称的，如果监管不严，必然导致腐败。

IV

辑 四

人与环境

越大越环保

一群没有领导者的乌合之众，能否进化
出一个复杂有效的组织结构？

　　住在大城市里的人总喜欢抱怨市区的生活环境不如中小
城市好，但如果从地球的角度考虑，仔细计算一下不同规模
的城市对环境的影响，你会发现大城市反而是最环保的。

　　有人曾经对世界上大多数城市所拥有的加油站的数量
进行过统计，发现加油站总数的增长和人口总数的增长之
间不是简单的线性关系，前者是后者的 0.77 次方。具体来
说，人口总数增加十倍的话，加油站总数并不会相应地增加
十倍，而是只增加到 10 的 0.77 次方，也就是 5.9 倍。如果
人口总数增加百倍的话，那么加油站总数就会增加到 100 的
0.77 次方，也就是 34.7 倍。

　　如果我们来计算一下平均多少人拥有一座加油站，并把
它作为一个城市是否环保的评判标准，其结果就变得很有趣
了。假定一座拥有 1 万人口的城市有 10 个加油站，平均每
1000 个人有一个，那么一座 10 万人口的城市会有 59 个加
油站，平均每 1700 个人有一个。一座 100 万人口的城市会

有 347 个加油站，平均 2881 人才会分到一个！

也就是说，城市越大越环保。

那么，这个奇特的规律是不是城市规划部门事先计算好的呢？恰恰相反。这些城市都是严格按照市场规律运作的，加油站的数量完全由投资方和本地居民说了算。一座 100 万人口的城市之所以只建了 347 个加油站，是因为大家都认为 347 个就足够了，没必要多建。

不仅是加油站的数量存在上述比例，其他诸如道路、水管、电线和电话线的总长度等等城市公共设施都存在类似的比例，只不过具体的数字不都是 0.77，而是在 0.7 ~ 0.9 之间变化。但无论如何，这个系数都不会超过 1。也就是说，城市规模越大，平均每个人耗费的资源也就越少。

当这项研究成果被公布后，很快就有人联想到瑞士生物学家马克斯·克雷伯（Max Kleiber）于上世纪 30 年代发现的一个定律，后人尊称其为"克雷伯定律"（Kleiber's law）。克雷伯擅长研究动物的代谢，他用测量耗氧量的办法测量了很多动物的基础代谢率，发现其总量和动物的重量不成正比，前者是后者的 3/4（0.75）次方。

所谓"基础代谢"指的是动物在不进食、不活动时的代谢总量，可以近似看成是动物维持生命所需消耗的最低能量。如果把代谢率比作加油站，体重比作人口总数的话，我们不难发现两者非常相似。也就是说，克雷伯定律预示着一个动物的重量越大，单位重量的耗能量也就越小。

究竟是什么原因造成了这一结果呢？曾经有人提出，动物的基础代谢大部分消耗在维持体温上，而热量主要是通过表皮散发出去的。动物的表面积和身高是 2 次方的关系，体积和身高则是 3 次方的关系，所以体积越大的动物，单位体积所对应的表面积也就越小，因此就越容易保温，消耗的能量自然也就越小了。但是，数学家告诉我们，如果真是这样的话，那么基础代谢和体重之间的那个系数就应该是 2/3，而不是 3/4。

还有人怀疑这是基因决定的，体积大的动物其体细胞的代谢速率天生就低。但是，当生物学家把小鼠和大象的细胞取出来单独放在培养箱中培养时，发现它们之间的代谢速率几乎没有差别。

1997 年，美国圣塔菲学院（Santa Fe Institute）的理论物理学家吉奥福莱·维斯特（Geoffrey West）及其同事在《科学》（Science）杂志上发表了一篇论文，提出了一个崭新的理论。这个理论认为，假如我们从能量分配的角度计算代谢速率的话，那么要想最大限度地提高分配效率和传递速度，3/4 这个系数就是数学计算得出的最佳选择。

动物体内的能量分配是由血液循环系统来完成的，纵横交错的动脉、静脉和毛细血管看上去像极了城市里的各种道路，两者行使的功能也很类似，这就是两者不约而同地选择了近似于 3/4 这个数字作为系数的原因。

世界上不存在造物主，动物体内的循环系统不是被某个超自然力量设计出来的，而是进化的产物。自然选择最终的结果一定会是 3/4，因为这样做能耗最小，最符合动物自身的利益。同样，世界上的大部分城市也没有一个总设计师，而是交由全体居民和基层单位共同管理。当他们想要最大限度地发挥每项公共设施的作用的时候，其结果总是恰好符合数学的要求，也就是 3/4。

无论是城市还是动物，都可以被看作是一个没有领导者的自组织系统。对这类系统的研究是近来科学界的热点之一，因为它不但能够解释生物进化的规律，还能从很多看似杂乱无章的系统中找出内在的逻辑。就拿环保来说，事实证明，人类社会之所以进化出城市，与城市的环保功能比农村强有着很大的关系。只要市场给出正确的信号（比如提高能源价格），那么民众就会自发地采取环保措施，其效果一点也不亚于政府的强硬政策，而后者往往会遇到来自民众的阻力，效果反而不见得好。

城市的环保问题只是自组织系统研究成果的一项应用，这项研究在社会经济学领域也曾经起到过很大的作用。去年诺贝尔经济学奖得主保罗·克鲁格曼（Paul Krugman）就曾经研究过自组织系统，他说过这样一句话："很多人抱怨经济学总是用过于简单化的公式来描述现实社会复杂的经济现象，但实际的情况正相反，经济学的公式实在是太过复杂烦琐了，现实社会反倒是惊人地简单。"

外国也有天人合一

有种理论认为，地球是一个活体，世间万物都是相互联系的，它们共同营造了一个美好的家园。

人类能够住在地球上，真是件很幸运的事情。地球表面的温度恰好能够让大部分水都维持在液体状态，大气层里也正好含有足够多的氧气供我们呼吸。更重要的是，地球的这种状态似乎已经维持了很多年，让生命有足够多的时间慢慢进化。

你有没有想过，人类为什么如此幸运呢？

英国人詹姆斯·拉夫洛克（James Lovelock）想过这个问题。他原先是个研究大气成分的化学家，从无机化学的角度讲，地球大气现有的状态是不稳定的。比如，氧气是一种性质非常活跃的气体，能够跟很多物质发生化学反应，地球大气中居然含有 20% 左右的氧气，简直不可思议。再比如，持续不断的火山喷发把大量二氧化碳释放到大气中，这些二氧化碳只能微溶于水，形成碳酸，并慢慢和水中的各种元素结合成碳酸盐岩石（比如石灰）重新沉积到地壳中。但是碳酸盐岩石沉积的速度远远赶不上火山喷发的速度，照理说大气二氧化碳的浓度应该更高才是。

为了和地球做对比，拉夫洛克发明了一种测量行星大气成分的遥感法，并于 1961 年被美国航天局（NASA）雇用，专门研究火星大气。拉夫洛克发现，火星大气层主要由惰性的二氧化碳和氮气组成，几乎找不到氧气和甲烷气。也就是说，火星大气层非常符合无机化学的预测，达到了无机化学家所预言的"稳定态"。

为什么地球和火星差别这么大呢？答案自然是因为生命的存在。植物的光合作用把二氧化碳转化成了氧气，动物们再把氧气消耗掉，维持一种动态平衡。

当初 NASA 之所以雇用拉夫洛克来研究火星大气，是为了向火星发射生命探测器做准备。1976 年、1977 年，NASA 发射的两艘"海盗号"探测器先后到达火星，试图寻找火星生命，结果一无所获。那时已经离开 NASA 的拉夫洛克听到这个消息后一点也不惊讶，因为他早已提出了一个崭新的理论，预言了这一结果。在他看来，假如没有生命的存在，任何星球的大气层都会维持在无机化学预测的稳定态上。既然火星大气就是如此，只能说明火星上没有生命。

事情发展到这一步，仍然属于科学界研究的正常范畴。但是拉夫洛克更进了一步，他反问道：为什么地球上所有的平衡系统都有利于生命的存在呢？

确实，不光是地球上的大气适合生命的存在，海洋也是如此。河流每时每刻都把大量来自陆地的盐分带进海洋，可海水的含盐量却一直维持在 3.4% 的水平上，这是因为海洋生物不断地把海水中的盐分和溶于海水中的碳酸结合在一起，形成贝壳和珊瑚礁，并沉积到海底，再通过火山喷发等途径回到大气中。如果没有这个循环，海洋的含盐量肯定会不断升高，海洋生物便无法适应了。

还有，太阳光的强度自生命诞生之日算起，已经增强了30% 左右，但地球温度并没有增加 30%，而是维持在一个相对恒定的范围内，这又是为什么呢?

拉夫洛克认为，这一切都不是偶然发生的，正是在所有生命的共同努力下，地球才达到了这种动态平衡。研究地球动态平衡系统的科学家有很多，但拉夫洛克不再满足于对某个单独系统的研究，而是试图跳出来，从整体的角度思考问题。他想到，维持动态平衡是生物的特长，比如我们人体，无论外面温度有多高，气压有多高，一口气喝了多少水⋯⋯只要人没死，体温和体液浓度就都被维持在一个相对稳定的状态。照此类推，地球也可被看成是一个活着的生命体，不管是动物植物还是微生物，它们都是这个生命体的一部分，共同参与维持它的稳定，使之满足自身的需要。

拉夫洛克借用了希腊神话中地球女神的名字，把这个理论叫作"盖亚假说"（Gaia Hypothesis）。这个假说听起来很像是东方哲学，但比东方哲学更进了一步。东方哲学的主题是"天人合一"，强调整体观，认为世间万物都有联系，相互平衡相互制约。"盖亚假说"不但相信这个说法，还认为这种动态平衡是由生命体自己造成的，其目的就是为自己创造一个最适宜的生存环境。

"盖亚假说"被提出之后，首先受到了西方哲学界和宗教界的重视。但拉夫洛克本人是个科学家，他不满足于自己的假说只在文科圈流行，而是试图把它当作一个科学假说加以研究和推广。上世纪70年代中期，拉夫洛克把该假说总结成了一个科学论断：地球上的水和岩石的温度、氧化程度、酸碱度等特性是恒定的，而且这种动态平衡是由生物体的反馈系统所维持的，这种反馈系统是生物圈中所有成员共同努力的结果。

有了目标，科学家就可以开始工作了。"盖亚假说"吸引了一大批正宗的科学家参与研究，并已经开过三次关于该假说的国际研讨会，发表了多篇科学论文。可惜的是，科学家们越研究越觉得这个假说有很多致命的漏洞。比如，早期生命都是厌氧菌，氧气对于它们来说其实是毒气。大约在25亿年前，地球上首次出现了能够进行光合作用的微生物，它们产生的氧气让地球生物经历了第一次大屠杀，绝大部分厌氧菌都被氧气毒死了。

雪上加霜的是，光合作用把大气中的二氧化碳都消耗光了。众所周知，二氧化碳是温室气体，能够保持大气温度。于是大约在23亿年前，地球进入了一个大冰期，并持续了大约1亿年。在此期间整个地球都被冻住了，像个大冰球。不用说，地球生物经历了第二次大灭绝，差点没缓过来。

大约在 7 亿年前，地球上首次出现了多细胞植物，地球再一次进入冰期。到了泥盆纪末期，也就是 4.2 亿～ 3.6 亿年前，地球上首次出现了陆地植物，并出现了第一片原始森林。结果地球又经历了一次大冰期，绝大多数动植物都被冻死了。

总之，通过对岩石和冰芯的研究，科学家知道地球的表面温度并不恒定，而是一直在变化，变化幅度还相当大。更重要的是，好几次变化都与生物直接相关，换句话说，生物多次扮演了环境杀手的角色，它们不是什么"地球女神"。

所以，目前科学界倾向于认为"盖亚假说"是不成立的，地球并不是一个活着的生命体。但是，这并不意味着动态平衡不存在。事实上，关于地球环境的动态平衡的研究一直在继续，全球变暖领域的很多理论都来自相关研究。

那么，"盖亚假说"的问题出在哪里呢？著名生物进化学者理查德·道金斯认为，拉夫洛克的错误就是相信了"目的论"。世间万物的存在并不都有特定的目的，生物体是不可能在大尺度范围内进化出任何集体形式的利他行为的。

其实，从某种角度看，进化论也是一种"天人合一"的整体观，只不过这种理论不相信"目的论"，因此显得冷冰冰的，缺乏励志效果而已。

和温度赛跑

全球气候变化已经在影响地球的生态环境了，我们不必等到下个世纪。

你还记得小时候的冬天是怎么过的吗？二十年前是否真的比现在更冷？今天的动植物和二十年前相比到底有什么不同？这种不同和气候变化有关系吗？

类似的问题很多人都琢磨过，但答案很可能千差万别，因为大多数人对于二十年前的记忆都是模糊的，全球气候的变化速度又是那么慢，人类对于逐渐发生的变化完全不敏感。另外，人们身边发生的许多生态变化，比如可察觉的物种迁徙或者树木发芽时间的变更等等，大都可以归因于人类活动的影响或者局部气象异常，和全球气候变化无关。所以，研究气候变化对生态系统的影响，必须在大的时间和空间尺度下进行，这就需要有长期而准确的观测数据做后盾。

众所周知，以数学为基础的近代科学历史很短，职业科学家有组织地对自然界进行系统观测只有一百多年的时间。但是，历史上还是能找出很多业余科学家和博物学爱好者做过相对可靠的观测记录。比如有个英国家族自 1736 年开始每年都记下池塘里听到的第一声蛙鸣的日期，这个习惯一直保留到了 1947 年。

问题是，这些记录大都以日记、地方志或者旧杂志的形式散落在民间，收集起来十分困难。两位美国科学家卡米尔·帕米森（Camille Parmesan）和盖里·佑赫（Gary Yohe）以惊人的毅力收集了大量这类民间记录，范围涵盖 1598 个物种。两人对这个庞大的数据库进行了"元分析"（Meta-analysis），这是一种对来自不同研究的结果进行汇总分析的统计工具，是数学界公认的进行这类研究的最佳分析方法。结果显示，其中有 59% 的物种都表现出对全球气候变化有着某种程度的改变和适应。

两人把分析结果写成论文发表在 2003 年出版的《自然》（Nature）杂志上，这篇文章第一次系统地证明，全球气候变化已经对全球生态系统产生了影响。两人甚至计算了这种影响的程度：物种的栖息地每十年向极地方向移动 6.1 公里，向高山上移动 6.1 米（海拔），每年开春后物种复苏的时间每十年提前 2.3 天。

这样的速度看起来很缓慢，但如果移动的路径被挡住，麻烦就来了。墨西哥北部有一种斑蝶（Checkspot butterfly），近年来其栖息地一直在向北移动。但当它们迁移到美墨边境时却继续不下去了，因为那边是美国第七大城市圣地亚哥，繁华的城市挡住了它们迁移的路径。研究人员估计，如果人类不帮忙的话，这种蝴蝶活不过本世纪就将灭绝。

如果所有物种都一起改变，问题也许还没那么严重。但是不同物种应对温度变化的能力有所不同，麻烦就来了。北半球有一种蛾子（学名 *Operopthera brumata*），其幼虫只能吃新生橡树叶，因为只有新生的叶子才足够软，大了就硬了，蛾子嚼不动。于是，经过多年的进化，这种蛾子每年春天孵化，正好赶上橡树发芽。实验证明，蛾子是依靠温度感知春天来临的，而橡树则是根据上一个冬天寒冷日子的天数来决定发芽的时间。全球变暖让北半球的春天来得越来越早，蛾子幼虫感受到了温度变化，从卵中钻了出来，可橡树只计算了上一个冬天最冷的那几天的天数，全球气候变化暂时还未影响到这个数字，于是它们仍然按兵不动。刚刚孵化出来的蛾子幼虫没有树叶吃，坚持不了两天就得饿死。蛾子种群数量的下降已经开始影响到鸟类的生存了，因为很多种鸟类靠吃蛾子幼虫为生。

　　爬行类动物面临的问题更严重，因为很多爬行动物的性别比是由温度决定的。有一种美国鳄鱼，如果孵化温度在32℃以上，孵出来的幼仔就都是雄性的，如果低于31℃，则全部变为雌性。还有一种热带彩龟（学名 *Chrysemys picta*）也是如此，其幼仔的性别比例也是由孵化时的环境温度所决定的。研究表明，这种彩龟的性别比已经受到了全球气候变化的影响，生物学家预计，如果冬季气温再上升一点点的话，新生彩龟将全部是雌性的。

　　也许有人会说，进化的力量一定会让斑蝶慢慢适应高温，让蛾子慢慢改变孵化时间，或者让爬行动物调整性别决定的阈值，这个说法没错，但进化不是一天两天就能发生的，需要漫长的过程。人类活动造成的全球气候变化本身不是什么了不起的事情，问题是它发生的速度太快了，许多物种还没等适应就会被消灭。

企鹅之死

全球气候变化导致了企鹅的大量死亡，
但气温的升高却不一定是最直接的杀手。

提起全球气候变化对动物的影响，大家一定会首先想到北极熊。BBC 曾经拍过一部纪录片，描述了北极熊捕猎的场面。它们最擅长的方式就是在半透明的冰面上追踪水下的海豹，等海豹从冰窟窿中冒出头来喘口气的时候迅速扑上去擒住猎物。没了浮冰这个绝好的道具，北极熊只能下水硬追，自然追不上更善于游泳的海豹。

其实不光是北极熊，还有好多海洋动物的数量近年来急剧下降。比如，南极帝企鹅的数量比三十年前下降了一半，阿德烈企鹅（Adelie Penguin）的数量更是下降了 70% 之多，这是为什么呢？要知道，企鹅的天敌很少，企鹅的死亡只能从食物上找原因。南极企鹅以磷虾为食，为了调查磷虾种群数量的变化，英国科学家安格斯·阿特金森（Angus Atkinson）博士和他领导的研究小组收集了十个南极捕虾船队在同一海域近百年的捕捞记录。这一海域位于大西洋的西南部，其磷虾产量占整个南半球磷虾总量的 60% ~ 70%，非常具有代表性。阿特金森和他的同事们把收集到的数据分成两个阶段进行研究，第一阶段是 1926 年至 1939 年，这段时期磷虾收获量虽然有增有降，但总体上基本稳定。第二阶段是 1976 年至 2003 年，这段时间磷虾数量逐年下降，下降的速率相当于平均每十年降低 40 个百分点。

这篇论文发表在 2004 年 11 月 4 日出版的《自然》（Nature）杂志上，阿特金森博士认为，南半球磷虾数量的下降趋势至少已经持续了三十年，不太可能是某种偶然性突发事件造成的。

那么，磷虾为什么减少了呢？这同样要从磷虾的食物中找原因。磷虾以浮游生物为食，大部分浮游生物依靠光合作用获得能量。按照这个理论，如果海洋冰盖发生大面积融化，就会有更多的海水直接暴露在阳光下，浮游生物的数量应该增加才对。众所周知，受全球气候变化的影响，极地冰盖的面积正在逐年缩小，为什么浮游生物的总量却随之减少了呢？

答案还得从浮游生物的营养需求上找原因。

海洋学家早在一百多年前就注意到一个奇怪的现象，浮游生物并不是遍布所有的海域，而是只在少数几个地区密集生长。其他地方的海水看似营养丰富，阳光充足，却看不到多少浮游生物的影子。上世纪 30 年代，英国生物学家约瑟夫·哈特（Joseph Hart）提出一个假说，认为是铁元素制约了浮游生物的生长。铁是光合作用所必需的一种微量元素，但铁不溶于水，表层海水中含有的铁元素大都来自随风飘来的陆地灰尘，或者由于某种洋流作用把富含铁元素的底层海水翻卷上来。如今这个假说已获大量数据支持，甚至有人提出，可以人为地向海洋中投放铁元素，刺激浮游生物的生长，吸收大气中的二氧化碳。

要想摸清浮游生物在海洋中的分布情况，最好的办法就是通过地球遥感卫星。科学家在研究过程中发现了一个有趣的现象，那就是浮游生物很喜欢在冰盖与海水交界的地方生长，虽然南半球海洋的铁元素含量很低，但沿着冰盖的外延仍能看到一长条浮游生物密集生长区，这是为什么呢？科学家们通过分析海水与浮冰交界处的含铁量，发现了其中的秘密。原来，海冰中聚集了大量陆地灰尘，冰盖的融化会把原本蕴含在冰中的铁元素逐渐释放到海水中，为浮游生物提供了一个取之不尽的"粮仓"。如果没有了冰，这个粮仓也就不存在了，浮游生物便找不到足够的铁元素来维持自身的生长。

阿特金森博士从另一个方面证实了这一点，他发现南极磷虾数量的下降和该地区上一个冬季的浮冰覆盖面积有直接的关系。英国科学家埃里克·沃夫（Eric Wolff）则通过分析冰芯的化学成分，发现地球极地冰盖面积从 1840 年起直至 1950 年都没有明显的变化，1950 年之后则呈现明显的下降趋势。至今南极浮冰的总面积已经下降了 20%，下降曲线和磷虾数量变化曲线吻合得非常好。

海洋是地球最重要的"碳库"，发生在浮游生物体内的光合作用占地球光合作用总量的一半以上，因此关于浮游生物的研究一直是环境生态学的热点。就在2009年11月，美国国家海洋和大气管理局（NOAA）发表了一份研究报告，提出了一个新的假说，认为海洋浮游生物的减少是因为大气二氧化碳浓度的升高导致了海水的酸度增加。

　　不管真正的原因是什么，浮游生物总量的下降直接导致了以浮游生物为食的磷虾逐渐被一种通体透明的萨尔帕（Salps）水母所代替。这种水母对营养的需求较低，能在浮游生物稀少的海水里生长。但是萨尔帕水母本身的营养价值相当低，无论是企鹅还是鲸鱼或者海豚都不喜欢吃它们。如果海水里充斥着这些水母，而不是磷虾的话，对于海洋动物而言无异于一场灾难。

气候与战争

越来越多的证据表明，气候变化能够导致战争。

　　这个世界真不太平，2010 年的第一天就传来一条坏消息，索马里海盗过节也不休息，仅在元旦这天就劫持了两艘商船，包括 5 名中国人在内的 49 名船员成为人质。

　　索马里为什么盛产海盗？这个问题要到陆地上去寻找。国际社会曾经流行过两种说法：一种说法把矛头指向了政治和宗教，指责索马里政府的无能导致宗教冲突严重，于是整个国家陷入内战，民不聊生；另一种说法把矛头对准了索马里人，指责当地居民对土地资源管理不善，农民毁林开荒，牧民过度放牧，导致整个国土面积迅速沙漠化，降水减少，粮食减产，畜牧业凋零。人们靠土地吃不饱饭，只能把目光转向大海。

　　两种说法也许都有道理，但科学家们提供了另外一种解释。美国国家大气研究中心的亚历山德拉·吉亚尼尼（Alessandra Giannini）博士和她领导的一个研究小组运用计算机模型研究了这一地区的降水成因，发现印度洋海水温度的上升才是导致索马里干旱的罪魁祸首。相比之下，当地人对土地资源的管理不善只是一个很小的因素，起不了决定性的作用。这篇论文发表在 2003 年 10 月的《科学》（Science）杂志上，可惜并没有引起很多人的关注，因为这个结论似乎是违背常识的。

通常情况下，气温的上升必然导致大气水蒸气含量的增加，因此也就会带来更多的降水。气象学家估计，地表温度每上升 1℃，降雨量平均就会增加 1%。问题在于，降雨量的增加在各个地区的分布不均。根据政府间气候变化委员会（IPCC）提供的数据显示，全球变暖将导致北半球高纬度地区冬季降水量的增加，但美洲西海岸和非洲中部则会变得更加干旱，其中受影响最大的就是萨哈尔（Sahel）地区，这是位于非洲赤道附近的一个长条形地带，北临撒哈拉沙漠，南接中非热带雨林，包括塞内加尔、马里、尼日尔、乍得、苏丹、埃塞俄比亚和索马里等近年来屡屡登上国际新闻头版的动荡国家均属于这一地区。这里地势平缓，全年的绝大部分降水都来自季风带来的短暂雨季。印度洋水温的上升改变了季风的强度，把整个萨哈尔地区慢慢变成了沙漠。当地人为了争夺日渐稀缺的资源，只能诉诸武力。

根据美国气象学家蒂姆·沙纳罕（Tim Shanahan）教授所做的研究，这一地区目前的旱灾很有可能只是个开头，真正可怕的事情还在后头。沙纳罕教授的研究对象是位于加纳的波苏米湖（Lake Bosumtwi），这是一个陨石撞出来的湖，湖里的水几乎全部来自降雨。沙纳罕教授研究了过去三千年来湖底淤泥成分变化，发现这一地区历史上经常发生持续几十至几百年的旱灾，最严重的一次旱灾发生在 1400 年左右，并一直持续到 1750 年。这次旱灾是如此地严重，以至于从湖底长出了几十米高的大树。最近的一次旱灾则发生于上世纪七八十年代，那次旱灾虽然只持续了短短二十年，却至少饿死了十万人，给当地经济带来了沉重的打击。

这篇论文发表在 2009 年 4 月 17 日出版的《科学》杂志上，沙纳罕教授对比了海洋水温的历史记录，发现这一地区的旱灾与大西洋的水温波动有着密切的关系。大西洋温度的变化也能改变季风强度，导致旱灾的发生。

但是，气候研究存在着很大的不确定因素，尤其是全球变暖与降水量变化之间的数学模型仍不完善，不同的研究者会得出完全不同的结论。比如，曾经有人通过气候模型研究，得出结论说 70 年代的"全球变暗"现象才是导致萨哈尔地区干旱的原因。所谓"全球变暗"指的是大气颗粒物浓度的增加阻挡了太阳光，导致地球温度略有下降。

那么，全球变暖到底会不会让这一地区变得更加干旱呢？这个问题并不那么容易回答？于是美国加州大学伯克利分校农业与资源经济系的马歇尔·伯克（Marshall Burke）教授决定避开降水量这一难题，另辟蹊径，研究一下温度与战争之间的关系。自 1960 年以来，有超过三分之二的撒哈拉南部国家发生过内战，伯克教授统计了萨哈尔地区所有死亡人数大于千人的内战，并和气象台记录的平均温度做对比，发现气温和内战频率密切相关，气温每升高 1℃，发生内战的可能性就增加 49%。即使抛开人口增加和政治因素，这一趋势仍然成立。

这篇论文发表在 2009 年 10 月出版的《美国国家科学院院报》（PNAS）上，伯克教授在文章中指出，根据 IPCC 对未来气候变化的预测，该地区到 2030 年时发生战争的频率将会上升 54%，死亡人数将会达到 40 万人。

高温为什么会导致战争呢？伯克教授认为，这些国家 GDP 的一半来自农业，超过 90% 的就业人口务农为生，收成的好坏直接影响到社会的稳定。农业虽然与降水量有直接关系，但与温度的关系也是非常显著的。高温会加大植物的蒸腾作用，使得农作物更需要水。研究表明，非洲地区的气温每上升 1℃，粮食产量就下降 1～3 成。

也有人不同意这个解释。他们认为，即使农业未受影响，只要气温升高，暴力事件的发生频率便会上升，因为高温容易使人脾气暴躁。

不管真正的原因怎样，这篇文章为世人敲响了警钟。现代人更喜欢把战争的原因归于政治、经济或者宗教，但起码在非洲萨哈尔地区，气候变化很可能是导致战争的一个重要因素。

杞人忧天

人类必须关心太阳的历史和现状，因为
太阳的一举一动决定了人类的未来。

2010 年 2 月 11 日，美国航空航天局（NASA）成功地
发射了一艘宇宙飞船，飞船上载有一座"太阳动力学观测
站"（Solar Dynamics Observatory，简称 SDO），能够通过三
套成像系统从不同侧面观察太阳的活动。4 月 22 日，SDO
发回了第一组照片，展示了太阳表面的壮观景象。

NASA 此举当然不仅仅是为了拍照。这是 NASA 的"与
星球共存计划"的第一个步骤，旨在进一步了解太阳的内部
结构，预防可能出现的危险。目前有一派学者认为地球的气
候变化源于太阳辐射强度的改变，而不是温室效应。但是目
前人类对于太阳的了解还远远不够，无法准确判断太阳辐射
强度在短期内的走势。

不过，天文学家早已掌握了足够的知识，能够对太阳
辐射强度的中长期趋势做出判断。这项研究还诞生了一个
有名的"弱阳悖论"（Faint Young Sun Paradox），简单来说，
早期太阳内部的氢氦比例比现在高，核聚变强度远不如现

在这么大，因此太阳年轻时的亮度比现在低 30%，照理说会让地球表面的水全部结成冰。可是考古研究表明那时的地球表面存在大量的液态水，生命就是从这些液态水中孕育出来的。

这个"弱阳悖论"是由美国人卡尔·萨根（Carl Sagan）于四十年前首先提出来的。萨根是个很有名的科普作家，中国观众很熟悉的那部好莱坞大片《超时空接触》（Contact）的原作者就是萨根。但是，萨根不仅仅会写科幻小说，他本人其实是个非常厉害的天文学家。1972 年他和同事乔治·穆伦（George Mullen）合作，首次提出了"弱阳悖论"，并为此提供了一个可能的解释。他俩推测地球早期大气中的主要成分是氨气和甲烷，它们是很强的温室气体，保证了地球温度高于冰点。后来由于生命的出现，导致大气中的氧气含量升高，氨气和甲烷逐渐被氧化掉了，但那时太阳的辐射强度也上来了，两者相互抵消，保证了地球温度一直维持在合适的范围内。

虽然萨根提出的这个悖论一直争论到现在，但他的解释却在提出后不久就被推翻了。科学家证明氨气很不稳定，遇到光就会分解成氮气和氢气。事实上，目前地球大气层的主要成分正是氮气，它们就是早期氨气被太阳光分解后剩下来的。没了氨气，光靠甲烷是不足以为地球保温的。

后来又有人提出了修改方案，认为二氧化碳才是为地球保温的功臣。这个理论延续了很长一段时间，以至于大部分教科书都把它视为正解，并以此来作为人类活动导致气候变化的证据之一。有意思的是，正是气候变化领域的研究推翻了这个解释。原来，科学家通过对古代土壤成分的分析，以及对海底淤泥的钻探研究，估算出古新世时期地球大气中的二氧化碳含量不会超过900ppm，相当于现在的三倍左右。根据模型计算，如果二氧化碳是主因，那么其含量必须至少达到现在的七十倍才能抵消"弱阳"带来的影响。

2010年4月1日出版的《自然》（Nature）杂志刊登了哥本哈根大学自然历史博物馆的地理学家米尼克·罗兴（Minik Rosing）及其合作者撰写的一篇论文，提出了一个新的解释。罗兴等人认为，年轻的弱阳之所以没有让地球结冰，主要原因在于当时的地球表面反射太阳光的能力远比现在要弱，因此有更多的太阳能量被地球吸收，温度这才没有降得太低。

科学家们分析，当时大陆架还没有形成，地球表面大部分都是海洋，而海洋吸收太阳光的能力远比陆地为高。另外，由于地球早期的生命活动微弱，大气中的硫化物颗粒浓度也远较现在为低。硫化物颗粒是最主要的"云核"，如果没有它们就不会有那么多云。云也是反射太阳光的主力部队，如果没有云的反射，地球温度同样也会上升。

这个例子充分说明，科学是不讲情面的。这个新理论虽然不能推翻现有的气候变化理论，但它确实不像旧理论那么"政治正确"。可是，科学家不管这些，他们不讲政治，只认事实，即使事实与现行的政策背道而驰，科学家们也是不会屈服的。

也许有人要问，科学家为什么要花纳税人的钱去研究几十亿年前发生的事情呢？这不是杞人忧天吗？错。太阳和地球生态系统之间的关系非常重要，只有详细了解太阳的历史，以及太阳和地球之间的互动关系，才能未雨绸缪，尽早对可能发生的灾害做好准备。比如，根据现有的知识推断，太阳正处于生命周期的壮年期，其辐射强度每一亿年增加1%。如果其他条件不变的话，一亿年后地球的表面温度就将上升到金星现在的水平，到那时人类就必须另谋高就了。

那么，如果太阳辐射强度只增加0.1%会是什么情况？0.01%呢？科学家们正在做的这些研究，就是为了回答上述这些问题。

热浪来袭

气候研究表明，人类将不得不面对更多的酷暑，你准备好了吗？

夏至未过，热浪已频频来袭，看来今年北半球又将不得不面对酷暑的考验。

2009 年冬天的严寒让很多人暂时忘记了前几年多次出现的炎夏。还记得 2003 年欧洲遭遇过的那次史上罕见的热浪袭击吗？那次热浪直接导致 4 万人死亡。根据瑞士再保险所做的估计，那一年仅仅因为高温导致的农作物减产就给欧洲农业带来了高达 130 亿欧元的经济损失。

要想减少自然灾害造成的损失，首先必须想办法预测出灾害的地点和程度。著名的瑞士联邦理工学院（ETH Zurich）大气与气候科学学院教授克里斯托弗·夏尔（Christoph Schär）及其同事在 2010 年 5 月 6 日出版的《自然》（Nature）杂志地理分册上发表了一篇文章，通过对六个气候模型预测结果的综合分析，对欧洲未来几年的高温灾害做出了预测。文章认为，热浪袭击欧洲的频度一直在增加，1961 ～ 1990 年这三十年间每个夏天平均只有两天会遇到热浪，2021～2050年这三十年间这个数字将会增加到13天，而2071～2100年这三十年情况会变得更糟，平均每年将有40天会遭到热浪的袭击。

那么，热浪（Heat Wave）是如何定义的呢？这篇论文引入了"热指数"（Heat Index）这个概念来评估高温对人体健康造成的影响，这个指数结合了温度和湿度这两项指标，用相对湿度对温度做了校正，凡是经过校正后的热指数超过40.6℃的地区都被定义为高温灾害地区，这也是美国发布高温警报的临界值。

虽然这篇论文采用的六个气候模型对于整个欧洲未来气候的变化程度有着不同的预期，但具体到哪些地区受灾最严重，预测结果却是惊人的一致。"低海拔河谷和地中海沿岸将会是高温灾害最严重的地区。"夏尔教授警告说，"这些地区恰好是人口最密集的地区，比如米兰、雅典和那不勒斯等城市都将受到严重的影响，当地政府和老百姓必须准备好防范措施。"

高温对人体健康的影响依程度不同分为好几等，最严重的就是中暑（Heatstroke）。中暑的病人通常会表现出头晕、恶心、体温升高和心跳加快等症状，严重的甚至会失去知觉，有生命危险。但从根本上说，中暑的原因只有一条，那就是体温调节失效。

人体调节体温只有两种办法：一是当环境温度比体温低时，身体依靠燃烧食物产生的热量升高体温；二是当环境温度比体温高时，身体依靠排汗来降低体温。生活经验告诉我们，升温比降温容易得多。冬天再冷，只要多穿几件衣服，点个火炉，或者站起来跑几步就能缓解。但夏天时人们往往束手无策，在空调发明之前，老祖宗只能靠扇扇子来降温，因为风可以促进汗液蒸发，带走更多的热量。事实上，这几乎就是人类降低体温的唯一途径。衡量高温对人体健康危害程度的"热指数"之所以必须包括相对湿度，就是因为湿度会直接影响汗液的蒸发速率。

既然人体降温只能靠汗液蒸发，那么人体的排汗能力必须非常强才行。事实正是如此。通常情况下，一个成年人每天的排汗量为 1 升左右，一旦遇到高温天气，或者剧烈运动时，排汗量就会迅速上升，最高时人体每小时能够产生 2 升的汗液！汗液是从血液中来的，这就是为什么夏天的时候皮肤表面静脉血管显得比冬天粗。同样道理，运动的时候静脉血管也会显得比休息时粗。

如果血液都被运送到皮肤表面，内脏和大脑就会失血，这就是中暑时会头晕，肌肉为什么会感到无力的原因之一。汗液的主要成分就是水，所以夏天必须多喝水。汗液里还含有大量盐分，所以光喝纯水还不行，还得补充电解质。民间智慧认为绿豆汤能解暑，但没有任何证据表明绿豆汤里含有什么神秘的物质能够帮助人体降温。与其喝不加盐的绿豆汤，还不如喝盐水更管用。

一旦人体无法有效地降温，就会导致"过高热症"

（Hyperthermia）。"过高热症"和"发烧"同样表现为体温过高，但机理很不相同，前者是体温降不下来，后者是体温设定值过高。不管怎样，其结果都是体温超过正常值，导致新陈代谢发生异常，这也是头痛头晕、身体乏力的另一个重要原因。

人体调节体温有一套复杂的机制，不少药物的副作用就是干扰这一机制的正常运作，如果在服药时恰好遇到高温天气的话，同样会导致中暑。比如，治疗抑郁症的药物不能吃得太多、太杂，否则会导致病人体内的无羟色胺水平过高，间接导致体温升高。医学界把这种情况称为"五羟色胺综合征"（Serotonin Syndrome）。事实证明，如果一个病人在短时间内同时吃百忧解（Prozac）和反苯环丙胺（Tranylcypromine，一种治疗抑郁症的药物，商品名 Parnate），就很容易导致体温升高，诱发中暑。

太空旅行的危险

太空旅行对宇航员的身体是一个严峻的
考验。

自从阿波罗登月计划中止后，载人航天飞行领域很久没有这么热闹过了。

先是美国航空航天局（NASA）宣布重启登陆火星的计划，接着中国发射的嫦娥一号卫星成功撞月，为中国的载人登月工程开了一个好头。2010 年 9 月 15 日又传来好消息，美国波音公司正式宣布进军载人航天市场，该公司正在开发一种新型商用航天器，预计最早会在 2015 年将宇航员送往国际空间站。这件事标志着私人企业正式向 NASA 宣战，竞争的结果很可能在不远的将来让普通人有能力实现太空旅行的梦想。

提起私人太空旅行，很多人首先想到的会是价格，毕竟第一个搭乘俄罗斯"联盟号"（Soyuz）火箭升空的普通游客花了 4000 万美元才得以成行，这可不是一般人付得起的价钱。但是，随着私人企业的进入，价格下降应该是迟早的事情，太空旅行对游客身体条件的要求是一个更难逾越的障碍，大多数人恐怕都过不了这一关。

让我们先来看看欧洲是如何挑选宇航员的吧。1988年，欧洲航天局决定选派一批科学家进入俄罗斯"和平号"（Mir）空间站工作，筛选过程的第一步是对候选人进行知识测验和体型筛查，凡是不具备基本的医学知识，以及身材太高的人都被排除在外。下一步是"晕车"测验，受试者在歪着身体的情况下每分钟旋转30周，凡是转完后出现严重不适的人都被踢掉。接下来是重力耐受试验，受试者坐在离心机里接受八倍于体重的重力加速度，凡是在30秒钟后失去意识，或者心脏出现不规则跳动的人都被淘汰。再下来是速降试验，受试者在30秒钟内从万米高空下降到海平面，凡是受不了如此大的气压变化而失去意识的人也都被淘汰……

最初参加测验的候选者总人数是1065人，最后通过上述考验而得以进入"和平号"工作的只有6人。

位于法国图卢兹市的国际太空大学（International Space University）受命对这6位宇航员的健康状况做了一次详细的调查研究，负责此次调研的吉列斯·克莱门特（Gilles Clement）博士及其同事们分别对这6位宇航员在升空前、升空后和回到地面之后的身体状况进行了严格的测试。因为宇航员要求实验结果至少保密十年，所以克莱门特博士直到2010年才将结果写成论文发表在《太空研究进展》（*Advances in Space Research*）杂志上。

研究显示，6人中有3人在火箭发射过程中发生了头晕恶心等情况，但总体来说他们在太空中的生活还是很安全的，除了偶尔发生的头疼失眠消化不良等小毛病之外，没发生任何治不了的疾病，飞船上携带的常用药就足以应付。

真正的问题发生在宇航员回到地面后。这6位宇航员分别在空间站生活了14～189天不等，他们的心脏适应了失重的条件，不再需要努力泵血，结果回到地面后所有宇航员都出现了血压过低的现象，尤其是脑部供血严重不足，稍微站立一会儿就会头晕。但这还不是最严重的，他们的骨骼和肌肉因为长时间缺乏刺激而出现了退化的情况。虽然他们在太空中一直坚持蹬自行车训练，但他们的骨骼依然以每个月2%的速度在分解。按照现在的技术条件，从地球到火星的旅行需要九个月的时间，照此计算，宇航员即使安全抵达火星，也会因骨骼脆弱而站不起来，无法进行科学实验了。

美国科学家也进行过类似的研究。美国威斯康辛州马凯特大学（Marquette University）的生理学家鲍勃·费茨（Bob Fitts）对9位曾经在国际空间站（ISS）上工作过一段时间的美国宇航员进行了详细的生理研究，研究人员在宇航员出发前和返回后分别做了一次小腿肌肉活组织检查，结果发现宇航员在太空生活半年之后腿部肌肉力量平均减少了30%。其中，负责支撑身体重量的慢肌纤维无论是质量还是数量都发生了变化，单位慢肌纤维的力量减少了35%，慢肌纤维总的力量减少了40%。

当然，骨骼和肌肉出了毛病都是可以慢慢恢复的。但如果在降落过程中出了差错，就会给宇航员逃生带来困难。

这篇论文发表在 2010 年 9 月出版的《生理学杂志》（*Journal of Physiology*）上。费茨教授认为，如果进行类比的话，一位 40 岁的宇航员在太空生活半年，他的肌肉状况就会下降到和 80 岁的老人无异。

费茨教授建议，宇航员在太空中生活的时候应该每天进行两次举重训练，每次 15 分钟，而且强度不可过低，必须达到个人最高能力的 70% 以上。不过，杠铃在失重环境下不管用，宇航员们也不喜欢橡皮筋拉力器，因此 NASA 正在研制一种真空活塞健身器，希望用真空产生的阻力来最大限度地模拟杠铃的效果。

另外，科学家们还建议宇航员必须在升空当天就开始锻炼。美国加州大学欧文分校的生物学家肯·鲍尔德温（Ken Baldwin）曾经研究过小鼠的肌肉细胞，他发现当小鼠肌肉不再用力的时候，编码肌动蛋白（Actin）和肌凝蛋白（Myosin）的基因 12 小时后就关闭了。于是，这两种最重要的肌肉蛋白质便不再更新。

这一系列案例说明，太空旅行绝不仅仅是航天工程师们的事情。当人们把关注的目光纷纷转向各种新颖的航天器的时候，宇航员的身体健康也不可忽视。

都是太阳惹的祸？

太阳活动的强度和地球表面温度之间的关系还真不那么简单。

2010 年 10 月中旬，中国北方地区提前遭遇了寒流，北京 10 月 17 日、18 日这两天的气温更是创下了二十四年以来的同期最低纪录。在此之前，关于 2010 年冬天将是"千年极冷"的传言更是被国内媒体炒得沸沸扬扬，这是怎么回事呢？

先来说说那个"千年极冷"。这个说法最早来自几位欧洲科学家对欧洲 2010 年冬天气候的预测，他们认为 2010 年的拉尼娜现象将导致大西洋环流减弱，从而带来极冷的天气。这个环流是电影《后天》中的主角，正是它为大西洋两岸的冬天带来了暖意，而它一旦减弱就将导致北欧和北美东海岸出现冷冬。从这个解释就可以看出，即使这几位欧洲科学家的预测是对的，和中国的关系也不大，两者相差十万八千里呢。

还有人认为，冷冬是太阳造成的。众所周知，太阳辐射强度存在周期性变化，最明显的指标就是太阳黑子密度的变化。太阳黑子密度高，说明太阳活动剧烈，反之亦然。太阳黑子密度的变化有个大约为 11 年的周期，上一个峰值出现在 2001 年，此后逐年下降，到 2009 年降到了谷底。事实上，2009 年下半年有很长一段时间都观测不到太阳黑子了。

太阳辐射几乎是地球表面能量的唯一来源，太阳活动强度降低，地球接收到的能量就减少，所以最近天气冷是因为太阳不给力，这个解释听起来很靠谱吧？事实上，就在一个月前这个解释还是正确的，但是 2010 年 10 月 6 日出版的《自然》（Nature）杂志刊登了英国伦敦帝国学院（Imperial College London）大气物理学家乔安娜·海格（Joanna Haigh）博士及其同事们撰写的一篇文章，颠覆了前人对这个问题的看法。

海格博士分析了美国航空航天局（NASA）发射的一颗气象卫星（SORCE）传回来的数据，对 2004～2007 年这三年当中每一天的太阳辐射强度，以及不同波段的能量分布做了统计，并和公认的数学模型计算结果进行了对比。对比的结果显示，太阳总的辐射强度在这三年期间有所减少。其中，紫外波段辐射强度的减弱幅度比模型算出来的要大得多，是模型计算结果的四至六倍，而可见光波段的辐射强度在此期间反而补偿性地增加了。要知道，可见光才是温暖地球表面的主要波段，这个结果说明，当太阳总体辐射强度减弱时，地球反而从太阳接收到了更多的能量！

海格博士多次强调，这只是一个初步的研究，研究对象只有三年，也许这三年的太阳辐射恰好是不正常的。但是这个结论太令人惊讶了，如果最终被证明是正确的，必将颠覆前人的很多结论，意义非常重大，因此《自然》杂志在第一时间将其刊登了出来。

这篇文章很容易被误读。比如，一直有人怀疑人类活动是否真的造成了全球变暖，他们认为地球大气温度的升高源于太阳辐射强度的增加。而根据这篇论文提供的数据，2004～2007 年这三年因太阳辐射变化而造成的升温幅度与因温室气体浓度增加导致的全球变暖大致相当。不过，海格博士认为太阳辐射的变化有周期性，波峰和低谷之间的差别仅为 0.1% 左右，而温室气体浓度则是直线上升的，近一百五十年的上升幅度超过了三分之一，因此她的这个新发现对长期的气候变化影响不大，不能改变主流科学界对于气候变化的结论。

从历史角度来看，关于太阳辐射的研究曾经为气候变化的支持者们提供了最强有力的武器。此事还要追溯到 1995年，那一年"联合国政府间气候变化委员会"（IPCC）正在起草第二次评估报告，需要一个确凿的证据证明全球变暖源于温室气体排放，而不是太阳辐射。恰在此时，美国劳伦斯·利弗莫尔国家实验室（Lawrence Livermore National Laboratory）的一位天才科学家本·桑特（Ben Santer）向《自然》杂志提交了一篇论文，找到了一个确凿的证据。

他的思路非常简单，普通人很容易懂：如果太阳是罪魁祸首，那么地球大气层的增温幅度应该是一致的。如果温室气体是主因，那么温室气体将把地球表面辐射的能量截留在对流层（Troposphere，也就是最靠近地表的大气层），防止能量扩散到平流层（Stratosphere，对流层外面的一层大气）。这样一来，对流层的温度将升高，平流层的温度反而会降低。桑特博士研究了这两部分大气层的温度变化，发现实际情况是后者。

这篇论文发表在1995年的《自然》杂志上，其内容也被迅速选入那年出版的IPCC第二次评估报告中。这是IPCC第一次用较为肯定的语气将全球变暖与人类活动联系在一起，这份报告直接导致了《京都议定书》的诞生。

让我们再回到文章开头提到的这次寒流，这到底是怎么一回事呢？根据中国气象局的解释，北京春秋两季的气温高低确实与太阳辐射强度有很大的关系，阳光灿烂气温就高，反之气温就低。10月17日、18日这两天接连有两股冷空气造访北京，造成北京城阴云密布。低云遮挡了阳光，气温自然就升不上去了。另外，这两天的最高气温虽然很低，但最低气温并没有降多少，算不上寒潮。

所以说，归根到底还是太阳惹的祸！

气候变化与人类进化

人类究竟是为什么从树上下来的？

很多人可能都听说过"露西"（Lucy）这个名字，知道她曾经生活在三百多万年前的非洲，是人类的祖先。现在这个故事有了新版本。著名的科学杂志《科学》（*Science*）2009年10月刊登了一组文章，报道了在埃塞俄比亚发现的一个新人类化石，这个化石有四百四十万年的历史，比露西大约早一百万年，取名叫作阿迪（Ardi）。

这个发现是由大约50名人类学家集体做出的，领头人名叫蒂姆·怀特（Tim White），是加州大学伯克利分校的人类学教授。他和同事们在埃塞俄比亚的阿拉米斯（Aramis）地区工作了十七年，不但仔细研究了阿迪的骨骼化石，还发掘出大约十五万件与阿迪生活在同一时期的动植物化石，并通过对这些化石的分析研究，为人们勾画出早期人类的生活环境。

在怀特教授看来，阿迪和她的同伴们生活在一个远比现在的阿拉米斯更为凉爽、更为潮湿的环境里，其生活环境很

322　　　生命八卦：在万物内部旅行

可能属于林地，而不是草原。这个结论在考古学界激起了滔天巨浪，因为它和时下公认的理论正好相反。

原来，人类进化过程最关键的一步是直立行走。考古学家普遍相信，某些早期猿类之所以改用直立行走，就是因为非洲的气候发生了很大改变，原本茂密的森林因为高温和干旱逐渐变成了"萨凡纳草原"（Savannas，这个词也可以翻译为"热带稀树草原"，指的是一种分布于热带干湿季气候带的特殊植被，其主体部分为草原，其间散落着热带乔木或者灌木丛）。当周围环境由森林向"萨凡纳草原"过渡时，早期人类无法从树冠直接迁移到另一棵树上，必须先走下来。动力学分析表明，在地面上直立行走比四肢着地的行走方式消耗的能量少，于是最先采用直立行走的猿类便有了进化优势。这些猿类通过直立行走解放了双手，并最终进化为人类。

由此可见，如果怀特教授等人找到的阿迪竟然生活在一片茂密的森林里，那么上述理论就不得不做出修正了。

但是事情并不这么简单。早在怀特教授的文章发表前一个月，以美国犹他大学地质化学家图雷·塞灵（Thure Cerling）教授为首的八名科学家就共同撰写了一篇文章，对怀特教授的说法提出了质疑。这八位作者分别来自七所美国顶尖大学，都是在考古学界有些知名度的学者。但不知为何《科学》杂志一直没有刊登这篇论文，直到 2010 年 5 月 28 日才以读者来信的方式把这篇质疑文章刊登了出来，而此时怀特教授发现的阿迪已经在媒体上赚足了眼球，并被《科学》杂志评为"2009 年度最大科学突破"（Breakthrough of the Year）。

虽然《科学》杂志的无故拖延有点令人起疑，但最终还是把这篇质疑文章发表出来了，也算是将功补过吧。塞灵等人认为，阿迪生活的环境并不是森林，其树木的覆盖率仅为 5% ～ 25%，远低于森林所要求的最低限额 60%。当然这并不排除阿迪生活在一条沿河的森林走廊带里，但总体上说，这片土地当时就已经变成"萨凡纳草原"了，因此原来的人类进化理论没有错。

塞灵等人是从怀特研究小组自己的研究数据得出这一结论的。塞灵分析了怀特小组使用的统计方法，认为其中有明显错误，如果按照正确的方法加以分析，就会得出和怀特早先的论文正相反的结论。也就是说，化石阿迪的发现恰恰证明了"气候变化导致早期人类从树上下来并改为直立行走"这个理论是正确的。

事实上，随着研究手段的改进，科学家们越来越相信人类进化史和气候变化有着密不可分的关系。就在 2010 年 3 月，美国国家研究委员会（United States National Research Council）发表了一份研究报告，指出大约在两百八十万年前非洲曾经经历过一次大旱，正是在那次大旱之后，人类开始使用石制工具，正式进入了石器时代。

这份报告还提出了一个新理论，认为正是由于地球气候的变化导致了人类进化出超级大脑，因为具有超级大脑的人类比其他灵长类动物更能适应环境的剧烈改变。该报告的作者之一，哥伦比亚大学环境学家皮特·迪门诺克（Peter de Menocal）教授认为，人类正是在气候变化的磨炼下才终于一步一步发展到今天的。

气候变化既能造就人类，也能毁掉人类。比如，哥伦比亚大学的科学家布兰登·巴克利（Brendan Buckley）通过分析树木年轮，发现吴哥附近的气候在七百六十年的时间段内一共有四十个干旱年份，其中有十三个大旱之年集中发生于 14 世纪末和 15 世纪初期这二三十年里，吴哥王朝也正是在这段时间内突然消失的，只留下一个吴哥窟让后人去猜测究竟是什么原因导致了一个强盛帝国的瓦解。

"吴哥的灭亡肯定有很多原因，但气候变化在其中扮演了一个很重要的角色。"巴克利教授认为，"一个更有智慧的民族应该有办法避免气候灾难，科学家们之所以研究人类发展和气候变化的关系，就是为了更好地应对可能发生的气候灾难。"

打一场气候变化的官司

气候变化的受害者有没有可能运用法律
手段，起诉化石能源公司呢？

自 1995 年以来，每年的 12 月都要召开一次联合国气
候大会，于是在每年的 11～12 月这段时间里媒体上都会
密集出现很多关于气候变化的新闻。2011 年自然也不例
外，前几天外媒热炒的一条新闻是：气候变化致使北半球
的秋天来得越来越晚了。该新闻引用了美国航空航天局
（NASA）利用空间探测卫星所做的一项研究，结果显示，在
1982～2008 年这段时间内，北半球植物的生长季平均向后
推迟了 6.5 天，这导致了很多地区树叶的变色期来得越来越
迟。生物学家们肯定会从生态学的角度告诉你这件事非同小
可，将会导致生物多样性丧失等等恶果，但对于大多数普通
读者来说，此事唯一的后果就是必须晚几天去香山看枫叶，
没什么大不了的。

事实上，类似的情况在很多领域都在发生。气候变化所
导致的海平面上升、冰川融化或者生物多样性丧失等等危害
距离普通老百姓的生活太远了，很少有人真正感觉到气候变

化威胁到了自己的生活，这就是为什么关于气候变化的话题永远斗不过经济危机，每次经济状况出现问题，新能源领域的投资就会立刻受到影响。

那么，有没有办法让普通老百姓切身感受到气候变化的危害呢？有，这就是极端天气。相信这个词对于很多人来说已经不再陌生，2010 年有俄罗斯森林大火和舟曲泥石流，2011 年有泰国洪水和美国龙卷风，这些自然灾害都与极端天气有直接的关系。比如，2010 年那场俄罗斯森林大火的直接原因就是持续而又罕见的高温天气，最高温度甚至比当地平均值高出了 10.7℃！这场热浪至少造成了 5.6 万人死亡。

这些自然灾害还造成了惊人的财产损失。据统计，美国今年因为极端天气原因而造成的直接经济损失高达 140 亿美元，在此之前的纪录是在 2008 年创下的，当年的数字仅为 80 亿美元。毫无疑问，这些损失很多都是由保险公司承担的，他们找谁去诉苦呢？这种事情不大可能由政府全部买单，只能通过法律手段，起诉责任人。

责任人是谁呢？在这个案子里，保险公司当然希望起诉石油和煤炭公司，他们有钱，同时也是温室气体最大的排放源。事实上，很多关于健康和环境的案子最终都是通过类似的法律程序来解决的，比如科学家早就证明吸烟能够导致肺癌，但政府禁令一直收效甚微，直到那些患了癌症的消费者开始起诉烟厂，索要高额赔偿金，这才见到了效果。

气候学家们早就意识到法律的威力。著名的牛津大学气候变化专家迈尔斯·艾伦（Myles Allen）教授早在 2005 年接受《新科学家》杂志采访时就认为，法律武器会比政府的行政命令更加有效。而包括牛津大学在内的很多研究机构从那时开始便致力于研究气候变化和极端天气之间的关系，试图为来自受害者的气候诉讼提供科学依据。

但是，气候变化和极端天气之间的关系既微妙又复杂，以目前的研究手段很难做到准确定位。比如，美国国家大气和海洋管理局（NOAA）的兰德尔·多尔（Randall Doll）博士就曾经发表论文，称 2010 年的俄罗斯高温天气可以用大自然的正常摆动来解释，但德国波茨坦气候影响研究所（Potsdam Institute for Climate Impact Research）的史蒂芬·拉姆斯托夫（Stefan Rahmstorf）博士随后就在另一家杂志发表文章，认为那次极端高温天气有 80% 的可能性与气候变化有关。

牛津大学的艾伦教授认为两种意见都有道理，但他更倾向于后者。在他看来，气温的正常摆动确实是主因之一，但气候变化使得这种正常摆动超过了某一阈值，其结果就是更容易出现俄罗斯那样极端的情况。他通过研究发现，近年来地球上出现的极端天气无论是频率还是强度都有所增加，其背后的原因就是气候变化。

为了更好地整合各国科学家在这方面的努力，联合国政府间气候变化委员会（IPCC）于 2011 年 11 月 18 日通过了《管理极端事件和灾害风险促进气候变化适应特别报告》（SREX），对各种类型的极端天气与气候变化之间的关系做了一个小结。报告认为，极端高温的出现和气候变化之间的关联度很高，而北美和地中海等地区的极端干旱和气候变化之间的关联度则属于中等。如果只看经济损失的话，那么两者具有极高的相关性，不过经济损失的主要原因在于地球人口的增加，城市的扩张，以及人口向沿海地区迁移等。

因为证据不够充分，消费者仅凭这份报告还不能对化石能源公司发起诉讼，但这是一个好的开始。随着研究的进一步深化，也许未来的某一天我们真的可以看见普通老百姓用法律做武器，保护自己的家园。

第六次物种大灭绝

最新的研究表明，如果人类再不警醒的
话，第六次物种大灭绝很可能将在几百
年后拉开序幕。

人们常说以史为鉴，但地球的历史太长了，借鉴起来非
常困难。

就拿物种变迁史来说，据考古学家估计，自地球上出现
生命以来，一共有大约 40 亿种不同的物种在地球上生活过，
但其中超过 99% 的物种都先后灭绝了。当然这两个数字非
常不精确，因为早期物种的真实情况谁也没见过，只能依靠
化石证据来推测，而化石证据存在诸多天生缺陷，比如数据
不够连贯、盲点太多、年代测定精度不够等等，这些缺陷都
为化石证据的可靠性打上了问号。

化石证据最大的缺陷是涵盖范围太窄。目前能够找到的
大部分化石都是生物体坚硬的部分留下的，所以海洋贝壳类
动物和带有骨骼的脊椎动物数据最多，其他生物，比如昆
虫、软体动物、植物、微生物和藻类等则非常匮乏，因此考
古学家关于物种大灭绝事件的研究最早只能推到 5 亿年前，
再往前推就很困难了。

地球上的物种总数一直处于变化之中，每年都会有不少物种消失，也会有新的物种诞生。但考古学家发现，有个别时期大量物种突然从化石记录中消失了，说明那个时期地球上发生了物种大灭绝（Mass Extinction）。为了方便研究，考古学家为物种大灭绝下了一个人为的定义，即在很短的地质年代里有超过75%的物种灭绝。所谓"很短的地质年代"通常是指200万年，但有时也会根据情况做出一定的增减。

　　按照这个标准来衡量，地球在过去的5.4亿年时间里一共发生了五次物种大灭绝，分别发生在距今约4.43亿年前的奥陶纪末期（约86%的物种灭绝）；距今约3.59亿年前的泥盆纪后期（约75%的物种灭绝）；距今约2.51亿年前的二叠纪末期（约96%的物种灭绝）；距今约2亿年前的三叠纪末期（约80%的物种灭绝）和距今约6500万年前的白垩纪末期（约76%的物种灭绝）。恐龙就是这最后一次物种大灭绝的牺牲品之一。研究表明造成最后这次大灭绝的原因很可能是一颗体积巨大的小行星撞击地球造成的气候急剧变化。除此之外，另外四次物种大灭绝的原因都是由于气候变化，或者地质变化所造成的栖息地面积大幅下降，没有证据表明它们和天外来客有关。

　　众所周知，自从人类出现并主宰了生物圈之后，已有大批物种灭绝。问题在于，人类活动导致的物种灭绝到底有多么严重？和历史上那五次物种大灭绝有可比性吗？为了回答这个问题，美国加州大学伯克利分校的生物学家安东尼·巴诺斯基（Anthony Barnosky）博士在2009年召集一群考古学家开了个会，决定着手研究一下这个问题。学者们意识到，这样的比较实在是太困难了。"这就好比拿苹果和橘子做比较。"巴诺斯基后来对记者说。

要想做出准确的对比，需要双方的数据都充足可靠。考古数据存在的不足前文已经说过了，现代物种的数据其实也严重不足。目前已经知道的190万个物种当中只有小于2.7%的物种被联合国国际自然保护联盟（IUCN）研究过，也就是说，人类对地球上生活的97.3%的现存物种缺乏基本的知识。

为了简化问题，研究者把注意力集中到哺乳动物身上，因为人类关于哺乳动物的研究最充分，数据最可靠。哺乳动物的化石证据也是最全的。研究显示，在过去的500年里，地球上生存的5570种哺乳动物当中至少有80种已经灭绝了。

这个速度到底有多快呢？研究小组通过对目前收集到的哺乳动物化石进行归纳整理，得出结论说，在过去的6500万年里，平均每100万年只有不到两个哺乳动物灭绝，其速率远比最近这500年要低得多。

造成哺乳动物大灭绝的原因不外乎以下几类：人类与动物竞争自然资源；动物的栖息地被分割；外来物种入侵；人类的直接杀戮；人类引入的疾病，以及全球气候变化。

那么，目前这个灭绝速度是否算得上是物种大灭绝呢？

目前还不好说，但巴诺斯基博士认为，如果 IUCN 濒危动物名录上收录的所有被列入"极危"（Critically Endangered）、"濒危"（Endangered）和"易危"（Vulnerable）这三档的物种在今后的千年时间里全部灭绝的话，地球肯定就将进入第六次物种大灭绝时期。

这篇论文发表在 2011 年 3 月 3 日出版的《自然》（Nature）杂志上。作者认为目前的情况虽然已经非常危险了，但仍然有救，因为地球上尚有足够多的物种存在，距离 75% 物种灭绝的标准尚远。但如果我们再不小心的话，物种大灭绝很可能在未来的 3 ～ 22 个世纪内降临到人类头上。

物种大灭绝是如何发生的？

研究表明，入侵物种会造成生物多样性
的丧失。

地球历史上曾经发生过五次物种大灭绝，每一次都造成
了至少 75% 的物种消亡。那么，这几次物种大灭绝都是如
何发生的呢？很多人会把原因归于某种天灾，比如火山、地
震或者陨石撞地球之类的，这个想法有一定的道理，起码距
今 6500 万年前发生的那次物种大灭绝就是源于一颗闯入大
气层的陨石，科学家已经在墨西哥的尤卡坦半岛找到了那次
撞击的遗迹。另外，距今 2 亿年前的那次物种大灭绝则很可
能是由于火山爆发造成的大气二氧化碳浓度升高，进而引发
全球变暖所导致的。

但是，并不是所有的物种大灭绝都是因为天难。美国
俄亥俄州立大学（Ohio State University）的古生物学家阿丽
莎·斯蒂格尔（Alycia Stigall）博士通过对海洋化石的研究
发现，发生在距今 3.6 亿年的泥盆纪后期的那次物种大灭绝
很可能另有原因。

研究显示，那个时期地球上的大环境并没有发生灾难性

的变化，旧物种消失的速度和其他时期相比并没有明显的差异，但是新物种生成的速度却明显变缓，几近停滞。这种只出不进的情况维持了相当长的一段时间，其结果就是剩下来的物种数量逐渐减少，看上去像是经历了一次大灾难。

"科学界通常把泥盆纪后期发生的事件叫作物种大灭绝，但实际上这是一次生物多样性的危机。"斯蒂格尔博士说，"这段时期新物种生成的机制遭到了破坏，这才是原因所在。"

原来，地球上的新物种主要是通过两种机制产生的，一种叫作"地理割裂"（Vicariance），即某个种群因为地质变化等原因而被迫分开，彼此间无法进行基因交流，逐渐进化为两个不同物种；另一种途径叫作"主动扩散"（Dispersal），即某个种群的一小部分成员主动离开原来的栖息地，迁徙到别处，逐渐进化为新的物种。

地球上不断发生着的地质变化为"地理割裂"途径提供了无数的机会，但在泥盆纪后期情况发生了变化，那段时期因为全球变暖导致海平面升高，同时地球上的陆地因为板块运动而合并到一起，成为一块相对平整的大陆。这样一来，原本被陆地隔开的海洋，以及被山脊分开的小块谷地大都消失了，很多物种趁机迁徙到其他地区，成为所谓的"入侵物种"。

换句话说，泥盆纪后期的地球"变平"了，变成了一个真正的"地球村"，这就等于为各个物种提供了一个共有的竞争平台，而竞争的结果则是灾难性的，某些生存能力强的物种挤占了其他物种的生存空间。与此同时，因为"地理割裂"这个条件不存在了，新的物种便无法出现。

斯蒂格尔博士将研究成果写成论文发表在 2010 年 12 月 29 日出版的《科学公共图书馆·综合分册》（PLoS ONE）上。同样来自俄亥俄州立大学的考古学家威廉·奥欣奇（William Ausich）博士则在 2011 年 5 月 1 日出版的《美国国家科学院院报》（PNAS）上发表了另一篇文章，为读者讲述了 3.6 亿年前那次物种大灭绝之后发生的事情。

根据奥欣奇博士的描述，生物多样性的丧失直接导致泥盆纪末期的地球被一种名为海百合（Crinoids）的动物所占据，这是一种身体呈花状的棘皮动物，基座部分包有一层石灰质硬壳。那段时期海百合的数量是如此之多，以至于对应于那段时期的整个石灰岩地层都是由海百合的尸体所组成的！地质学家将那段时期称为海百合时代。

考古学家们曾经对这一现象感到非常困惑，直到奥欣奇博士及其同事们分析了同时期的鱼类化石的情况后才解开了这个谜。分析结果显示，海百合时代地球海洋中的鱼类化石种类十分稀少，说明鱼类正经历着一次物种大灭绝。鱼类是海百合的天敌，海百合失去了捕食者，便开始疯狂地繁殖，逐渐挤占了其他海洋生物的生存空间，成为地球生态系统的巨无霸。

"这项研究证明捕食者和猎物的互动关系对于远古时期

的物种演变起到了非常关键的作用。"奥欣奇博士说，"虽然
这个结论听上去很符合情理，但在这篇论文发表之前，很多
考古学家都不太相信这一点。"

幸好海百合时代并没有持续太久，专门以海百合为食的
鱼类终于进化了出来，地球恢复了往日的生机。正是在此背
景下，脊椎动物出现了。也就是说，如果没有泥盆纪后期的
这次物种大灭绝，人类也许就永远无法出现。

但是，随着人类活动范围的持续扩大，地理障碍逐渐消
失，地球终于再一次变成了"地球村"，原本各有居所的物
种在人类的帮助下成为"入侵物种"，迅速传遍了整个地球。
如果斯蒂格尔博士的推论是正确的，这就意味着 3.6 亿年前
发生的事情将在人类进化出现代文明后重新上演。

生物多样性的价值

为什么要保护生物多样性？因为生物多
样性的价值太大了，人类根本负担不起。

生物多样性（Biodiversity）是个很热门的词汇，但英国
著名科普杂志《新科学家》的主编曾经在私下里承认，到目
前为止他们杂志所有以生物多样性为封面的都卖得不好。

那么，生物多样性到底有什么价值？为什么这个价值不
被广大读者认可呢？

先来看看这个概念的发展史。生物多样性这个词虽然很
古老，但直到半个多世纪前才进入普通公众的视野。如果一
定要为每一项环保运动都找一个代言人的话，生物多样性的
第一个代言人就是蓝鲸。蓝鲸是已知的在地球上生活过的体
型最大的动物，成年蓝鲸体长超过 30 米，体重可达 150 吨，
光是一条舌头就有将近 3 吨之重。作为海洋食物链的最高端
动物，蓝鲸曾经遍布地球上的所有海域，但当人类开始了商
业捕鲸之后，蓝鲸的命运便发生了根本性的转变。因为体型
巨大，蓝鲸很容易被发现，如果不是相关国际组织于 1966
年通过了禁捕令，蓝鲸早就灭绝了。

国际组织之所以签署禁捕令，主要原因就是为了保护生物多样性，于是有不少捕鲸爱好者，以及捕鲸业从业人员便开始质疑生物多样性的价值。面对这些质疑，加拿大英属哥伦比亚大学（University of British Columbia）的一位应用数学家考林·克拉克（Colin Clark）感到十分愤怒。他在1973年出版的《政治经济学杂志》（*Journal of Political Economy*）上发表了一篇论文，计算了蓝鲸的经济价值。经他计算，如果从赚钱的角度看，当时最好的做法不是禁捕蓝鲸（等将来蓝鲸种群数量恢复后再适度开禁），而是立即把海洋中剩余的蓝鲸捕捞殆尽，换成现金后投资股市！

克拉克这篇文章的本意当然不是劝大家照着去做，而是用这个例子告诉大家，生物多样性的价值不能按照经济学原理进行简单计算，因为一个物种很可能具有许多潜在的价值，不能只顾眼前利益。

说到潜在价值，曾经有个说法非常流行，认为很多物种（尤其是植物）很可能具有潜在的药用价值。制药厂从热带雨林的植物当中找到过很多新药，如果雨林消失了，这些药就不会被研制出来。不过，这个说法近年来却遭到不少人质疑，因为制药厂发现，最简便、同时也是最有效的筛选方法并不是到大自然中去寻找，而是人工合成各种大分子化合物，然后从中筛选具有潜力的药物。事实上这个方法已经成为现代制药业的主流模式，很少有人会再去钻热带雨林了。

从这个例子可以看出，如果我们继续以世俗标准来衡量生物多样性的话，就会发现生物多样性的价值并没有想象中的大，为了保护它而花费那么多钱并不合算。

那么，生物多样性的价值究竟应该如何来计算呢？2011 年 5 月 2 日出版的《生态学通讯》(*Ecology Letters*) 上有篇文章为我们提供了一种新的思路。这篇论文的作者是纽约州立大学石溪分校 (Stony Brook University) 生态与进化系的副教授约翰·韦恩斯 (John Wiens) 博士，他试图通过研究树蛙的种群发展史，回答一个困扰了进化学家 200 多年的问题：为什么亚马孙热带雨林的生物多样性如此丰富？

如果只看温度、湿度和日照等硬性指标，世界上很多热带雨林都和亚马孙没有太大差别，但韦恩斯发现，热带雨林树蛙在全世界的分布非常不均衡，亚马孙河流域有些地方种群数量非常之大，在那里生活的树蛙种类比全世界其他所有热带雨林中的树蛙种类还要多。为了弄清原因，韦恩斯在全世界 123 个不同地点找到了 360 个不同种类的树蛙，分析了它们的 DNA，绘制了一幅树蛙进化图，终于找到了答案。

原来，亚马孙河流域的树蛙历史悠久，早在 6000 万年之前就来到这里生活，那时恐龙还没有完全灭绝呢。而在其他一些种类较少的热带雨林，情况则正好相反，树蛙是在距今很近的时期才迁徙到那里去的。也就是说，亚马孙河流域某些热带雨林中的两栖动物之所以有如此丰富的物种多样性，是经过了 6000 万年的漫长进化才得以实现的。一旦因为某种原因而丢失，人类没有任何办法将其恢复。

知道了这一点，我们就不难理解生物多样性为什么如此宝贵了。一个新物种的形成需要极长的时间，甚至需要以地质年代来计算，其时间成本是一个天文数字。也就是说，一个物种哪怕只对人类有一丁点价值，也必须尽全力保护，一旦失去，无论花费多少钱都无法挽回。

但是，这种思路和人类目前纯粹追求速度的发展模式背道而驰，这就是生物多样性一直得不到重视的根本原因。

团结友爱的微观世界

> 微生物具备一种特殊的进化能力，它们
> 不再相互竞争，而是团结友爱，取长补
> 短，并在这一过程中加快了进化的速度，
> 迅速地提高了适应环境的能力。

2011 年 11 月 22 日，美国马萨诸塞大学（University of Massachusetts）遗传学家琳·马古利斯（Lynn Margulis）因中风去世，享年 73 岁。她的一生非常传奇，年轻时以一己之力和整个遗传学界斗争，最终获得胜利，此后又试图把"团结友爱"这个文学词汇加入到地球生物圈的研究当中，引来诸多争议。

故事要从 1938 年说起。那一年的 3 月 5 日，芝加哥南区的一个律师兼商人生了一个女儿，取名琳·亚历山大（Lynn Alexander）。当时的芝加哥治安不好，南区尤其糟糕，在如此险恶的环境里长大的琳异常早熟，18 岁就从芝加哥大学生物系毕了业。就在毕业那年，她在楼梯上偶遇同校的天文系研究生卡尔·萨根（Carl Sagan），两人很快坠入情网，并于第二年结婚。

这个萨根可不简单，他不但在天文学研究领域取得了很高的成就，而且还被公认为是美国历史上最好的科普作家之

一，甚至被美国媒体尊称为美国的"公共科学家"。他一生中写过好多本非常有名的科普著作，而且还创作过一部科幻小说《接触》（Contact）。这本小说后来被好莱坞拍成了同名电影，被公认为是近年来少有的科幻佳作。

和萨根结婚后，琳没有放下学业，最终在加州大学伯克利分校拿到了博士学位，并在波士顿大学找到了一份工作，研究微生物进化。也许是受到丈夫的影响，琳在研究中敢于挑战权威。当时的主流生物学界信奉"新达尔文主义"，即认为进化的唯一动力就是随机的基因突变，以及在此基础上的自然选择。但是，琳通过对线粒体的研究，发现事实很可能不那么简单。

"当时最有名的几个进化研究者都是研究动物学出身，他们的注意力都集中在过去5亿年之内的动物化石上面了。"琳后来在一篇回忆文章中写道，"而我研究的是微生物，有长达40亿年的化石记录！上世纪60年代之前的进化学家们都有意忽略了这部分化石记录，因为他们找不到合理的解释。"

通过自己的研究，琳认为微生物世界的进化有一条完全不同的途径。简单来说，她认为真核生物细胞内的很多细胞器（比如线粒体和叶绿素）都不是凭空进化出来的，而是由于某个真核细胞吞食了一个体积更小的原核微生物，然后双方各取所需，逐渐演化成了共生的关系。

这个理论被称为"内共生学说"（Endosymbiotic Theory），

最早的提出者并不是琳，但那几个先驱者都因为不敢坚持自己的理念而最终放弃了研究。琳不信邪，她重新拾起了前人的研究成果，并以琳·萨根的名义写了一篇论文，再次提出了这个理论。这篇论文先后被 15 家科学期刊拒绝，最终于 1967 年被《理论生物学杂志》（*Journal of Theoretical Biology*）接受并发表。此后她又补充了很多材料，将这篇论文扩展成一本书，取名为《真核细胞的起源》（*Origin of Eukaryotic Cells*）。此书出版后震惊了科学界，很多权威人士拒绝相信琳提出的这个惊世骇俗的理论。但是随着 DNA 分析技术的发展，科学家们终于发现，线粒体的 DNA 和细胞核 DNA 几乎没有任何关联，反而和一种古老的细菌同源。叶绿素的 DNA 也和宿主没什么关系，而是和海洋中的一种依靠光合作用生存的蓝细菌更加相似。

如今，这个内共生理论已经被主流科学界所接受，并被写进了生物学教科书，成为一个定理。这个理论可不只是关于生物进化的，它还有很多实际用途。比如，有越来越多的证据表明，细菌之所以很容易对抗生素产生抗性，并不是因为基因突变，而是细菌之间互通有无，互相交换 DNA 的结果。明白了这一点，你就会知道滥用抗生素会有怎样的恶果。

需要指出的是，这个理论和新达尔文主义并不存在根本性的冲突，它只是达尔文进化论在微观世界的一个特殊案例而已，进化的主要机制仍然是基因的随机突变。但是，这个理论颠覆了传统进化论的一个基石，它告诉我们，不同生物之间并不只是相互竞争的关系，它们还可以相互利用，共同进化。这就是这个理论被很多非科学人士所喜爱的原因，大家更希望看到生命世界还存在一种相互友爱的关系，而不全是冷冰冰的生存竞争。

可惜的是，如此温馨的理论并没有挽救萨根夫妇的爱情，两人因感情不和而离了婚，琳又嫁给了生化学家托马斯·马古利斯（Thomas Margulis），她也随了夫姓，改名琳·马古利斯。

改名后的琳把兴趣转移到了生物圈，成了"盖亚理论"（Gaia）的信徒。这个理论认为整个地球就是一个巨大的生命体，具备自我调节的能力。可惜的是，这个理论太过荒唐，更像是一个哲学思想而非科学理论，已经基本上被主流科学界所抛弃了。

当然，这件事并不影响她在科学史上的地位，这一点没人否认。

愿她在天堂安息。

辑 五

神奇的生命

V

学习蝾螈好榜样

墨西哥蝾螈的存在，给了器官再生研究者极大的信心。

汽车车门被撞坏了怎么办？先试试能不能修，修不好就换一个。胳膊骨折了怎么办？先试试能不能接骨，接不上的话就只有截肢了。

现代医学进展神速，但为什么器官再生领域多年来一直没有进步呢？甚至连从事这方面研究的科学家都很少？原因很简单：因为大自然里几乎找不出任何一种高等动物有这本事。

医学领域的研究者非常重视先例。任何一种治疗方法，假如自然界没有类似的先例，那么科学家们就不会轻易去尝试。就拿器官再生来说，如果没有先例，一来研究者无从下手，二来也许器官再生违反了生物界的某个基本规律，最终被证明是不可能的。

必须说明的是，很多高等生物具有很低级的器官再生能力。比如，人的手指尖端被截去一小段，如果处理得当的话，是能够再生出一个新指尖的。但如果伤到了第一指关节，那就没办法了。还有，很多生物在幼年时期具有一定的器官再生能力。比如蝌蚪的四肢如果被截断的话是能够再生的，但变成青蛙后就不行了。越是高等动物，器官再生能力退化得就越早。哺乳动物只在胚胎时期具有微弱的再生能力，过了胚胎期，细胞分化完成后，这个能力就消失了。

世界上只有一种脊椎动物成年后依然保持着相当强的器官再生能力，这就是墨西哥蝾螈（Axolotl）。这种小动物只生活在墨西哥首都墨西哥城附近的一条河流里，体长15厘米左右，模样滑稽，当地人叫它"水怪"。成年墨西哥蝾螈的四肢、尾巴、眼睛、下巴、内脏……甚至一部分大脑都可以再生！更为奇特的是，墨西哥蝾螈的器官再生能力似乎是无限的，新生器官如果再次受伤，仍然可以再生一个新的出来，就像人的头发一样。

墨西哥蝾螈给了器官再生研究者极大的信心，他们梦寐以求的"先例"终于被找到了。初步研究表明，当墨西哥蝾螈受伤后，缺损部位的血管立即闭合，表皮细胞迅速聚集在伤口处，形成一层被称为"胚芽"（Blastema）的新鲜组织。科学家们曾经认为，"胚芽"是由体细胞"去分化"后形成的多功能干细胞组成的，这些多功能干细胞就像胚胎干细胞一样，可以进一步分化成其他类型的细胞，形成各种组织，并按照基因携带的指令，慢慢长出一个个新的器官。也就是说，整个再生过程就相当于重复了一遍胚胎发育的步骤，无须专门编写特殊的程序。

如果人类试图模仿墨西哥蝾螈，首先必须想办法让伤口处的细胞"去分化"，也就是让已经分化的体细胞倒着发育，重新变成多功能干细胞。这个过程早在 2006 年即被日本科学家山中伸弥证明是可行的，他找到了四种"转录因子"，能够在实验室条件下把成年体细胞重新变成多功能干细胞。但是这个诱导过程十分复杂，很难控制，转化效率也不高，距离人体试验为时尚早。

　　2009 年 7 月初，事情出现了转机。德国马克斯·普朗克分子细胞遗传学研究所研究员艾莉·田中（Elly Tanaka）博士和她领导的一个研究小组在国际著名科学杂志《自然》（Nature）上发表了一篇论文，证明墨西哥蝾螈"胚芽"内的细胞并不是多功能干细胞，而是只具有部分功能的"限制性"干细胞。也就是说，墨西哥蝾螈伤口细胞的"去分化"过程进行得并不彻底，没有完全回到胚胎时的初始状态，而是分别"记住"了各自的身份，并在器官再生过程中严格地做了分工，肌肉细胞只会变成肌肉，真皮细胞只会变成真皮，等等。

　　这个秘密说起来只有一句话，但研究起来格外困难。蝾螈伤口处的"胚芽"细胞外表看起来都一样，很难区分，因此也就没法跟踪它们的去向。多亏田中博士发现了一种变异的墨西哥蝾螈，其体细胞失去了色素，通体透明。接着，研究人员把一种荧光蛋白基因导入蝾螈胚胎细胞，凡是接受了这种基因的细胞全都呈现出鲜明的绿色。最后，他们把这种经过改装的胚胎细胞植入蝾螈胚胎，培育出一组新的动物，有的肌肉细胞全部是绿色，有的造骨细胞全部是绿色，等等。这就相当于找到了一种染色法，把活动物的不同组织进行了染色。

之后的研究就好办多了。科学家们把这些动物进行截肢，观察新生成的四肢的颜色分布情况，终于纠正了以前的错误认识。

这个发现意义重大。它第一次证明，人类要想模拟墨西哥蝾螈的再生功能，不必非得把伤口处的细胞全部变成多功能干细胞，而是只需后退半步，让它们回到各自的初始状态，即"单功能干细胞"即可。

再生医学界对这项发现评价很高。长期研究墨西哥蝾螈的美国图兰大学（Tulane University）科学家肯·穆尼奥卡（Ken Muneoka）认为，这项发现说明人类也许只需 10～20 年就可以实现器官再生的理想了。穆尼奥卡和他领导的研究小组刚刚从美国国防部接受了一笔高达 625 万美元的研究经费，正在埋头苦干，力争尽早实现人类医学领域最大的奇迹。

如果人类有朝一日真的能够实现这一理想，最大的功臣就是墨西哥蝾螈。但是，由于环境污染等原因，这种小动物在野外的数量估计只剩下不到 400 只了。按照墨西哥原住民阿兹特克人（Aztec）的说法，墨西哥蝾螈是阿兹特克神的化身，如果它们灭绝了，那么人类也就会随之灭绝。

这个传说还真有点道理。这个例子清楚地表明，生物多样性对于人类的健康发展是多么地重要，保护环境就是保护人类的未来。

生物防治靠得住吗?

生物防治到底是螳螂捕蝉还是黄雀在后?

北京奥运会前夕曾经传出过一条新闻,中国生态专家警告说,如果不能有效抑制美国白蛾(Fall webworm),北京奥运会将成为"没有大树的奥运会"。不久前,英国也传出一条新闻,英国生态专家警告说,如果不能有效抑制日本虎杖(Japanese knotweed),伦敦奥运会将成为"杂草丛生的奥运会"。

巧的是,这两种让中英生态专家们忧心忡忡的捣蛋鬼都是外来物种。

美国白蛾学名叫作 Hyphantria cunea,是一种产自北美的白色蛾子,其幼虫以树叶为食。大约在三十多年前,美国白蛾从朝鲜传入丹东,此后便以每年 35 ～ 50 公里的速度向外扩张,目前已经扩散至中国北方的大部分省份。美国白蛾的繁殖力惊人,一只雌蛾一年可以繁殖 2 ～ 3 代,一次可以产卵 600 ～ 800 粒,这就意味着如果不加控制的话,一只雌蛾每年可以繁殖出 3000 万个后代,毁掉 5 万棵大树。

这种情况之所以没有在北美发生，就是因为美国白蛾已经在那里生活了很多年，大自然进化出了很多天敌，有效地控制了美国白蛾的数量。但当它通过各种现代化运输工具扩散到中国后，大自然来不及进化出它的天敌，于是便迅速泛滥成灾了。

同样，日本虎杖是一种原产自日本的蓼科杂草，学名叫作 Fallopia japonica。英国园艺爱好者于 19 世纪中期将一株日本虎杖引入英国，没想到它的生命力极强，只需一个月的时间就可以长到 1 米高。假以时日，日本虎杖最终可以长到 3 米高，再加上其枝叶茂盛，看上去就像是一道无法穿越的绿色"铁丝网"。更要命的是，日本虎杖具有极强的穿透能力，能够从水泥板或者砖缝中钻出来，并依靠其强壮的根系把裂缝撑大，最终对建筑物造成破坏。因为这个原因，伦敦奥林匹克体育场在动工之前花了很大力气清除场地周围的日本虎杖，生怕它们惹麻烦。

英国人原以为只引进一棵雌株不会有问题，没想到日本虎杖的无性繁殖能力超强，只需要一小片 1 厘米见方的茎秆或者叶片，就可以在新的地方生根发芽。日本虎杖不怕水，碎叶片可以顺着河流或者小溪漂到下游继续生长，必须将其连根拔除并烧毁，才能防止扩散。可是，日本虎杖的根系非常发达，可以深入地下 5 米，或者横向扩散 7 米以上，很难拔干净。没拔干净的根系可以在土壤里潜伏十年以上，遇到合适的机会又会重新从地下钻出来！

有专家戏称，在英国的日本虎杖是世界上最大的雌性植株，因为它们全都克隆自同一株日本虎杖，其基因型完全相同。

为了消灭这棵巨无霸，英国人伤透了脑筋。仅在2003年，英国政府便投入了15.6亿英镑用于清除日本虎杖，但收效甚微。根据有关部门估计，今年英国政府在这方面的投资将会超过26亿英镑，但其效果却很难预料。

这笔钱大部分将会用于购买化学除草剂。在讲究环保的今天，化学除草剂在英国民众中的口碑可想而知。于是，英国莱斯特大学（University of Leicester）的科学家决定去日本虎杖的原产地——日本找找办法。他们在日本找到了好几种以日本虎杖为食的昆虫和微生物，初步的研究后发现，一种学名为 Aphalara itadori 的植物跳虱（Jumping plant louse），口味十分刁钻，只吃日本虎杖，可以用来作为生物防治的武器。

且慢！说到生物防治，很多人首先就会想到在澳大利亚发生的那起臭名昭著的事故。澳大利亚可以被看成是一个孤岛，许多来自旧大陆的动植物到了那里都像是到了天堂。澳大利亚人引进过欧洲兔子，没想到它们从笼子里跑了出去，很快泛滥成灾。为了杀兔子，澳大利亚人又引进了欧洲狐狸，却没想到狐狸们不光吃兔子，也开始吃袋鼠，结果造成了新的问题……这个案例被广泛收进了世界各国的中小学课本，给"外来物种"贴上了一个"不可预料"的标签。

这个标签给"生物防治"蒙上了一层阴影，许多老百姓在听到这个词时首先会问：你怎么知道新引进的外来物种会按照你的设计去做呢？确实，这也是生态学家最担心的问题，他们必须证明，新引进的物种只吃一种食物，那就是需要它们来控制的那个物种。可以想象，这一点很难证明，于是，欧洲大陆直到现在都没有批准任何一项针对植物的生物防治计划。

但是，日本虎杖的旺盛生命力终于把英国人逼上了梁山。英国政府负责处理环境问题的"环境、食品和农村事务部"（The Department for Environment, Food and Rural Affairs，简称 Defra）委托一家独立机构"国际农业科技研究中心"（The Centre for Agricultural Bioscience International，简称 Cabi）对日本植物跳虱进行了为期五年的调查研究。这家非营利机构研究了 87 种英国常见的植物，发现除了少数几种同样来自外国的日本虎杖的近亲植株外，日本跳虱对其余的英国本土植物都不感兴趣。

另外，这种体长只有 2 毫米的日本跳虱并不会将植物杀死，而只是附着在上面吮吸汁液，从而控制日本虎杖的生长速度。在日本本土，虎杖的高度和密度都远不及英国，对其他植物构不成威胁，其主要原因就是日本植物跳虱。

虽然如此，英国政府还是非常小心。Defra 于今年夏天将 Cabi 的研究成果公之于众，接受来自民间的质询。如果这项计划得到大部分民众的支持，那么 Defra 打算从 2010

年4月开始先在小范围里进行试验，如果再没问题，才会在英国大面积推广。

"这并不是一项万无一失的方案，"Defra的发言人称，"但这总比化学除草剂要好。"

Cabi的科学家则引用了一项调查数据称，截至目前，全世界一共进行过一千多次生物防治试验，只有八次发生了意外，引进的外来物种危害到了目标物种之外的其他物种，而这八次意外当中只有一次是出乎科学家意料的，换句话说，澳大利亚兔子和狐狸的故事只是一个意外事故，那时的人们不知道生态平衡的重要性，一旦科学家了解了生物链的奥秘，生物防治便成为一项可控制的防治手段了。

前文提到的美国白蛾，也可以用一种引自北美的病毒加以控制，其成本比中国以前采用过的"人海战术"要少多了。

愚蠢的设计师

> 如果大自然真有个设计师的话，那么他显然不够聪明。

世界上最重要的酶是哪个？答案肯定是 1, 5- 二磷酸核酮糖羧化酶 / 加氧酶（Ribulose 1, 5–bisphosphate carboxylase/oxygenase，英文简称 Rubisco）。此酶没有合适的中文译名，姑且简称它为"加氧酶"吧。加氧酶负责催化光合作用中最重要的一步，就是把空气中的二氧化碳（无机碳）固定成有机碳。也就是说，地球上所有的生命几乎都来自加氧酶的催化，它的重要性无论怎么强调都不会过分。

加氧酶是生物界有名的刺儿头，研究起来非常困难，主要原因在于它是由八个氨基酸长链和八个氨基酸短链按照特定方式组合而成的一个庞大的聚合体，但如果把这两种氨基酸链条简单混合的话，它们会各自粘在一起，大找大，小找小，很难说服它们按规矩组成具有功能的三维结构。事实上，加氧酶是少数几种至今仍然没有在试管里组装成功的蛋白质之一，做不到这一点，科学家就必须在活细胞里研究加氧酶，难度大大增加。

三十年前，科学家发现了刺儿头的秘密。原来，加氧酶的组装需要依靠叶绿体里的一类特殊蛋白质的帮助才能完成，他们把这种蛋白质取名为伴侣素（Chaperonin），意思是说这种蛋白质好像是旧时陪伴少女出席社交场合的成年女伴，有她们在，少女们就不会感到害羞了。

　　后续研究发现，很多蛋白质的合成都需要伴侣素，而加氧酶的伴侣素不止一种，组装过程非常复杂，其细节至今仍然没有完全搞清。2010 年 1 月 14 日出版的《自然》（Nature）杂志上刊登了德国马克斯·普朗克生化研究所的马纳吉特·海耶－哈特（Manajit Hayer-Hartl）博士和她领导的研究小组发表的一篇论文，研究人员设计了一种包含两种伴侣素的配方，第一次把人工组装加氧酶的活性提高到了正常水平的 40% 左右。别小看这个进步，这就足以让科学家们能够在试管里筛选加氧酶的突变基因型，在此之前这种筛选只能在细胞里进行，变数太大，很难找出具有更高活性的加氧酶来。

　　科学家们为什么要进行这种筛选呢？原来，固碳是整个光合作用中速度最慢的一步，如果能提高加氧酶的活性，就能提高光合作用的效率，不但能增加粮食产量，还能减少空气中的二氧化碳，解决全球气候变化的难题，意义重大。

　　也许有人要问，难道如此重要的一种酶，又经过了亿万年的进化，还有改进的空间吗？人类也太小瞧大自然的力量了吧？没错，加氧酶恰恰是自然界效率最低的酶之一，平均每秒钟只能催化 3 ～ 10 个二氧化碳分子。相比之下，绝大多数生物酶每秒钟都至少能催化 1000 次生化反应。

另外，从加氧酶那个古怪的全称就可以看出，此酶可以催化两种不同的生化反应。催化二氧化碳反应时叫作"羧化酶"，催化氧气反应时叫作"加氧酶"。两种反应互为竞争关系，也就是说此酶在固碳的同时还能和氧气分子发生反应，产生二氧化碳，后者就是所有植物都具备的"光呼吸"。问题在于，光呼吸正好是光合作用的逆过程，光合作用固定下来的碳最多会有 25% 又被光呼吸作用白白消耗掉了，从催化效率的角度看，这种酶的设计简直是愚蠢到家了。当年钱学森就是因为没有认识到加氧酶的低效率，仅仅计算了太阳光的总能量，便提出了那个著名的"亩产万斤"的口号。

从分子水平上看，二氧化碳和氧气差别不大，确实不太容易区分。但生物界很容易找到将两者区分得很清楚的酶，比如血红蛋白就是如此。通常情况下血红蛋白只和氧气结合，二氧化碳因为体积稍大而被排除在外。加氧酶却令人惊讶地没能区分出两者在体积上的差别，于是此酶既能接收二氧化碳，又能接收氧气，两种底物分子相互竞争，白白浪费了资源。

为了弥补催化效率上的缺陷，植物就必须大量生产加氧酶才能满足自身的需要。叶绿体蛋白质当中有大约一半都是加氧酶，考虑到自然界中绿色植物的庞大数量，加氧酶几乎可以肯定是大自然当中储量最多的生物酶。这其实不是什么好事，它恰恰从另一个方面说明加氧酶的效率实在是太低了。

为什么会是这样呢？这就要从历史中找原因。因为加氧酶的催化功能如此重要，科学家相信此酶是地球上最先进化出来的酶之一。考古证明，几十亿年前的地球大气中几乎不含氧气，而是含有大量的二氧化碳。于是，早期的加氧酶根本不需要考虑氧气的竞争，而二氧化碳底物的浓度又是如此之大，以至于加氧酶也不必考虑催化效率问题。

但是，随着植物越来越多，二氧化碳逐渐被消耗殆尽，其浓度降到了目前的 0.03% 左右。而氧气的含量日渐增多，目前已经达到了 21% 左右，比二氧化碳浓度高三个数量级。但是这个转变是逐渐发生的，于是加氧酶不断通过小修小补来适应这一变化，久而久之就变成了现在这种补丁摞补丁的模样，而不是干脆换条新裤子。

加氧酶的这种特性，正好说明大自然并不是完美无缺的。现代科学的进步使人类能够认识到大自然的不足之处，并采取针对性的措施去修正它。

撒谎的代价

在胡蜂的世界里，骗子是要付出高昂代价的。

美国大学采用学分制，即使文科专业的学生也都会被要求修满几个理科学分才能毕业。因为生物学需要的数学基础相对较少，很多人都会选修"生物学入门"（BIO 101）。这门课有套教材非常流行，分理论和实验两部分，第一堂实验课的主题是动物行为，研究对象是大家都熟悉的蟋蟀。

学生们把一群彼此从来没见过的雄蟋蟀放到一个箱子里，它们很快就捉对厮杀起来。战败的蟋蟀通常不再挑衅，遇到比它强的蟋蟀便会主动投降，绕道而行。于是，一段时间之后这个箱子里的蟋蟀就不再打斗了，而是按照实力分成不同的等级，彼此相安无事。

通常情况下这个过程只需要半个小时就能完成，还留下15分钟时间供老师讲解其中的含义。说起来，这事其实一点都不神秘。打斗耗费体力，甚至会有生命危险，如果打赢的可能性很小，那最好的办法就是选择臣服，避免不必要的伤亡。从进化论的角度看，这种对种群有利的习性是必然出现的结果。

不过，蟋蟀毕竟还要打斗一阵子，有没有办法让一个种群的成员们仅凭外貌就能辨识出谁更强，从而避免战斗呢？胡蜂（*Polistes dominulus*）就进化出了一套这样的机制。雌胡蜂经常要为争夺巢穴而打斗，但它们进化出一套脸谱系统，用面部的不同花纹表明自己的打斗实力。如果一只雌胡蜂的面部花纹比较细碎，那么它的打斗能力就要比面部花纹较完整的雌胡蜂更强。于是，当两只雌蜂相遇时，仅凭视觉就能迅速判断出双方的实力对比，花纹较为完整的雌胡蜂会迅速地趴在地上，降低触角，以表示臣服。

类似这样的视觉辨识系统在很多动物种群里都能找到。比如雄鹿在打斗前都会先看看对手的鹿角，如果远比自己的大就会放弃争斗。某些种类的鸟和蜥蜴则进化出了夸张的羽毛或者色斑，以此来表明自己的发育状况，警告对手不要轻易出招。

看到这里，有人也许会问，这套分辨体系也太容易被骗了吧？如果有只胡蜂发生了突变，脸部花纹和打斗能力不匹配，岂不很容易骗过对手，并把这个"欺骗基因"传下去？确实，如果只从数学的角度看，这是有可能的，但为什么事实上胡蜂种群却没有出现骗子呢？生物学家们为此想出了多种解释，最流行的理论认为，胡蜂一定进化出了一种惩罚机制，对骗子施以严厉打击，这才保住了这个看似脆弱的分辨体系。

这个假说提出了很久，一直没办法被实验证明。不久前，美国密歇根大学生态和进化科学系的教授伊丽莎白·提拜茨（Elizabeth Tibbetts）设计了一个精妙的实验，证实了这个假说。

提拜茨教授用一种颜料将胡蜂的面部进行重新染色，把原本看似"示弱"的脸谱变成"示强"，然后让它们和从来没见过的雌胡蜂交手，结果蒙在鼓里的雌胡蜂一开始被对手吓住了，但很快就通过一些小的试探行为发现了对手的破绽，此后便大举进攻，纠缠不休，很像人类被骗后的那种报复行为，一定要和骗子血战到底。

为了排除这种颜料可能存在的化学干扰作用，科学家们还用颜料画了另一批雌胡蜂，但不改变脸谱的特征，结果胡蜂们相安无事，双方争斗的时间和完全不涂颜料的对照组无异。

接下来，提拜茨教授又用一种荷尔蒙将一批原本攻击性不强的胡蜂转变成好斗的胡蜂，再将它们和普通胡蜂配对，结果发现普通胡蜂同样对这些看似羸弱其实凶狠的胡蜂充满了攻击性，双方争斗的时间和力度同样超过了正常情况。

有趣的是，如果先用荷尔蒙提高胡蜂的攻击性，再用颜料修改它们的脸谱，把原本羸弱的胡蜂里里外外都变成强者，双方的打斗时间就和对照组相似了。

提拜茨教授将实验结果写成论文，发表在 2010 年 8 月 19 日出版的《当代生物学》（*Current Biology*）杂志上。实验结果表明，当胡蜂感到自己被欺骗时，便会想尽一切办法惩罚骗子，与之纠缠不休。这样做的结果让造假者蒙受了更大的损失，使之没有进化优势，从而保护了胡蜂的这套看似脆弱的身份辨识体系，对胡蜂种群长久健康地发展非常有利。

　　总之，胡蜂通过让撒谎者付出高昂代价的方法控制了骗子的数量，这就是胡蜂种群直到现在都没有进化出骗子的根本原因。动物世界如此，人类世界呢？

驼鹿的启示

驼鹿的例子告诉我们，婴儿期的营养缺
乏很有可能造成不可逆转的损伤。

美国和加拿大交界处的苏必利尔湖上有个名叫"皇室"
（Isle Royale）的无人岛，长 85 公里，宽 13 公里，与陆地
最近的直线距离是 24 公里。1900 年左右，第一批北美驼鹿
（Moose）游上了该岛，成为岛上唯一的大型哺乳动物。可惜
它们的好日子只过了五十年，一群北美灰狼趁着湖水结冰的
机会走上了该岛，从此这个岛就成为驼鹿和灰狼之间生死角
逐的战场。

1958 年，一位名叫杜华德·艾伦（Durward Allen）的生
态学家登上该岛，开始研究驼鹿和灰狼之间的关系。驼鹿唯
一的敌人就是灰狼，而灰狼几乎只吃驼鹿，两者之间的关系
非常简单。再加上这个岛大小适中，遂成为生态学家研究捕
食者和猎物关系的最佳天然试验场。

这项研究一直坚持到现在，被称为全球生态领域类似研
究时间最长的一个。如今这项研究的带头人已经换成了美国
生态学家洛夫·皮特森（Rolf Peterson），根据他的统计，如

今岛上生存着 1000 头左右的驼鹿，和大约 24 头灰狼，两者之间达成了一个动态平衡。

别以为这样的研究只和生态学有关。皮特森教授意外地发现了一桩奇案，很有可能改变了人们对关节炎成因的认识。

原来，研究人员先后在岛上收集了 4000 多具驼鹿骨骼，并对其中保存较完好的 1100 具骨骼进行了研究，惊讶地发现竟然有超过一半都患有骨关节炎（Osteoarthritis）。这是一种最常见的关节炎，经常又被叫作退行性关节炎（Degenerative Arthritis），病人的关节软骨过度磨损后失去了缓冲作用，使得骨骼相互间"干磨"，导致发炎。与此同时，病人发炎部位的软骨、骨骼、滑膜、韧带和肌肉细胞都重新被激活，试图修补损失，其结果经常是矫枉过正，导致骨质增生，在关节处形成骨赘甚至骨刺，进一步降低了关节的灵活性。

从这个描述来看，骨关节炎非常符合老年病的特征，大多数医学书上也都称这种病的病因是"磨损和撕裂"（Wear and Tear）。按照这个说法，人到了一定岁数都会程度不一地患上这种病，但实际情况并非如此，很多人直到老年都没有患病迹象。另外，超重的人和经常劳动的人也并不一定就比瘦子和养尊处优者更容易得病。于是又有人猜测这种病很可能与遗传有关，并通过研究得到了部分证实。

那么，"皇室"岛上的驼鹿又是怎么回事呢？皮特森教授仔细测量了那些驼鹿的跖骨（Metatarsal Bone）的长度，终于发现了问题所在。跟骨是驼鹿脚上的一根小骨头，在驼鹿发育的早期，这根骨头的生长速度很快，长到 28 个月后，跟骨便会钙化并停止生长，因此跟骨的长度是驼鹿发育早期营养状况的一个很好的指标。皮特森教授发现，跟骨长度与骨关节炎之间有着明显的对应关系，跟骨越短，患骨关节炎的几率也就越高。换句话说，驼鹿发育期间的营养越差，长大后就越容易患上骨关节炎。

"皇室"岛有着漫长的冬天，冬天到来时地上积雪很厚，驼鹿不容易找到食物，很容易导致营养不良。皮特森教授通过分析后认为，正是母驼鹿营养不良导致了奶水不足，从而让小驼鹿在发育初期营养不良，进而导致了骨关节炎的产生。

"这种病对驼鹿来说是致命的，灰狼很快就能发现走路跛脚的驼鹿。"皮特森教授说，"事实上我们在野外几乎看不到活着的患有骨关节炎的驼鹿，它们全都迅速地被灰狼发现并吃掉了。"

皮特森教授将这个研究结果写成论文发表在 2010 年 7 月 7 日出版的《生态学通讯》(*Ecology Letters*) 杂志上。文章认为，驼鹿发育期的营养状况决定了关节软骨的发育程度，而这极有可能决定了成年后骨关节炎的发病率。类似情况不光发生在骨关节炎领域，已有证据表明哺乳动物的心血管疾病也与发育期的营养状况有着密切的关系。

那么，类似的案例在人类中出现过吗？答案是肯定的。

美国科学家曾经猜测，当初北美印第安人在被殖民后患骨关节炎的概率迅速增加，原因就是殖民者强迫印第安人改吃玉米，而玉米的营养显然不如北美野牛的肉。

不过，这个例子的年代太过久远，不能说明问题。有没有现代的例子呢？这样的例子不好找，因为科学家不可能拿人做实验，只能从现成的案例中寻找。伊斯兰教恰好提供了一个很好的例子。众所周知，伊斯兰信徒在斋月期间的白天是不能吃东西的，如果一名伊斯兰妇女在怀孕的关键时期恰逢斋月，是否会对婴儿的健康有影响呢？英国南汉普顿大学的科学家尼克·艾什顿（Nick Ashton）统计了 7000 多名沙特阿拉伯婴儿，发现如果母亲在怀孕的中晚期恰逢斋月的话，男婴胎盘的重量比平均值轻 3%，女婴则轻 1.5%。

已有证据表明，胎盘重量过轻会导致孩子长大后更容易患心血管疾病。因此，艾什顿教授呼吁科学界加强这方面的研究，看看母亲怀孕期间的营养不良是否会对婴儿成年后的健康状况产生负面影响。

动物们也胖了

一项研究表明，不仅人类越来越胖，就连很多哺乳动物都没能幸免。

　　有个流传很广的笑话是这么说的：科学家对着跳蚤喊道：跳！跳蚤跳起来了。然后科学家把跳蚤的腿都截掉，再喊：跳！这次跳蚤没跳起来。于是科学家得出结论说，跳蚤的耳朵长在了腿上，截掉腿的跳蚤变成了聋子。

　　笑话归笑话。笑完之后，让我们用肥胖症作为例子，看看真正的科学家是如何思考的。

　　人类正变得越来越胖，这个结论你肯定同意吧？那么请问，人类为什么会变胖呢？是因为食物越来越丰盛？还是因为体力劳动越来越少？这两条大家肯定都想到了，但还有没有其他原因呢？

　　请注意，这个问题的主语是"人类"，不是单个的人。如果只研究一个人的话，可以把他关在实验室里，精确地计算出他每天的热量平衡，或者也可以找几对双胞胎做对照实验。但对于群体来说，事情就变得格外复杂。研究人类群体性疾病的学问叫作"流行病学"（Epidemiology），流行病学研究最大的特点就是变量太多，而科学家又没办法拿人类来做对照实验，因此流行病学研究往往很难得出肯定的结论，必须收集大量的数据并进行统计学分析，才能接近事实真相。

比如这个肥胖问题，除了饮食和锻炼之外，还有一个可能的因素就是环境变化。但是环境变化和饮食、生活习惯的变化都交织在一起，研究者很难把它们区别开来，因此只能另辟蹊径，比如从动物身上寻找突破口。想象一下，如果能找到一群动物，多年来一直和人类生活在同一个环境里，食物和运动量都没有变化，但它们却和人类一样发胖了，那么我们就可以得出结论说，是环境导致它们发胖的。

这个研究不容易做，因为关于动物的研究进行得不够多，很难找到足够的数据。美国阿拉巴马大学伯明翰分校的统计遗传学家大卫·埃里森（David Allison）教授决定接受这个挑战，他检索了好几个权威的生物学研究数据库，并写信给动物学家、毒理学家、动物园和宠物食品公司，向他们征求线索。经过不懈的努力，他终于找到了12个哺乳动物群体符合要求，它们全都来自工业化国家，居住在人类周围，过去的五十年内至少测过两次体重，两次测量的时间跨度至少十年以上，当然还要保证这些数据没有受到明显的人为干扰。

埃里森教授找到的群体包括动物园饲养的黑猩猩、实验室饲养的小白鼠、巴尔的摩地区抓获的野生大鼠，以及宠物猫狗等等，动物总数超过了 2 万只。研究人员把这 12 个群体按照性别不同构建了 24 个数据库，并对这些数据进行了统计分析，得出了一个令人惊讶的结论：动物们也长胖了！

具体来说，黑猩猩的体重每十年增长 33%，实验室小白鼠每十年胖了 12%，巴尔的摩野生大鼠的体重在十年里增加了将近 7%。宠物们也不例外，宠物猫每十年增重 10%，宠物狗好一点，十年里也增加了 3% 的体重。总之，所有种群的体重都比过去有所增加，如果从纯数学的角度计算，出现这种一边倒情况的几率大约是 0.000012%！

当然，这个结果可以有多种解释。比如黑猩猩们很可能像人类那样变得越来越懒，野生大鼠们的生活环境里麦当劳的数量肯定也增加了，但起码那些实验室动物的生存条件和喂养条件在过去的五十年里一直没有改变，这一点饲养员们可以作证。

埃里森教授认为，之所以出现如此一边倒的结果，只能有一种解释，那就是除了饮食习惯和锻炼强度的变化之外，我们生存的环境里还存在某种未知的因素，导致了包括人类在内的哺乳动物持续变胖。

埃里森教授将实验结果写成论文发表在 2010 年 11 月 24 日出版的《皇家学会会报 B 卷（生物学）》（*Proceedings of the Royal Society B*）杂志上。他认为有几种环境因素能够导致这一结果，比如，环境中越来越多的激素类化学物质很可能改变了哺乳动物的新陈代谢；工业化导致的光污染有可能改变了动物们的饮食习惯；甚至某种细菌或病毒感染也有可能导致肥胖，比如一种编号为 36 的腺病毒（Adenovirus-36）在很多研究中都被证明能够导致被感染者发胖，也就是说，肥胖症甚至有可能是一种传染病！

当然，上述解释都还只是假说，饮食和体育锻炼造成的影响早就获得了很多数据支持，想减肥的人决不能因为这篇论文就自暴自弃。但这项研究说明，人类整体发胖的原因很可能并不那么简单，也许存在某种未知因素，直接或间接地导致了肥胖这一"世纪病"在人类中的大流行。

福克兰狼的秘密

通过分析 DNA 顺序，科学家可以估算出
生物进化发生的年代。

距离阿根廷东海岸大约 480 公里远的地方有一个群岛，阿根廷人叫它马尔维纳斯群岛，英国人叫它福克兰群岛。该群岛的归属问题至今仍存争议，但岛上特有的"福克兰狼"（Falklands Wolf）的秘密不久前终于被科学家解开了。

1833 年，达尔文在环球考察的途中登上福克兰群岛，发现岛上有一种奇怪的犬科动物，毛色褐红，尾巴的尖端是白色的，体型和身体结构与美洲狼很不一样。达尔文甚至认为这可能不是狼，而是一种狐狸。

当时达尔文已经在思考物种进化的问题，他发现同一种动物在相邻的岛上常常存在很多变种，除了福克兰狼之外，格拉帕格斯群岛的云雀和乌龟也是如此。于是达尔文猜测物种并不是一成不变的，而是会随着环境的不同而产生相应的变化。回到英国后他根据这些事实写成了《物种起源》这部划时代的著作，福克兰狼也像云雀那样被戏称为"达尔文狼"。

不过，后人却对福克兰狼的起源产生了疑问。福克兰群岛面积很小，环境残酷，食物有限，福克兰狼的种群规模不大，不足以单独进化出和大陆种如此不同的新亚种来，于是有人猜测福克兰狼是南美洲原住民带上岛去驯化而成的。

在达尔文的时代，已经有大批欧洲移民来到此地，福克兰狼的生存空间被大大压缩。移民们在岛上开展畜牧业，担心福克兰狼把羊吃了，开始了有针对性的大规模猎杀行动。于是，这个福克兰群岛独有的，也是唯一的哺乳动物终于在1876年彻底灭绝了，福克兰狼的起源之谜也随着最后一只狼的死亡而被埋进了坟墓。

基因技术的出现为这项研究带来了一线曙光。就在2009年，美国加州大学洛杉矶分校（UCLA）的格拉姆·斯莱特（Graham Slater）博士及其同事们从伦敦、利物浦、费城和新西兰等地的五家博物馆里找到了五份福克兰狼的标本（其中甚至包括达尔文亲手采集的标本），并对它们的DNA样本进行了测序，再和其他相近种类的DNA序列进行了对比，发现福克兰狼的近亲不是外表有点像它的南美狐狸，而是南美鬃狼（Maned Wolf）。

这个发现不算神奇，神奇的是科学家们运用分子时钟测量法对数据进行了纵向分析，发现福克兰狼早在670万年前就和南美鬃狼分道扬镳了。已知绝大多数南美犬科动物都源自北美大陆，而两块大陆过去是分开的，直到中北美洲（巴拿马等地）由于地质运动而露出海平面，两块大陆这才终于连在了一起。考古学上把这一事件叫作"南北美洲生物大迁徙"（Great American Biotic Interchange），这件事大约发生在300万年前，换句话说，南美洲直到300万年前才有可能出现犬科动物的身影。事实上，迄今为止考古学家发现的距今最近的犬科动物化石也不超过250万年。

科学家们还对这五份福克兰狼标本进行了横向对比，发现它们的共同祖先大约生活在33万年之前，而人类直到2万年前才来到南美洲。

综合上述信息，科学家们得出结论说，福克兰狼是在北美洲进化出来的一个古老物种，在"南北美洲生物大迁徙"时代跟随其他动物一起南下，逐渐遍布整个美洲大陆，其中就包括福克兰群岛。该岛距离南美大陆太远，一般动物很难到达，但食肉的福克兰狼很有可能依靠捕鱼为食，随着冰山漂到了岛上，成为了岛上唯一的哺乳动物。之后，南美洲在更新世晚期发生了一次动物大灭绝，生活在大陆的福克兰狼都死掉了。生活在岛上的福克兰狼偏安一隅，侥幸活了下来，可惜最终还是被人类杀死了。

福克兰狼解密的关键来自"分子时钟分析法"，这个方法假定 DNA 突变的发生频率是固定的，而有些突变不会影响物种的生存，因此得以不受干扰地保留了下来。科学家通过分析这些所谓的"中性突变"就可以推算出相邻物种的分支年代，这就是"谱系遗传学"（Phylogenetic Profiling）。

这一思路和同位素年代分析法非常相似，不同的是科学家知道天然状态下同位素的正常比率，却无法预知某种古代物种的 DNA 序列是怎样的，因此只能依靠复杂的数学公式来推算两个相邻物种的分家时间，然后用化石年代来进行校正，这显然存在太多的不确定性。除非能够找到一个保存完好的古代动物标本，分析它的 DNA 序列，才能对"分子时钟分析法"进行精准的校正。

这个难题直到最近才终于有了进展。美国俄勒冈州立大学的大卫·兰姆波特（David Lambert）博士及其同事在南极大陆找到了一些生活在 250 ～ 44000 年之间的企鹅骨骼，并通过同位素年代分析法算出了它们的准确时间。南极大陆的低温使得这批骨骼保存完好，科学家们可以精确地测量出它们的线粒体 DNA 序列，并和现代企鹅的线粒体 DNA 序列进行对比，从而测出 DNA 突变的精确速率。

这篇论文发表在 2009 年底出版的《遗传学趋势》（Trends in Genetics）杂志上。兰姆波特博士估计目前使用的"分子时钟分析法"普遍存在 200% ～ 600% 的误差，也就是说以前认定发生在 10 万年前的事件很可能发生在 60 万年前。

这个发现意味着目前关于生物进化的很多结论很可能都要重新进行评估，但这并不说明进化论错了，它只是对进化论进行了一点修正。这件事恰好说明科学是一个具有自我纠错能力的学问，科学正是在这种不断修正的过程中向前发展的。

动物的心思你别猜

动物的很多行为跟人类很像，但却不能
轻易地用人类的逻辑来解释。

前几天互联网上流传着一张照片，拍的是一群帝企鹅趴在雪地上。照片的文字说明是这样写的："这是一位摄影家在南极拍到的画面，企鹅们正在哀悼刚刚死去的幼仔。"事实上，这个解释只是这位摄影的想象，我们并不知道企鹅们为什么趴在雪地上。

动物的很多行为跟人类很像，但却不能轻易地用人类的逻辑来解释。这方面最有名的案例大概要算是鳄鱼的眼泪，传说鳄鱼在吃人时会流眼泪，这个行为被人类解释成"假慈悲"，于是这个词组后来演变成了"假惺惺"的同义词。

曾经有位科学家研究过这件事，他把鳄鱼抓到岸上，用洋葱和盐擦鳄鱼的眼睛，等了半天没看到眼泪流出，于是他得出结论说鳄鱼根本不会流眼泪。但这个结论存在很多疑问，因为解剖学已经证明鳄鱼确实有泪腺，而且也确实有人看到过鳄鱼流泪，这到底是怎么回事呢？

美国佛罗里达大学的动物学家肯特·弗林特（Kent Vliet）决定研究一下这个问题，他找到一家陆上鳄鱼饲养场，用摄像机拍摄了四头凯门鳄和三头短吻鳄在进食时的表情，发现其中五头在吃饭时确实会流泪，甚至眼睛里还会冒出泡沫。弗林特将这篇论文发表在2007年出版的《生物科学》杂志上，但他在文章中并没有给出鳄鱼流眼泪的确切原因，只是猜测说这也许是因为鳄鱼在咀嚼食物时会习惯性地喷气，此时鼻窦会打开，眼泪和空气便随之而出了。

　　不管真正的原因是什么，这些鳄鱼喂的都是人工食品，不存在什么"感情"问题，所以说"鳄鱼的眼泪"是一种正常的生理现象，不能按照人类的思维方式解读。

　　这篇论文很能代表动物行为学研究领域的现状，那就是"观察为主，结论为辅"。动物不会说话，要想判断动物们到底在想什么，非得有确凿的证据不可。比如，2011年1月21日出版的《美国灵长类动物学》杂志刊登了马克斯·普朗克心理语言学研究所的凯瑟琳·克洛宁（Katherine Cronin）博士及其同事撰写的一篇论文，有史以来第一次详细记录了野生黑猩猩面对死婴时的反应。研究人员在赞比亚的一家野生动物园里拍到了一头母猩猩，她的一只16个月大的幼仔刚刚死去。母猩猩把幼仔的尸体背了一整天，其间不断地把它放在地上，并用手指抚摸幼仔的脸颊和脖子。她还把幼仔的尸体带到部落里，让其他黑猩猩仔细检查。一天后，母猩猩就把幼仔尸体丢弃了。

这篇论文只是详细记录了母猩猩对待幼仔的所有动作和表情，至于说母猩猩是否在哀悼，作者没有给出肯定的答案，也不可能给出肯定的答案。"其实这个问题的答案并不那么重要。"克洛宁说，"不管这头母猩猩是在哀悼还是只是感到好奇，都不重要，重要的是我们人类对这个场景的反应。如果人类能花点时间想想这件事背后的意义，这就足够了。"克洛宁大概是希望人类能借此机会思考一下我们和动物之间的关系，并因此而善待野生动物，珍惜它们的存在。

事实上，人类接触最多的并不是野生动物，而是猫狗这类宠物。宠物的主人们都很喜欢用人类的思维来解释动物的行为，这给他们带来了很多乐趣。但是，科学告诉我们，有时这种直觉并不可靠。

比如，绝大部分猫主人一旦发现自己的爱猫食欲不振，或者将大小便拉在沙盆外面，甚至把猫毛呕吐出来，就会认为猫一定是得了什么病，必须赶紧去看兽医。可是，美国俄亥俄州立大学兽医系教授托尼·巴芬顿（Tony Buffington）通过研究后发现，有些猫之所以表现出上述那些"生病行为"（Sickness Behaviors），并不是因为它们真的病了，而是因为它们无法适应环境的突然变化。研究人员对比了 12 只健康的猫和 20 只患有间质性膀胱炎（Interstitial Cystitis）的病猫，发现当饲养条件发生变化，比如没有按时喂食、食物品种改变，或者换了饲养员等等，都会让两者表现出"生病行为"，发生几率没有任何区别。换句话说，身体健康的猫也会"装病"。

"猫对环境非常敏感，稍有不适就会很紧张，导致出现'生病行为'。养猫人一定要知道猫究竟需要什么样的生活环境，这对猫来说是至关重要的。"巴芬顿说，"野生的猫遇到危险时喜欢爬树躲避，相互间的交流主要依靠嗅觉，因此最好给家猫准备一个位于高处的躲避场所，以及一个能看到外面世界的窗户。同时要给猫留下足够的玩具，让它们学会在玩具（而不是沙发）上留下自己的味道，标记自己的领地。另外，野生的猫从来不会在同一个地方大小便，因此沙盆一定要每天清理。"

巴芬顿教授将自己的研究结果写成论文发表在 2011 年 1 月 1 日出版的《美国兽医学会杂志》上。文章建议兽医在遇到具有"生病行为"的家猫时，不要光顾着寻找生理性疾病，还要考虑不良环境对家猫心理健康的影响。

狗是人类最好的朋友

狗是人类最好的朋友，这句话是有科学
依据的。

人类驯养过很多动物，为什么只有狗被称为是"人类最好的朋友"呢？这就要从狗的历史说起了。

首先，狗是人类第一个驯化成功的动物，这是毫无争议的。其次，狗也是驯养范围最广的动物，这也是毫无争议的。当年西班牙殖民者初次登上美洲大陆后，发现那里已经有狗存在了。事实上，美洲除了狗之外，只有羊驼、天竺鼠和火鸡等少数相对怪异，而且价值不高的驯养动物。人们所熟悉的猫、牛、羊、猪、鸡、鸭、鹅、马和兔等高价值驯养动物全都来自旧大陆，只有狗例外。

基因分析显示，和狗距离最近的动物是灰狼，两者至少在 10 万年前便已分道扬镳。那么，狗究竟是在何时、以何种方式被人类驯化的呢？这两个问题尚存争议。

旧的理论认为，原始人类因为某种意外而得到了刚出生不久的灰狼幼仔，把它们当宠物养，慢慢驯化成了狗。但是，这个说法遭到了越来越多的质疑。研究表明，野生灰狼即使从小就在人的环境下长大，也很难摆脱兽性。

美国动物学家雷曼·柯平戈（Raymond Coppinger）受到游荡在垃圾堆上的流浪狗的启发，提出了一个新假说。他认为最早的狗不是人类主动驯化的，而是自己送上门来的。据他猜测，当人类开始告别游牧生活，开始定居的时候，营地周围必然会有人类扔掉的垃圾。某些灰狼因为天生胆子比较大，或者警觉性不够高，敢于走到营地附近捡拾垃圾，这样做远比自己捕食要省力得多。久而久之这些灰狼习惯了和人类相处，逐渐被驯化成狗。

通常情况下，这类涉及进化的假说很难被证实，但这个假说却因为一个意外事件而间接地被证明是可行的。早在上世纪 50 年代，苏联在西伯利亚建了一个狐狸饲养场，目的是取得狐狸的毛皮。野生狐狸十分凶猛，饲养员吃了很多苦头，于是两位动物学家决定做一个小小的实验，他们开始有意识地挑选温顺的狐狸进行培育，凶猛的则弃之不用。经过几十年的选育，他们成功地培养出一批异常驯服的狐狸新品种，在很多方面都已经和狗没有区别了。

这个无心插柳的实验证明，驯化野生的灰狼很可能只需要非常短的时间。那么，最早被驯化的狗出现在什么时候？什么地方？这两个问题很难回答，仅靠化石很难给出确凿的证据，必须依靠 DNA 分析。这个领域的研究思路和手段与关于人类起源的研究一样，经历了一个由易到难的过程。科学家们最早研究的是狗的线粒体 DNA，因为线粒体较短，分析起来相对容易。研究结果显示最早的狗来自东亚，现在全世界所有的狗都是少数几条东亚母狗的后裔。但是，随着 DNA 测序技术的进步，科学家们把目光转向了狗的整个基因组。美国加州大学洛杉矶分校（UCLA）的科学家罗伯特·韦恩（Robert Wayne）博士及其同事们分析了 4.8 万个单核苷酸多态性（SNP）数据，得出了不一样的结论。现代狗的真正起源地不是东亚，而是中东地区，这一地区同时也是人类最早发展出农业，并开始定居的地方。

这篇文章发表在 2010 年 4 月出版的《科学》（Science）杂志上，是目前为止关于狗起源最权威的证据。

种种迹象表明，狗的起源确实如柯平戈教授推测的那样，来自定居人类营地周边的灰狼，这就解释了一个困扰了人类学家很多年的问题：早期原始人类是如何知道动物是可以被驯化的？要知道，驯化是一个具有革命性的概念，如果没有出现第一个吃螃蟹的人，很难想象早期人类会相信动物是可以被饲养的，甚至可以被训练成人类的帮手。从这个意义上说，狗的出现在人类的进化史上具有划时代的意义，它让人类首次意识到驯化是可能的，为牛、羊、猪、马等牲畜的出现奠定了基础。没有这几样高价值牲畜帮忙，人类文明的发展速度肯定要慢得多。

即使没有其他那些牲畜，狗本身对于人类的帮助也很大。猎犬能够帮助人类打猎，牧羊犬可以帮助人类放牧，这两种狗直接帮助人类提高了获取食物的能力。除此之外，狗还能担任警卫，为人类认路，为盲人带路，为因纽特人拉雪橇……不过，对于现代人来说，狗最重要的功能就是成为人类的宠物，替人分忧解愁。

除了东亚和北美等少数地区之外，全世界很少有人吃狗肉，绝大部分民族不到万不得已绝对不会拿狗开刀，这一方面是因为狗善于表达感情，和主人较亲，另一方面是因为狗有很多其他用途，吃了可惜。即使是吃狗的民族，也都要专门培育肉狗，因为普通狗的投入产出比很低，不适合作为肉食动物来饲养。

猪笼草和蝙蝠的故事

两种看似不相关的生命，在文莱的热带
雨林里发生了某种奇妙的联系。

　　猪笼草是一种产自南亚热带地区的珍奇植物，所谓"猪
笼"其实就是一个捕虫囊，内含消化液，能够将误入其中的
昆虫消化掉。文莱境内的一片热带雨林里生活着一种蝌蚪，
能够抵抗猪笼草消化液的毒性。大约在两年前，德国伍兹伯
格大学（Würzburg University）动物学系教授乌尔玛·格拉
菲（Ulmar Grafe）带着几名学生来到文莱，准备研究一下这
种蝌蚪为什么能抗毒。

　　有一天，一位研究生在一株猪笼草里发现了一只蝙蝠，
他将这只蝙蝠从猪笼草里拉了出来，意外地发现它竟然还
活着，而且看上去没有受到任何损伤，似乎是在里面睡觉
呢。这个意外发现并没有引起大家足够的重视，格拉菲认
为这很可能只是一个偶然现象，那只蝙蝠是误打误撞地飞
进去的。

　　之后，格拉菲读了一篇论文，提到在文莱的沼泽地
里生活着一种奇怪的猪笼草，这种草属于莱佛士猪笼草

（*Nepenthes rafflesiana*）的一个亚种，因为猪笼很长，被称为加长型莱佛士猪笼草（*N. rafflesiana elongata*）。这个品种的猪笼不但外表缺乏能够吸引昆虫的鲜艳色彩，也不会分泌任何昆虫喜爱的气味，其体内的消化液含量也很少，从液面到笼口之间有一段15厘米长的空间，昆虫很容易逃脱。也就是说，这种猪笼草看似非常不适合捕食昆虫。读完这篇论文，格拉菲灵光一现地想到，那只蝙蝠恰好就是在加长型莱佛士猪笼草里发现的，也许蝙蝠知道这种草比较安全，故意将其作为栖息地？

在动物学界，提出一个有趣的假说并不难，难的是如何去证明它。格拉菲教授的证明过程堪称动物学研究的范本，值得大家好好学习。

首先，格拉菲教授带领学生们在文莱的一片沼泽地里待了六个星期，每天逐一观察其中的223株加长型莱佛士猪笼草，结果证明有超过四分之一的猪笼草曾经被蝙蝠造访过，而且所有来此休息的蝙蝠都是哈氏多毛蝙蝠（*Hardwicke's Woolly Bats*，学名 *Kerivoula hardwickii*），这说明蝙蝠绝对不是意外落入陷阱的，而是故意为之。

然后，格拉菲教授在17只蝙蝠身上安装了小型无线电定位装置，花了12天的时间对这些蝙蝠的行为进行定向追踪，结果证明所有蝙蝠都是在白天睡觉的时候才进入猪笼草，夜里再飞出来觅食。这种蝙蝠平均体长只有4厘米，非常适合躲在加长型莱佛士猪笼草的猪笼内。

以上所有这些结果都说明此种哈氏多毛蝙蝠飞进猪笼草的主要目的是休息，而加长型莱佛士猪笼草是其最佳选择。

解决了蝙蝠的问题，下面再来看看猪笼草。生物界没有活雷锋，猪笼草之所以允许蝙蝠这么做，甚至在很多方面给予配合，显然是有目的的。格拉菲首先想到的就是蝙蝠的粪便，因为其中富含氮元素（N）。他知道这片沼泽地的土壤严重缺乏氮元素，而猪笼草之所以要费尽心机地捕食昆虫，就是为了获取昆虫体内的氮。

为了证明这个假说，格拉菲首先分析了有蝙蝠和没蝙蝠这两种猪笼草的氮含量，发现前者明显比后者高。但是，如何证明这些多出来的氮元素确实来自蝙蝠粪便，而不是昆虫呢？这就需要分析氮同位素的比例了。昆虫尸体和蝙蝠粪便中的 ^{14}N 和 ^{15}N 的比例是不同的，分析显示猪笼草体内的氮元素比例偏向于粪便，而不是昆虫尸体。

格拉菲教授甚至还估算出了猪笼草的食谱。计算结果显示，加长型莱佛士猪笼草所需要的氮元素有 33.8% 来自蝙蝠粪便。

格拉菲教授将研究结果写成论文发表在 2011 年 1 月出版的科学期刊《生物学通讯》（*Biology Letters*）上，至此真相大白。

这是科学家发现的第一个捕食性植物和哺乳动物之间的共生案例，这个案例不但向人类展示大自然的巧妙，而且进一步揭示了一个真理，那就是这个世界上的生命是一个有机的整体，如果一种物种不幸灭绝，很可能会影响到很多其他物种的生存。

换句话说，这个故事再次证明了生物多样性的宝贵价值。

猴子也歧视

研究表明，歧视现象属于灵长类动物的本能，就连猴子也会歧视不同部落的成员。

大街上有两个人在争吵，如果双方都是中国人，你会怎么想？如果有一方是个外国人，你的第一直觉又会是什么？在大多数情况下，旁观者都会立刻假定那个外国人理亏，因而会首先选择支持本民族的人，这就是社会学上所说的歧视。

歧视是一种很普遍的人类行为，这在东西方国家都能找出无数案例。人类在面对同族和异族时往往会有不同的反应，这种不同仅和族群有关，与其他因素关系不大。这里的"族"不仅指种族，也可扩大至不同的宗教组织或者社会阶层等等不同的团体。

随着 21 世纪的到来，歧视已经在全球范围内被插上了"政治不正确"的标签，这是社会进步的表现，但这并不等于说歧视现象就不存在了，它只是变得更加隐蔽了而已。事实上，越来越多的研究表明，虽然大多数人都已意识到歧视现象是不对的，但却很难彻底根除头脑中的歧视潜意识。

歧视现象一直属于社会学范畴，耶鲁大学的心理学家劳瑞·桑托斯（Laurie Santos）博士决定另辟蹊径，从动物学的角度研究一下这个问题。她在哥斯达黎加外海的一个岛上发现了一群恒河猴（Rhesus Macaques），它们虽然长得差不多，但却按照家庭关系的不同分成了好几个不同的部落，部落成员之间平时偶有接触，但大部分时间都聚在一起，很像一个个独立的小社会。

桑托斯博士决定研究一下这群猴子是否存在歧视现象，更准确地说，她想看看岛上的猴子在面对另一只猴子的时候是否会因为对方所属的种群不同而有不同的反应。这个想法说起来简单，做起来很难，桑托斯博士想出了一个变通的办法，她和助手们为每个猴子照了张相，然后把照片随机地拿给其他猴子看，同时记录猴子们的目光停留在照片上的时间。

动物学界有个公认的理论，当一只动物看到新奇或者危险的东西时往往会比平时多注视一会儿。研究表明，岛上的恒河猴在看到其他部落猴子的照片时果然多看了一会儿，这件事说明两点，第一，它们平时就非常在意对方是不是同族的，所以才能迅速分辨出对方的身份。第二，它们对待同族和异族猴子的态度是不同的。

接下来的问题是，这种不同到底说明了什么呢？猴子们之所以会对异族成员多注视一会儿，是因为觉得新奇还是觉得对方危险呢？为了解答这个问题，桑托斯博士又设计了另一个测验。她把猴子的照片分别和香蕉或者蜘蛛放在一起，然后给猴子们看，观察它们的反应。她假定香蕉在猴子眼里代表美好的东西，蜘蛛则代表危险。研究结果显示，当猴子们看到本族成员的照片和香蕉放在一起，或者异族成员的照片和蜘蛛放在一起时，都表现得漫不经心，仿佛这是很正常的事情。可当它们看到相反的组合时，却都表现出异常强烈的好奇心，目光停留在照片上的时间要长得多。桑托斯博士认为这一事实表明猴子们觉得后者的组合太奇怪了，违反了常理。

桑托斯博士将研究结果写成论文，发表在 2011 年 3 月出版的《人格与社会心理学杂志》(*Journal of Personality and Social Psychology*) 上。她认为这个结果说明，猴子们在心里把异族成员当成了危险的东西，而这实际上就是歧视的一种初级表现形式。

这项研究的意义就在于它揭示了歧视现象的历史根源。恒河猴早在 2500 万年前就和人类祖先分道扬镳了，这说明歧视现象至少已有 2500 万年的历史，是灵长类动物在多年的进化过程中逐渐产生的一种适应性行为，属于本能的范畴。

怎么样，你感到很沮丧吗？这倒也不必。科学家们还发现，岛上的猴子经常会换部落，而它们每次更换阵营之后，便都迅速地效忠了新的组织，对原部落的成员则迅速地另眼相待。桑托斯博士解释说，这件事说明歧视异族的本能行为还是具有一定的灵活性的，人类完全可以利用这种灵活性，逐步消除歧视现象。

性的起源

这个世界上为什么要有"性"呢？

这可不是一个无厘头的问题，而是研究生物进化的专家学者们一直耿耿于怀的一个未解之谜。达尔文当年就曾经困惑地写道："我们甚至丝毫不知道性的终极原因是什么，为什么新的生命要通过两种性别成分的组合才能制造出来？"

随着科学的进步，我们明白了遗传的机理，弄清了DNA的结构，找到了体细胞和性细胞的区别，了解了两性细胞染色体结合过程的很多细节，但却仍然不知道性为什么会被进化出来。如果仅从繁殖后代的角度来看，性绝不是一个非有不可的步骤。相反，求偶过程不但会耗去双方很多时间和精力，还会让草食动物个体处于危险状态。更糟糕的是，最后生出来的个体有一半都是不能直接生育后代的雄性，纯属浪费资源。

早期的生命确实是这么考虑的。地球上最早的生命出现在35亿年前，在此后的15亿年时间里所有的生命都是依靠无性生殖来繁殖后代的，直到 20 亿年前才出现了第一次有性生殖。

但是，自从有性生殖方式被进化出来后，无性生殖便逐渐落了下风，这说明性这个东西显然是有某种优势的，尤其是在高等生物中更是如此。此前流行的理论认为，有性生殖最大的好处就是加快了物种进化的速度，因为来自父母双方的两套染色体在结合之后会产生各种不同的组合，有助于创造出全新的个体，最终导致新物种的诞生。但是，美国华盛顿州立大学分子医学和遗传学中心副教授亨利·衡（Henry Heng）博士认为这个理论是站不住脚的，他通过研究证明，仅仅依靠基因突变也能产生出很多新的性状，而有性生殖恰好是把突变了的基因和另一个未突变的基因结合起来，从而掩盖了突变的效果，客观上减缓了新物种的诞生过程。

衡博士将研究结果写成论文，作为封面文章刊登在 2011 年 4 月号的《进化》（*Evolution*）杂志上。衡博士认为有性生殖最大的好处是限制了物种的宏观进化，防止甲物种突然变成乙物种，同时又促进了物种的微观进化，即在保持物种稳定性的基础上增加了种内的遗传多样性。

遗传多样性有什么好处呢？美国印第安纳大学生物学教授科提斯·莱弗利（Curtis Lively）通过一系列实验证明，有性生殖导致的遗传多样性有助于帮助生物抵抗寄生虫的侵袭。莱弗利教授设计了一个模拟进化系统，用一种线虫（*Caenorhabditis elegans*）来扮演宿主，一种有害微生物

（*Serratia marcescens*）扮演寄生虫，然后在实验室条件下让两者共同进化。研究人员想办法让线虫只进行有性生殖，或者两种生殖方式并存，然后用微生物去感染线虫，感染的方式也分为两种，一种是让微生物和线虫始终在一起生活，双方共同进化，另一种则是让微生物不跟着进化，每次都用同一种微生物去感染线虫。实验结果表明，凡是只进行无性生殖，并且和微生物共同进化的线虫最终全都死光了，而有性生殖的线虫则逃过一劫。

莱弗利教授将研究结果写成论文发表在 2011 年 7 月 8 日出版的《科学》（*Science*）杂志上。他认为这个结果说明有性生殖让线虫能够不断适应微生物的进化，从而走在了微生物的前面。换句话说，性之所以被进化出来，是为了让物种保持遗传多样性，从而在和寄生虫的战斗中始终占得先机。

遗传多样性不光能够抵抗寄生虫，还能对付癌症！澳大利亚有一种袋獾，俗称塔斯马尼亚恶魔（Tasmanian Devil）。这种动物曾经遍布整个澳大利亚，如今只分布在澳大利亚南部的塔斯马尼亚岛上。1996 年，袋獾种群出现了一种奇怪的传染病，死亡率极高，至今已导致 60% 的袋獾死亡。研究证明这种病其实是一种面部肿瘤，袋獾在交配时互相撕咬，肿瘤细胞便在这一过程中通过伤口扩散到另一头袋獾身上。

这是一起自然界非常罕见的癌细胞直接传染病例，这是怎么发生的呢？美国宾夕法尼亚大学的斯蒂芬·舒斯特（Stephan Schuster）博士决定分析一下袋獾种群的 DNA，结果证明该种群的遗传多样性非常低，所有的袋獾都好似来自同一个克隆。这样一来，个体之间的免疫排斥反应便不存在了，癌细胞可以很容易地在另一个个体内继续生长。

袋獾种群的遗传多样性之所以如此之低，完全是人类无节制猎杀的结果。这个例子再一次说明，遗传多样性对于一个种群的健康是多么地重要。举例来说，那些被道路和村庄分隔开的自然保护区之所以一定要为野生动物专门建造生态走廊，就是为了让它们能够扩大配偶选择范围，增加遗传多样性，从而增加对疾病的抵抗力。

新型驱蚊剂

科学家通过研究蚊子的嗅觉系统，找出了一种新型驱蚊剂，其效力比传统驱蚊剂高几千倍。

夏天到了，蚊子又该出来活动了。你有没有注意到一个现象，那就是蚊子大都喜欢叮咬人的小腿和脚踝？如果不信的话你可以亲自做个实验，在傍晚的路灯下站一会儿，看看蚊子到底喜欢叮哪里。

你也许会说，蚊子当然会选择脚踝，因为那个部位相对稳定，不怎么动，而且距离人的双手也较远，不容易打到它。这个道理当然很对，但是你能想象蚊子竟然会如此聪明吗？它们怎么知道你的脚踝在哪里呢？

荷兰瓦格宁根大学（Wageningen University）的一个研究小组决定研究一下这个问题。他们发现非洲疟蚊（Anopheles gambiae）在距离人体几十米远的地方就能被人呼出的二氧化碳所吸引，可当它们终于飞到距离人体很近的地方时，却不会直接飞向二氧化碳浓度最高的部位——人的嘴部，而是掉头向脚踝部位飞去，非常神奇。

蚊子的视力很差，定向基本靠嗅觉。研究人员相信蚊子们是被脚的气味吸引过去的，便从志愿者的脚部提取出了多种细菌，从细菌分泌的气味物质中选出十种，经过适当混合后完全可以代替人脚，在实验室条件下将疟蚊吸引过去。

该实验室的博士研究生拉姆科·苏尔（Remco Suer）则更进一步，研究了疟蚊触角和口器表面的嗅觉细胞到底对哪种气味分子有反应。蚊子的身体本来就很小，嗅觉细胞就更小了，可想而知这种实验的难度相当大。但苏尔知难而上，经过几年的研究，终于发现这十种气味分子中的九种能够直接刺激疟蚊的嗅觉细胞，使之产生电脉冲。

更妙的是，苏尔发现其中有五种气味分子还能阻止疟蚊嗅觉细胞表面的气味受体对二氧化碳起反应，这样疟蚊就闻不到二氧化碳了。这个发现非常重要，它解释了为什么疟蚊在远处可以被二氧化碳所吸引，靠近人体时却不会继续飞向人的嘴部，而是转而向下。换句话说，疟蚊这个看上去非常聪明的行为其实背后的原理并不复杂，很容易进化出来。

苏尔认为这个发现有助于研发一种疟蚊陷阱，比如在房间的某个角落放一个能够发出这五种气味分子的设备，让蚊子找错地方。不过，这一招只对屋子里的人有帮助，对于一个在户外活动的人来说，他更需要的是强力驱蚊剂。目前市场上绝大多数驱蚊剂的有效成分都是避蚊胺（DEET），这是一种有轻微毒性的化学物质，浓度越高驱蚊效果越好，但同时毒性也就越大。更糟糕的是，避蚊胺已经被人类使用了半个多世纪，目前已经发现好几种对它产生抗药性的蚊子，人类急需发明出一种替代品。

美国范德比尔特大学（Vanderbilt University）的科学家劳伦斯·兹威比尔（Laurence Zwiebel）博士和同事们在2011年5月9日出版的《美国国家科学院院报》（*PNAS*）上发表了一篇文章称，他们找到了一种全新的驱蚊剂，效力比避蚊胺高几千倍。有趣的是，这种驱蚊剂的工作原理和避蚊胺正相反，不是削弱蚊子嗅觉受体的功能，而是加强它！

原来，从前的科学家们相信蚊子的嗅觉受体和哺乳动物一样，能够直接把气味分子的信号转化成电信号传递给大脑，但最新的研究发现事实并非如此。疟蚊的嗅觉受体（OR）并不能独自完成这一任务，必须借助辅助受体（Orco）的帮助。两者的差别在于，OR有很多种，每一种只能接受某种特定的气味分子信号，但是所有的Orco分子结构却都差不多，甚至在整个昆虫纲都是如此，这就为科学家设计出一种普适的驱蚊剂提供了条件。

兹威比尔博士借助于一种制药厂常用的高效筛选仪，从11.8万种不同结构的小分子化合物中筛选到一种名为VUAA1的小分子，能够直接作用于Orco，使之始终处于兴奋状态，一刻也不休息。疟蚊肯定不喜欢这种状态，便逃之夭夭了。

初步的实验表明，这个VUAA1分子确实具备驱蚊的功效，其效力比避蚊胺强好几千倍。它甚至还能驱赶其他昆虫，比如作为驱虫剂用于农业生产。

科学家们之所以愿意花这么大的精力研究驱蚊剂，就是为了掐断疟疾的传播途径，拯救上百万疟疾受害者，其中大部分住在非洲。上述两项研究均得到了比尔＆梅琳达·盖茨基金会的经费支持，这个基金会的主旨就是鼓励科学家尝试一些把握性并不大的前瞻性项目，希望其中有一两项研究最终能让穷人们受益。

不老的细菌

细菌会变老吗？答案并不那么简单。

细菌会变老吗？中学生物课老师们斩钉截铁地说：不会！只要外部条件合适，细菌就会一直分裂下去，永葆青春。

上面这个说法直到 2005 年前还是生物学界的主流观点。但在那一年，有位名叫埃里克·斯蒂伍德（Eric Stewart）的法国科学家做了一个实验，发现母细菌分裂后产生的两个子细菌的分裂速度是不一样的。这个实验在当年引起了很大轰动，生物学家们都认为这个结果颠覆了旧理论，证明细菌也会衰老。

分裂速度和衰老这两个不同的概念究竟是如何联系在一起的呢？这就要从酵母菌的出芽生殖说起。顾名思义，出芽生殖指的是酵母菌在细胞表面生出一个类似芽孢的小凸起，然后这个小凸起逐渐远离母体，最终和母体断开，成为一个全新的酵母细胞。出芽生殖本质上也是一种细胞分裂，但和普通的细胞分裂不一样的是，分裂成的两个后代大小不均，一个极大，一个很小，因此科学家称这种细胞分裂方式为"不对称分裂"。

酵母菌为什么要进行出芽生殖呢？原来，当酵母菌体内的有害物质聚集到一定数量后，便可以通过这种不对称分裂将绝大部分有害物质留在大细胞内，保证那个个头较小的"芽细胞"有个全新的开始。

也许有人会问，酵母菌把这些有害物质排出去不就得了？这确实是个好办法，但很多时候是做不到的。这里所说的有害物质特指受到损伤的蛋白质，比如被自由基氧化的蛋白质等等，它们往往在细胞的生理过程中起着非常关键的作用，很难被替换。事实上，科学家所说的"衰老"就是以这种有害物质的积累作为定义的，当有害物质的积累速度超过了排出（或者修补）的速度时，科学家们就说这个细胞开始衰老了。

明白了衰老的定义，我们就容易理解为什么分裂速度会和衰老联系在一起了。斯蒂伍德认为，普通的细胞分裂产生的两个子细胞，之所以分裂速度会有差异，就是因为母细胞选择性地把大部分有害物质分给了其中一个子细胞，而让另一个子细胞更健康。换句话说，两个在显微镜下看起来毫无差别的子细胞其实是有差别的，它们和酵母细胞的出芽生殖本质相同，都是不对称分裂的产物。

但是，科学故事从来都不是一帆风顺的。斯蒂伍德的这篇论文引起了很大争议，不少人反对他的观点。2010年，美国哈佛大学的一个研究小组发明了一种快速检测细胞的技术，并用此技术分析了成千上万的大肠杆菌细胞，发现大肠杆菌即使分裂了上百次也检测不出任何衰老的迹象。

这篇论文看上去足以颠覆斯蒂伍德的理论，但美国加州大学圣地亚哥分校生物系的朝林（Lin Chao，音译）教授得知这个结果后却兴奋异常，他自从读了斯蒂伍德的那篇论文后就对细菌衰老问题产生了兴趣，一直试图用一个数学模型来解释细菌衰老的过程。哈佛大学的这篇论文看似和斯蒂伍德的结果正相反，但朝林发现两者都可以用自己发明的数学模型加以解释。

具体来说，朝林教授认为研究细菌衰老必须从整体入手，不能只盯着一个细胞。在他看来，细胞累积有害物质是生命过程中必然会发生的现象，必须加以解决。问题在于到底哪一种解决方式对细菌群体（而不是个体）更有利？是把有害物质平均分配给两个子细胞，还是把大部分有害物质留给其中一个细胞，而让另一个细胞有个全新的开始？

"我们用计算机模拟了这两种方式，发现后一种处理方式几乎在所有的情况下都是在进化上更为有利的。"朝林教授解释说，"这就好比你拿出 100 万美元去投资，到底是把这笔钱全部投入一个有 8% 回报率的基金，还是把 50 万投给一个 6% 的基金，另 50 万投给一个 10% 的基金？计算的结果支持后一种投资方式，而且时间越长，两者的差别就越大。"

朝林教授猜测，大肠杆菌细胞内肯定有一套运输系统，主动地将有害物质运到其中一个子细胞内，导致细菌分裂的不对称性。但这种不对称性并不会导致细菌整体的衰老，这个机制保证了整个群落永远年轻。

"这就是进化的必然结果。"朝林教授说。

朝林教授的这篇论文发表在 2011 年 11 月 8 日出版的《当代生物学》（*Current Biology*）杂志上。论文中用到了数学和经济学的一些理论，还带有一点哲学色彩。当然，对于死亡这个人类永远的话题，这种讨论方式不算新鲜。

聪明的植物

植物其实是很聪明的，素食主义者必须
想个别的办法宣传自己的理念。

哥本哈根气候谈判大会的入口处有片 10 米见方的空地，
每天都吸引了各种各样的环保人士来这里宣传他们的理念。
其中最执着的要算素食主义者联盟了，他们印刷了大量素食
手册免费散发，里面列出了畜牧业的种种弊端，可惜就连谈
判代表们都不买账，会议中心的食堂里卖得最好的午餐是烤
鸡腿，那本素食手册正好用来包鸡骨头。没办法，丹麦物价
奇贵，要想花最少的钱吃到最多的热量和蛋白质，同时还要
美味可口，烤鸡腿是最佳选择。

看来，要想让大家吃素，还得想点别的理由才行。

素食主义者最擅长的宣传武器是"同情心"，他们会告
诉你，动物是有灵性的，人怎么忍心去吃它们呢？不过，这
话如果传到植物学家的耳朵里，一定会招来反驳。植物因为
不需要移动，所以没有进化出复杂的神经系统，但这并不等
于植物就是一群没有思想的傻瓜。植物要起小聪明来，动物
还真不是对手。

比如，无花果就是一种非常聪明的植物。这种植物大约在1万年前就被人类栽培成功，是最早被驯化的水果。无花果当然不是真的不开花，它有花，但都很小，所以必须被保护起来。无花果的果实其实只是"假果"，无数细小的雌花就开在"假果"里，免遭风雨侵袭。"假果"上开一小孔，一种身材瘦小的胡蜂可以从小孔进入"假果"，为雌花授粉。当然胡蜂也不是活雷锋，它在为无花果授粉的同时会把卵产在雌花里。于是，胡蜂的幼虫就在无花果的"假果"中长大，不但有了房子，还有吃有喝，好不惬意！

无花果和胡蜂之间的关系就是典型的"共生关系"，这种关系大约在8000万年前就形成了，每一种无花果都有专门的一类胡蜂负责授粉，两者之间相依为命，同生共死，堪比人世间最伟大的爱情。不过，当科学家们仔细研究了两者之间的关系后，却发现真相并不似传说中的那么"美好"。

世界上有两种胡蜂，一种是"被动授粉者"，它们的腿上沾满各种花粉，碰上谁就是谁。于是，依靠这种胡蜂授粉的无花果必须生产出大量花粉才能增加成功率，这类无花果的雌蕊和雄蕊的数量相差不多，比率大致在4∶1到1∶1之间。另一种胡蜂是"主动授粉者"，它们专门采集无花果的花粉，并放置在胸前的一个小袋子里，然后飞进"假果"，专门花时间把花粉送到雌蕊的柱头上。不用说，享受这等优质服务的无花果也会拿出最好的礼物送给胡蜂，因为这样一来无花果就不用浪费花粉了。这类无花果的雌蕊和雄蕊数量之比大约在 100∶1 到 7∶1 之间，雌蕊的相对数量明显增多。

但是，和人类社会一样，一件事如果听上去太过完美，那肯定是不真实的。美国康奈尔大学动物行为学系的研究生夏洛特·简德尔（Charlotte Jandér）想弄明白一件事：如果一只"主动授粉者"胡蜂想偷懒，不去花时间采集花粉怎么办？无花果有办法对付这种偷懒者吗？

简德尔设计了一个精巧的实验，测量了不同情况下胡蜂后代的成活率，发现那些偷懒的胡蜂果真没有好下场。无花果会选择性地丢掉没有授粉的"假果"，于是偷懒胡蜂产在假果里的卵就都死啦。按照人类的说法，无花果就好比是个严厉的监工，对偷懒者处以极刑，毫不手软。

有趣的是，简德尔又研究了那些"被动授粉者"，却没有发现这一现象。也就是说，无花果还是一个通情达理的法官，如果犯错的胡蜂只是"过失杀人"，就会免于处罚。

怎么样？你想不想让无花果来当人类的大法官？其实呢，无花果这么做的目的很简单，就是为了尽可能多地繁衍自己的后代，别无他求。

简德尔的这篇论文发表在 2009 年 12 月底出版的《皇家科学院院报》（*Proceedings of the Royal Society*）上。这篇论文所用的研究方法只是简单观测和统计，并没有从分子水平搞清无花果"执法过程"的具体细节。2007 年底出版的《美国国家科学院院报》（*PNAS*）上发表了荷兰瓦格宁根大学昆虫系教授莫妮卡·希尔克（Monika Hilker）撰写的一篇研究报告，为我们讲述了发生在小甘蓝（Brussels Sprout）身上的一个惊心动魄的故事。小甘蓝是一种欧洲人很喜欢吃的蔬菜，有一种蝴蝶喜欢在小甘蓝的叶子上产卵，孵出的幼虫以叶片为食。小甘蓝当然不愿意被吃掉，便想出一条计策。小甘蓝发现，凡是交配过的雌蝴蝶体内都有一种名叫"苯甲酰氰"（Benzoyl Cyanide）的化学物质，未交配过的则没有。于是每当小甘蓝闻到苯甲酰氰，便立即释放化学信号，把黄蜂吸引了过来。这是一种寄生蜂，雌蜂把卵产在蝴蝶卵中，孵出的幼虫以蝴蝶卵为食，小甘蓝得救啦！

　　交配过的雌蝴蝶体内为什么会有苯甲酰氰呢？原来这是一种"反性激素"，雌蝴蝶身上一旦有了这股味道，别的雄蝴蝶就不会再来和它交配了。最先想出这条毒计的雄蝴蝶一定很得意，没想到却被小甘蓝将计就计，赔了夫人又折兵。

植物的性生活之谜

植物的有性生殖机理至今是个谜，如果
谁能解开这个谜，必将引发一次新的农
业革命。

从某种意义上说，农业是对人类社会贡献最大的一门学
科。农业研究最关键的领域是育种，而育种行业最大的障碍
就是植物的有性生殖，这也是全世界农业研究工作者公认的
最难克服的障碍。

说起来，植物的有性生殖曾经帮助过一个名叫孟德尔的
奥地利僧侣发现了遗传的秘密。我们都知道孟德尔曾经研究
过豌豆的性状，并因此发现了遗传的基本规律，为基因的发
现奠定了基础。但是，如果他当初研究的不是豌豆，而是黑
莓或者杧果的话，就得不出那个结论了。这两种作物的花粉
都没有活性，它们的种子完全是由雌蕊（相当于卵子）一手
包办的。换句话说，黑莓和杧果进行的是无性生殖，其种子
发芽后长成的植株都是母株的克隆。生物学上把植物的无性
生殖叫作无融合生殖（Apomixis）。

植物界能够进行无融合生殖的品种只占 1% 左右。事实
上，除了黑莓、杧果和某些柑橘外，目前人类所种植的主要

粮食品种都是有性生殖的。有性生殖为杂交育种提供了可能性，而目前全世界种植得最多的农作物品种大都来自杂交育种。除了某些果树可以采用嫁接的方式进行无性繁殖外，其余的农作物都需要经过育种这一步。不过，杂交育种有个难以克服的毛病，那就是第二代作物没法保持原样，必须重新进行杂交并筛选合格的种子。

育种工作者对植物的有性生殖方式可谓喜忧参半。忧的是这种现象增加了杂交育种的难度，好不容易培养出一个各方面都很优秀的品种，却没办法在下一代保持住那些优秀特性，必须重新筛选。喜的是这一特性让农民们没办法留种，必须每年从种子公司购买新的种子。值得一提的是，不少反对转基因农作物的人士指责研发公司利用转基因专利牟取暴利，但实际上杂交种子公司才更应该被指责。

不过，即使是吃杂交育种这碗饭的人也都同意，如果能找出某种办法诱导农作物进行无融合生殖，必将大大加快育种工作的速度，为广大农民提供更多更好的优质种子，一举解决贫困地区的吃饭问题。可惜的是，无融合生殖的生理机制至今是个谜，这个课题被公认为农业科研的最高峰，谁能攻占它，必将被戴上诺贝尔奖的桂冠。

因为各种原因，这个领域至今进展不大，科学家们只知道那些进行无融合生殖的植株原本都是"有性"的，不知为什么在进化过程中将这种能力丢失了。至于说这种能力是如何被丢掉的，科学家们至今一头雾水。不过，2011年2月

18 日出版的《科学》（*Science*）杂志刊登了加州大学戴维斯分校（UC Davis）植物系副教授西蒙·陈（Simon Chan）等人发表的一篇论文，采用另一种方法达到了和无融合生殖类似的效果。

他们采用的实验材料是植物学研究最常用的模型植物拟南芥（Arabidopsis）。以前科学家们曾经培育出两种拟南芥的突变体（MiMe 和 dyad），能够生成带有自身全部基因信息的卵子。可惜这样的卵子不能自己发育成种子，仍然需要经过受精这一步，但受精后生成的种子便因此而多带了一份来自精子的染色体，不能算母株的克隆了。陈教授等人通过研究后发现，如果人为改变精子染色体着丝点（Centromere）附近的组蛋白结构，就能让受精卵在受精后把来自精子的全套染色体尽数剔除出去。这样一来，受精卵内便只含有母株的 DNA，这样的受精卵长大后便是母株的克隆，好像是母株进行了无融合生殖一样。

顺着这一思路，研究人员通过遗传工程的方式培育出一种名为 GEM 的植株作为雄性，与 MiMe 和 dyad 杂交，生成的种子当中有 34% 剔除了雄性的基因，成为母株的克隆。也就是说，科学家们让一种本来只能进行有性生殖的植物成功地进行了无性生殖！为了保证这一方法的实用性，科学家们还用克隆成功的植株进行了第二次实验，证明这个方法可以无限期地进行下去。

虽然这个实验只是概念性的，但它证明只要改变植物的

2～4个基因就能完全模仿无融合生殖过程，人为地制造出植株的克隆来。如果这个方法在农作物中得到应用，将彻底改变育种行业的工作模式，加速培育出带有各种优良性状的农作物，并由此引发一场新的农业革命。

当然，这并不意味着育种行业会消失，因为该方法毕竟和真正的无融合生殖不一样，普通农民很难掌握。另外，陈教授等人已经将该方法申请了专利，不过这也无可厚非，科学家毕竟不是活雷锋，他们也要吃饭。

植物的秘密生活

植物之间存在着复杂的物质和信息交换网络，研究这个网络有助于人类更好地管理大自然，并提高农业生产的效益。

　　虽说动植物都是人类的朋友，但人们似乎更喜欢养宠物，因为人们相信自己能猜出宠物的心思。植物则不然，它们没有人类熟悉的信息传递方式，我们对它们了解甚少，不知道它们生活得怎么样，到底在想什么。

　　就拿我们平时最常见的行道树来说，它们的日子过得好吗？除了按时浇水，定期施肥，它们还需要我们做什么？这个问题很难回答，一旦我们发现它们需要什么，往往就意味着它们已经病入膏肓了。

　　我们可以换一种思路来理解这个问题。想想看，野生植物的生存状态和城市里的人工植物有何不同？去真正的原始森林里走一趟你就会明白两者的差别还是很大的。野生状态下任何一棵树都不会是单独生长在那里的，它的周围肯定会生长着很多同种或者不同种的树木，还会有野草、藤蔓和各种昆虫与之相伴。也就是说，在自然状态下每棵树都必须和周围的动植物发生关系，它们之间的物质和信息交流肯定极为密切。但是，这种交流通常发生在分子层面，肉眼是看不到的，必须借助科学实验才能窥探到植物的秘密生活。

这种实验难度很高，因为自然状态下的植物密度大，物质传递的路线极为复杂，如何才能跟踪这些物质的传递呢？这就需要请出放射性元素。日本的核电站事故让我们意识到了放射性泄漏的危险，但其实放射性元素是研究植物通信的最佳方式，因为带有放射性的元素其化学特征没有变化，科学家可以利用其放射性追踪它的路径。加拿大不列颠哥伦比亚大学的植物学家苏珊娜·斯玛德（Suzanne Simard）博士便利用放射性碳14作为标记物，发现水分和养料通常会从健康状况良好的植物流向身体较弱的植物，好像植物懂得帮助弱者似的。她用这个方法研究了道格拉斯冷杉，发现成年冷杉会通过根系将营养成分传递给同种的幼杉，帮助它们生长。

营养成分的传递靠的是生活在土壤中的微生物，它们帮助植物吸收养分，传递信息，以此来换取植物提供的能量。这是一种典型的共生关系，事实上每棵树的根系都是一个错综复杂的生态系统，行道树缺的就是这个。

植物可以依靠信息传递来识别亲友，最早发现这一点的是加拿大麦克马斯特大学（McMaster University）植物学家苏珊·达德利（Susan Dudley）博士，她和同事们研究了美洲海南芥（American Sea Rocket）的生长情况，发现如果一株海南芥单独生长的话，它的根系扩张便进行得毫无限制，对营养物质的吸收也是竭尽全力。但如果是一群海南芥长在一起的话,它们便会互相谦让,仿佛知道和自己竞争的是兄弟姐妹。

进一步研究发现,海南芥是通过根系分泌物来识别对方的。这种分泌物中包含的糖分、蛋白质、氨基酸、类黄酮、苯酚和有机酸等等化学物质都可能被用来传递信息。

植物之间的信息传递还能够用来协调防卫机制。美国科罗拉多州立大学的植物学家阿曼达·布罗兹(Amanda Broz)博士曾经研究过虎杖(Knotweed,一种紫菀科植物)的防卫机能,她用人工方法模拟害虫的进攻,如果实验对象的周围长着一群虎杖,它便会分泌出植物毒素来阻止害虫的进攻。如果实验对象的周围生长着一群其他植物,那么它便不加理会,把防卫害虫的重担交给异类。

分泌植物毒素需要消耗能量,所以狡猾的虎杖不到万不得已的时候是不会这么做的。布罗兹认为虎杖之所以是一种公认的极厉害的入侵植物,就是因为它们总是协调起来一起行动。一旦虎杖侵入某个适宜生长的地区,那么在很短时间内它便会取代该地区原有的植物,成为新的霸主。

科学家们之所以热衷于研究植物的秘密生活,并不光是为了满足自己的求知欲,这项研究有助于帮助农民提高产量,降低成本。大家都知道,现代农业的特征就是单一品种种植,这是和野生状态截然不同的一种生活方式,很可能出现这样那样的问题。科学家们希望搞清植物共生的秘密,让农作物更加健康。

南美洲的玛雅人就很会利用这一点。他们在同一块地上种玉米、豆子和青南瓜，而且一定要按照次序来种，即先种玉米，等玉米茎秆长成后再种豆子，茎秆刚好为豆苗提供了攀爬的支柱，而豆子则通过根瘤菌固氮，为玉米提供养分，最后再种青南瓜，让匍匐在地的南瓜叶子挡住盛夏的阳光，保持土壤水分，度过南美洲漫长的旱季。

这种种植方法听上去很完美，但肯定会增加农民的劳动量，也不利于机械化作业，不可能大面积推广。如果科学家搞清楚三种植物各自的功能，并加以模仿的话，就能趋利避害，达到同样的目的。事实上，地膜完全可以替代青南瓜叶片，木头支架可以代替玉米茎秆，唯一无法替代的是根瘤菌，只能用氮肥来弥补。科学家们正在加紧攻关，希望有一天让根瘤菌生活在非豆科植物的根须上。

植物的免疫系统

植物和动物一样，也有复杂的免疫系统。

　　植物有免疫系统吗？答案似乎应该是肯定的，否则植物该怎么防止自己生病呢？可是，如果我们检查一下植物的身体就会发现，植物的免疫系统肯定跟人有很大区别，因为我们找不到熟悉的免疫器官，比如脾脏、淋巴结和骨髓等等。

　　如果我们能找到一架显微镜，用它观察一下植物的细胞构成，结果同样令人失望，我们找不到任何一种熟悉的淋巴细胞。如果我们再进一步，用科学仪器分析一下植物的分子构成，就会发现植物的身体里根本没有抗体。由此看来，植物即使有免疫系统，也肯定会和动物的很不一样。

　　不过，最近这十几年的研究表明，上述结论下得为时过早。植物的免疫系统起码有一点和动物非常相似，那就是"识别非我的机制"。

　　如果我们必须用一句话给免疫系统下个定义的话，答案一定是"识别非我的机制"，这才是免疫系统最核心的部分，其余的那些花哨的东西，比如抗体的形成或者巨噬细胞消灭敌人的能力，都必须建立在这个机制之上。换句话说，只要生命体能够将敌人辨认出来，剩下的事情就好办了。目前医学界遇到的最难对付的几种疾病，比如艾滋病和自免疫疾病，其根源都出在这一步上。

具体来说，艾滋病为什么这么难治？根本原因就是我们的免疫系统没办法有效地识别出 HIV 病毒，总是让它钻了空子。为什么自免疫疾病那么难以对付？就是因为我们的免疫系统错误地将自己人当作了敌人，其结果一定是灾难性的。

那么，植物是靠什么来识别非我的呢？答案要从细胞表面受体（Receptor）上去寻找。细胞表面受体是一类横跨细胞膜内外的蛋白质，其露在细胞外面的部分能够和周围环境中的特异性分子相结合，一旦这种结合发生了，留在细胞内的那部分受体分子的三维结构就会发生相应的改变，从而触发一系列化学反应，比如激活防卫细胞前往杀敌。

科学家们早就做出预言，高等生物细胞表面一定存在能够识别非我的受体，但因为实验难度很大，这个领域一直进展缓慢。最先做出突破的是植物界的研究人员，美国著名的霍华德·休斯研究所研究员布鲁斯·布特勒（Bruce Beutler）博士于 1995 年在水稻中发现了第一个能够识别非我的植物细胞表面受体基因，取名叫作 Xa21。此后科学家们又在水稻和拟南芥（一种专门用来做研究的模型植物）中发现了一系列相似的细胞表面受体，其中在拟南芥中发现的 FLS2 受体非常重要,这是第一个搞清了作用机理的细胞表面受体,研究人员发现这种受体能够特异性地与 flg22 蛋白质片段相结合,而这个 flg22 恰好是所有细菌的鞭毛表面都有的一个蛋白质片段。几年之后,Xa21 的标靶也找到了,它就是水稻曲霉菌细胞表面的一个蛋白质片段。如果把这两个基因都去掉的话,水稻和拟南芥都会对细菌感染失去抵抗力。

在这项成果的激励下,布特勒博士又在 1998 年发现了哺乳动物的第一个细胞表面受体基因 TLR4,布特勒证明 TLR4 基因所编码的蛋白质能够特异性地和脂多糖(LPS)相结合,从而触发免疫反应。这个 LPS 是所有革兰氏阴性细菌表面都具有的一类化学物质,其结构多年来一直没有改变。换句话说,TLR4 受体的功能就是在第一时间对环境中的 LPS 做出反应,并迅速发出警报,因为 LPS 的出现预示着细菌来袭。

因为这两项伟大发现,布特勒博士当选为美国国家科学院院士。

这两个结果,以及后来的一系列后续实验都说明了一个关键问题,那就是动植物所采用的识别非我的手段从本质上看是一样的。问题在于,动物和植物早在 10 亿年前就分道扬镳了,两者的亲缘关系已经远得没法更远了。这个现象在进化领域被叫作趋同进化(Convergent Evolution),大意是说,两个在亲缘关系上完全不相干的物种在面对同样的需要时分别进化出了相同的功能或者器官。无论动物还是植物都要面对来自细菌的入侵，它们经过多年的进化，都找到了相同的对付方式，那就是针对细菌表面的某些保守的分子结构，进化出特异性的分子表面受体，作为启动免疫反应的信号弹。

关于植物免疫系统的研究可不光是为了让植物更健康，科学家们相信，人类一定能从植物中学到一些新的防御手段，最终用来对付人类的疾病。

转基因动物的时代就要到了

> 转基因动物的发展之所以比植物缓慢，不
> 是因为需求不大，而是因为技术不过关。

  也许你不喜欢转基因，但不可否认的是，转基因农产品正在慢慢进入我们的日常生活。据统计，目前全世界已有25个国家，总计1400万农民在种植转基因农作物，总的种植面积高达1.34亿公顷，比2008年增加了7%。全世界超过80%的大豆都已经是转基因的了，如今超市里已经很难找到不用转基因大豆做的豆油了。

  目前已经商业化的转基因农产品全都是植物，还没有任何一种转基因动物被批准进入饲养场。但这并不是因为家禽家畜没有转基因的必要，事实上这种需要非常强烈，一点也不亚于植物。

  问题出在了技术细节上。

  很多不太了解转基因的人对这个技术有误解，认为科学家已经做到了指哪打哪，随心所欲。可惜事实正相反，科学家们远未达到这一高度。举个例子，以前的转基因实验都只是把基因片段通过特殊的注射器打入到宿主的细胞里，或

者先把细胞弄破，让DNA自己游进去。高级一点的则借助某种病毒来实现这一目标。但这些方法都不能保证外来的DNA片段会把自己安装（科学术语叫作整合）进宿主的染色体当中去，而如果这种整合没有发生的话，外源DNA就不能很好地发挥作用，而且也不大会遗传给下一代。所以，以前的转基因实验都需要先针对大量的细胞进行转基因操作，然后从中筛选出转成功的那个细胞来。通常情况下成功的几率都低于1%，所以以前的转基因实验都得凭运气。

这方面有个很好的例子，就是曾经被媒体广泛宣传过的"童鱼"。据称，上世纪70年代，华裔旅美学者牛满江和中国胚胎学专家童第周合作，培育出了一种结合了鲫鱼遗传物质的金鱼。他们把采自鲫鱼细胞质的mRNA（一种遗传介导物质）导入到金鱼的卵子中，培育出来的金鱼有一部分出现了鲫鱼的特征，即由金鱼的四叶尾鳍改变为鲫鱼的两叶叉形尾鳍。可是，这个实验一直没人能够重复出来，也没人能够证明mRNA真的能被转化成DNA，进而整合到金鱼的染色体当中去。事实上，新的证据表明这几乎是不可能的。

这个实验之所以获得大量关注，一个主要原因就是童第周的实验技术非常高超。金鱼的卵子很小，要想把外源DNA注射进金鱼的卵子中去，需要很高超的技巧。童第周是这方面公认的一把好手，据说当年他在显微镜前一坐就是五六个小时，浪费了无数金鱼卵才获得了"成功"。

从这个实验过程就可以清楚地看出转基因动物实验的难

点在哪里。转基因操作必须在单个细胞上进行，这对于细菌来说根本不是问题，所以细菌的转基因实验早就获得了巨大的成功，基本做到了指哪打哪。植物是多细胞生物，难度一下子增加了不少，但植物有个好处，那就是可以用一个细胞培育出一整株植物，所以植物的转基因实验相对来说也不难做。

转基因动物，尤其是哺乳动物，难度就一下子就提高了好几个数量级。金鱼卵还好说，牛羊猪的卵是很难获取的。即使获得了足够多数量的受精卵，也要先小心翼翼地把基因转进去，再想办法把受精卵植入代孕子宫，等孕期结束后产下幼仔才能知道转基因是否成功了。很显然，这样的实验难度太大，耗时很长，商业化运作的成本太高了。

首先获得突破的是小鼠。小鼠是人类研究得最透彻的哺乳动物，科学家们已经掌握了在实验室条件下培养小鼠胚胎干细胞的窍门。也就是说，科学家手里有足够多的干细胞能够进行转基因操作，并筛选到转成功的干细胞。之后只要把转了基因的干细胞注射到小鼠胚胎中去，就能培养出一种部分细胞被转了基因的"嵌合体"。此后只要再让嵌合体繁殖一次，就可以获得纯粹的转基因小鼠了。

科学家们已经用这种方法培育出了跑得快的小鼠、会发荧光的小鼠，甚至还有不怕猫的小鼠……

可惜的是，目前只有小鼠和大鼠的胚胎干细胞能够在实验室条件下进行培养，其他哺乳动物还做不到。但是干细胞领域的飞速发展使得科学家们已经找到了人工诱导哺乳动物的体细胞变成干细胞的法门，这就使得转基因的操作变得容易多了。

目前这个领域的研究非常活跃，最热门的应该算是转基因猪。加拿大科学家已经培育出一种转基因"环保猪"（Enviropig），能够在口腔唾液中分泌植酸酶，帮助消化猪饲料中的植酸。众所周知，普通猪饲料中含有的磷绝大部分是以植酸的形式存在的，因为猪本身不具备消化植酸的能力，所以必须在饲料中补充含磷的添加剂。这样做不但增加了养猪成本，还使得猪粪中磷的含量大大增加。这些磷一旦排入江河湖泊，就会刺激浮游生物的生长，污染水源。中国环境部的调查表明，造成中国水源污染的最大原因不是工业，而是农业，原因就在这里。

中国是全世界最大的猪消费国，地球上一半以上的猪都是在中国被吃掉的。据说中国政府对加拿大培育出的这种转基因"环保猪"很感兴趣，已经引进了几头，正在进行评估。一旦评估通过，中国有望成为全世界第一个"吃螃蟹"的国家。